国家特色专业建设课程配套教材

微特电机原理与控制

孙建忠　白凤仙　编著

U0258049

机 械 工 业 出 版 社

现代微特电机技术是一门集电机技术、材料科学、计算机技术、现代控制理论、微电子技术和电力电子技术等现代科学技术的进步于一体的新技术。本书主要介绍几种正在兴起和已经取得广泛应用的微特电机的原理、分析、设计及其控制方法。

全书共6章，第1章介绍微特电机的分类、应用、发展趋势和设计与控制的共性问题；第2章介绍无刷直流电动机的结构、原理、主要特性和控制系统；第3章介绍永磁同步电机和永磁辅助同步磁阻电机的原理、设计与矢量控制；第4章介绍开关磁阻电动机的工作原理、分析方法、设计方法、控制策略和控制系统；第5章介绍步进电动机的工作原理、静动态特性和控制方法；第6章介绍超声波电动机的原理、结构和控制及其发展概况。

本书主要作为普通高等学校电气工程及其自动化专业和机电一体化专业的本科教材，也可作为相关领域的研究生和工程技术人员的参考书。

本书配有教师授课电子课件及嵌入式系统的控制软件源代码，欢迎选用本书作教材的教师登录 www.cmpedu.com 注册后下载，或加微信 jinaqing_candy 或发邮件 jinacmp@163.com 索取（注明姓名、学校等信息）。

图书在版编目（CIP）数据

微特电机原理与控制/孙建忠，白凤仙编著. —北京：机械工业出版社，2022.9

国家特色专业建设课程配套教材

ISBN 978-7-111-71239-8

Ⅰ.①微… Ⅱ.①孙…②白… Ⅲ.①微电机-高等学校-教材

Ⅳ.①TM38

中国版本图书馆 CIP 数据核字（2022）第 128464 号

机械工业出版社（北京市百万庄大街22号 邮政编码100037）

策划编辑：吉 玲 责任编辑：吉 玲 王 荣

责任校对：陈 越 刘雅娜 封面设计：张 静

责任印制：张 博

北京雁林吉兆印刷有限公司印刷

2022 年 11 月第 1 版第 1 次印刷

184mm×260mm · 16.75 印张 · 426 千字

标准书号：ISBN 978-7-111-71239-8

定价：55.00 元

电话服务 网络服务

客服电话：010-88361066 机 工 官 网：www.cmpbook.com

　　　　　010-88379833 机 工 官 博：weibo.com/cmp1952

　　　　　010-68326294 金 书 网：www.golden-book.com

封底无防伪标均为盗版 机工教育服务网：www.cmpedu.com

前　　言

在过去很长一段时间内，微特电机特指微型特种电机，但是，随着微电子技术、计算机技术、电力电子技术和材料科学的飞速发展，微特电机不断发展，其种类、应用、功率不断拓展，目前，微特电机成为微型电机和特种电机的统称。电机技术所依托的理论和技术基础已远不限于电磁理论，还包括控制理论、系统理论、计算机技术、信号处理技术、电力电子技术和材料科学等，形成了各学科互相渗透、互相交叉，甚至互相融合的现象。可以说，现代微特电机技术是集电机技术、材料科学、计算机技术、现代控制理论、微电子技术和电力电子技术等现代科学技术的进步于一体的新技术。

作者在编著本书时，尝试将微特电机本体及其驱动控制系统作为一个整体来讲解，以适应微特电机的机电一体化和智能化发展趋势；突出夯实基础、拓宽视野的特点，以适应新时期双一流高校电气工程及其自动化专业的教学需求；将启发式教学和探究型学习的教学思想融入教材中，培养大学生综合应用所学知识分析问题和解决问题的能力。

本书主要介绍无刷直流电动机、永磁同步电机和永磁辅助同步磁阻电机、开关磁阻电动机、步进电动机和超声波电动机这些机电一体化系统的原理、特点、分析、设计与控制。同时，为使学生建立微特电机的系统性概念，对微特电机的共性问题，包括永磁材料与磁路、转子位置检测、速度检测、故障检测与保护、检测信号调理、功率开关电路及其驱动等技术进行概括总结，形成了微特电机及其控制导论。为方便教学，在保持全书系统性和完整性的基础上，各章自成体系，各院校可以根据具体需要有重点地选择其中一种或几种电机组织教学。

针对大部分学生对控制系统设计无从下手的现象，本书从电机控制系统的设计原则和系统构成方法讲起，通过剖析电机控制系统开发实例，引导学生掌握电机控制系统的设计方法。给出的实例均为作者多年从事相关研究的成果，学生不仅可以通过实例掌握电机控制系统的设计方法，还可以将其直接应用于工程实践。受篇幅所限，书中没有给出实例的控制软件源代码(嵌入式 C 语言代码)，这些源代码均可从机械工业出版社网站 www.cmpedu.com 下载。

本书由大连理工大学孙建忠教授和白凤仙副教授共同撰写，吸收了作者多年从事微特电机及其控制相关研究的成果，在此特别要感谢作者指导的研究生宋伟官、邵长久、熊慧文、张淑兴、罗亚琴、娄伟、刘杰、韩润宇、庞瀚文等人对控制软件代码做出的贡献。本书在编写过程中参考了国内外有关的研究成果和文献，对这些文献的作者表示感谢。

由于作者学识有限，书中难免存在错误或不当之处，尚祈广大读者不吝指教。

作者于

大连理工大学

目　　录

第 **1** 章

微特电机及其控制基础

1.1 微特电机的定义与种类

早期的微特电机一般是指其原理、结构、性能、使用条件或运动方式与常规电机不同，且其直径一般不大于130mm、功率为数百毫瓦到数百瓦的微型电机。随着现代科学技术的迅速发展，特别是微电子技术、计算机技术、电力电子技术和材料科学的飞速发展，近年来出现了许多性能优越的新型电机。习惯上，把这些新型电机都叫作微特电机。因此，将微特电机看作是微型电机与特种电机的统称更为合适。

一般来说，与传统电机相比，在工作原理、结构、体积、性能、使用、运动方式或设计方法上有较大的特点的电机都属于微特电机的范畴。

微特电机的种类很多，而且仍在不断创新和发展之中。一般来说，新工艺、新材料的采用，必然带来电机设计方法的改变和电机运行性能的变化。而即使采用同样的工艺和材料，特殊的设计也必然导致特殊的电机性能。

为了概念清晰，按照其工作原理将微特电机分为两大类：根据电磁原理工作的传统原理的微特电机和根据非电磁原理工作的微特电机。其中，对于根据电磁原理工作的微特电机，可以沿用电机学惯用的分类方法，即可以按照功能分类，将它们划入变压器、发电机、电动机或控制电机的范畴；也可以按照电机的特点和电源性质分类，将它们划入变压器、直流电机、同步电机或感应电机的范畴。

但是，也应看到，微特电机的机电一体化趋势使各类电机的固有特性得到改善，甚至出现了新的人工特性。在这种情况下，无法说清一个新的机电一体化产品究竟应该称之为什么类型的电机。如无刷直流伺服电动机既可以看成是采用电子换向器的直流电动机，也可以看成是使用直流电源、带有逆变器供电的交流电动机。但是无论如何分类，并不妨碍这类电机的应用和飞速发展。

下面对根据非电磁原理工作的微特电机、机电一体化电机和特殊结构电机进行简单介绍，以便读者认识和了解微特电机。

1.1.1 非电磁电机

从工作原理来看，有些微特电机已经突破了传统电机理论的范畴。众所周知，电机是以磁场为媒介进行机电能量转换的电磁装置。而随着现代科学技术的飞速发展，近年来人们借助微电子技术、精密机械技术、新材料技术、生物技术以及计算机技术等，开发研究出不少新原理的微特电机。例如，超声波电机是利用驱动部分(压电陶瓷元件的超声波振动)和移动部分之间的动摩擦力而获得运转力的一种新原理电机；微波电动机是一种能够接收微波并将微波转换为机械能的新型电机；静电电机则是利用电场和电荷之间的动力制成的一种超微电机；此外还有光热电机、仿生电机、记忆合金电机等。其中超声波电机已经进入实用化阶段，图 1-1 所示为美国宾夕法尼亚州立大学研制的微型超声波电机，图 1-2 所示为佳能相机使用的超声波电机。

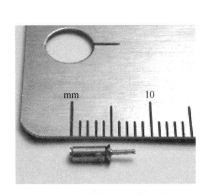

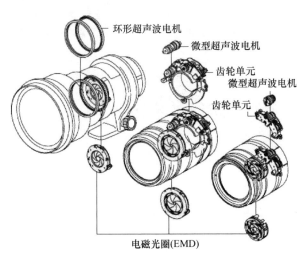

图 1-1　微型超声波电机　　　　　　图 1-2　佳能相机使用的超声波电机

1.1.2　机电一体化电机

即使是在传统电机理论的范畴内，许多电机的工作原理也具有较大的特殊性，可以将其称之为微特电机，特别是随着电力电子技术和新材料技术的发展而兴起的机电一体化电机。

步进电机是应用最早的伺服电机，它将数字脉冲信号转换为机械角位移或线性位移，可以通过开环控制达到精密位置控制。采用高性能永磁材料制成混合式步进电机，并采用角度细分控制，其技术指标和动态特性较传统的反应式步进电机具有明显的改进和提高。

开关磁阻电机是一种机电一体化的新型电机。在电机发明之后的 100 多年，磁阻电机的效率、功率因数和功率密度都很低，长期以来只能用作微型电动机，而磁阻电机与电力电子器件相结合构成的开关磁阻电机，其功率密度与普通感应电机相近，在很宽的运行范围内保持高效率，系统总成本低于同功率的其他传动系统，目前国内已有功率为几十至上百千瓦的产品出售。图 1-3 所示为俄罗斯海军 Victor Konetsky 号救援拖船的直驱开关磁阻电机，其功率为 2MW，额定转速为 200r/min。

无刷直流电机也是一种机电一体化的新型电机，最初是由电子换向电路代替机械换向器发展起来的，但之后的发展使其无论是在电机结构上，还是运行和控制原理上更接近于同步电机。无刷直流电机的构成如图 1-4 所示，主要包括转子为永磁的电机本体、位置检测器、逆变器和解码电路。无刷直流电机的定子绕组与逆变器相连，解码电路根据位置信号来控制逆变器相应的开关导通或关断，从而使定子绕组根据转子位置通电或断电，实现电机的自同步运行。

图 1-3 俄罗斯海军 Victor Konetsky 号救援拖船的直驱开关磁阻电机

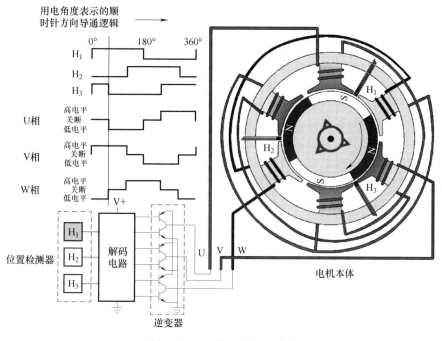

图 1-4 无刷直流电机的构成

1.1.3 特殊结构电机

从结构来看，除了传统的径向磁场旋转电机之外，还出现了许多特殊结构电机，如直线电机、轴向磁场盘式电机和横向磁通永磁电机等。下面分别进行介绍。

1. 直线电机

在工农业生产和交通运输中，有一部分机械是做直线运动的，例如高速磁悬浮列车、传送带、电磁锤、电动门等。过去使用旋转电动机，再通过机械传动装置将旋转运动变为直线运动，使得整个装置体积庞大、成本较高而效率较低。直线电机直接驱动省略了中间转换环节，使系统体积减小、效率提高。

直线电机(linear motor)是从旋转电机演化而来的，如图 1-5 所示。设想把旋转电机沿径向剖开并拉直，就得到了直线电机。旋转电机的径向、周向和轴向，在直线电机中分别称为法向、纵向和横向。

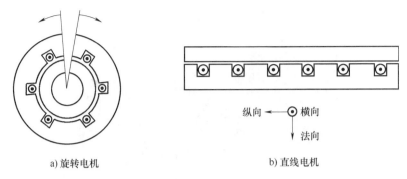

a) 旋转电机   b) 直线电机

图 1-5　旋转电机到直线电机的演化

旋转电机的定子和转子分别对应直线电机的初级和次级。直线电机的运动部分既可以是初级，也可以是次级。按是初级运动还是次级运动可以把直线电机分为动初级和动次级两种。

为了在运动过程中始终保持初级和次级耦合，初级或次级中的一侧必须做得较长。在直线电机的制造中，既可以是初级短、次级长，也可以是初级长、次级短。前者称为短初级，后者称为短次级，如图 1-6 所示。由于短初级的制造成本、运行费用均比短次级低得多，因此，除特殊场合外，一般均采用短初级结构。

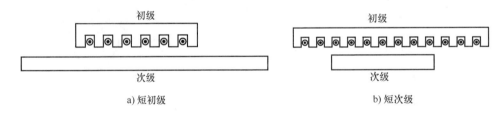

a) 短初级   b) 短次级

图 1-6　单边型直线电机

图 1-6 所示的直线电机仅在一边安放初级，这种结构形式的直线电机称为单边型直线电机。单边型直线电机最大的特点是在初级和次级之间存在很大的法向吸力。在大多数情况下，这种法向吸力是不希望存在的，如果在次级的两边都装上初级，这个法向吸力就可以互相抵消。这种结构形式的直线电机称为双边型直线电机，如图 1-7 所示。

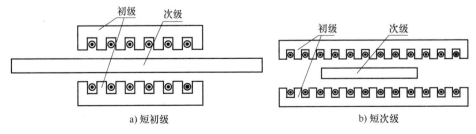

a) 短初级   b) 短次级

图 1-7　双边型直线电机

扁平式结构是直线电机最基本的结构，应用也最广泛。除此之外，直线电机还有圆筒式（或管形）、圆弧式和圆盘式等结构形式。

如果把扁平式结构沿横向卷起来，就得到了圆筒式结构，如图 1-8 所示。圆筒式结构的优点是没有绕组端部，不存在横向边缘效应，次级的支承也比较方便；缺点是铁心必须沿周向叠片，才能抑制由交变磁通在铁心中感应的涡流，这在工艺上比较复杂，散热条件也比较差。

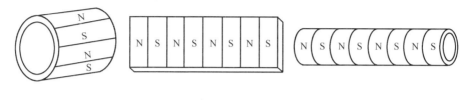

a) 旋转电机　　　　　　b) 扁平式直线电机　　　　　c) 圆筒式直线电机

图 1-8　从旋转电机到圆筒式直线电机的演化

圆弧式结构是将扁平式初级沿运动方向改成弧形，并安放于圆柱形次级的柱面外侧，如图 1-9 所示。圆盘式结构则是将扁平式初级安放在圆盘形次级的端面外侧，并使次级切向运动，如图 1-10 所示。圆弧式和圆盘式直线电机虽然做圆周运动，但它们的运行原理和设计方法与扁平式直线电机相似，故仍归入直线电机的范畴。

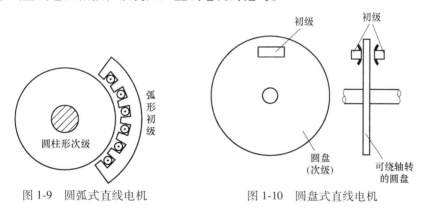

图 1-9　圆弧式直线电机　　　　　　图 1-10　圆盘式直线电机

从原理上讲，每种旋转电机都有与之相对应的直线电机。直线电机按工作原理可分为直线感应电机、直线同步电机、直线直流电机和其他直线电机（如直线步进电机、直线无刷直流电机等）。

直线电机的次级相当于旋转电机的转子。与感应电机笼型转子相对应的次级就是栅型次级，如图 1-11 所示。它一般是在钢板上开槽，在槽中嵌入铜条（或铸铝），然后用铜带在两端短接而成。栅型次级的直线电机性能较好，但是由于加工困难，因此在短初级的直线电机中很少采用。

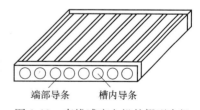

端部导条　　槽内导条

图 1-11　直线感应电机的栅型次级

在短初级直线电机中，常用的次级有三种。第一种是钢板，称为钢次级或磁性次级，此时钢既起导磁作用，又起导电作用，但由于钢的电阻率较大，故钢次级直线电机的电磁性能较差，且法向吸力也大（约为推力的 10 倍）。第二种是在钢板上复合一层铜板（或铝板），称为复合次级。在复合次级中钢主要起导磁作用，而导电则主要是靠铜或铝。第三种是单纯的铜板（或铝板），称为铜（铝）次级或非磁性次级，它主要是用于双边型直线电机中。但须注意，在两侧初级三相绕组安排上，一侧的 N 极必须对准另一侧的 S 极，以保证磁通路径最短。

对于圆筒式直线感应电机，其次级一般是厚壁钢管，中间的孔主要是为了冷却和减小质量，有时为了提高单位体积所产生的起动推力，可以在钢管外圆覆盖一层 1~2mm 厚的铜或铝，成为复合次级，或者在钢管上嵌置铜环或浇铸铝环，成为类似于笼型的次级，如图 1-12 所示。

图 1-12　嵌置铜环或铝环的圆筒式直线感应电机次级

为了保证在长距离运动中，初级与次级之间不致摩擦，直线感应电机的气隙相对于旋转电机的气隙要大得多。对于复合次级和铜（铝）次级来说，由于铜或铝均属非磁性材料，其导磁性能和空气几乎相同，因此在磁路计算时，铜板或铝板的厚度应归并到气隙中，总的气隙由机械气隙（单纯的空气隙）加上铜板（或铝板）的厚度两部分组成，称为电磁气隙。由于直线感应电机的气隙大，因此其功率因数较低，这是直线感应电机的主要缺点。

直线永磁同步电机的结构如图 1-13 所示，借助高精度光栅尺检测位置实现闭环控制，

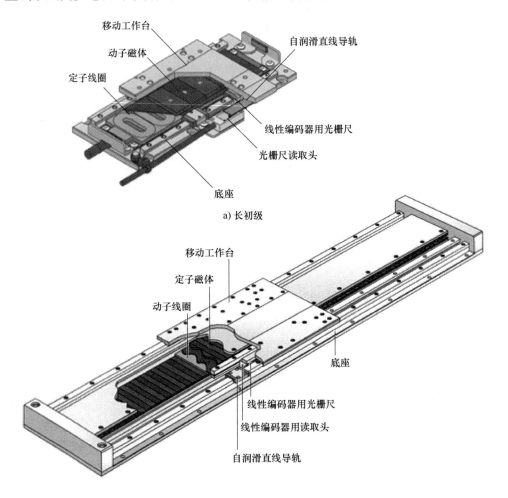

图 1-13　直线永磁同步电机的结构

直线永磁同步电机可以达到很高的控制精度，目前，国际上最先进的直线伺服系统的定位精度可以达到纳米级。直线永磁同步电机具有快速响应特性，在直线电动机机床进给驱动中，超高速切削的最大进给速度可达 $120 \sim 250 \mathrm{m/min}$，加速度可达到 $(2 \sim 10)g$，而传统机床进给加速度在 $1g$ 以下，一般为 $0.3g$。直线电机还有行程不受限制的特点，传统的丝杠传动受丝杠制造工艺限制，长度一般不超过 $6\mathrm{m}$，更长的行程需要接长丝杠，无论从制造工艺还是在性能上都不理想。而采用直线电机驱动，定子可无限加长，且制造工艺简单，已有大型高速加工中心 X 轴长达 $40\mathrm{m}$ 以上。因此，直线永磁同步电机在精密数控机床驱动中取得了广泛的应用。

常用于磁悬浮列车的直线电机为直线同步电机。直线同步电机的优点是效率高、功率因数高，适合大气隙电机。直线同步电机用于磁悬浮列车还有一个突出的优点——转子励磁后就是一个电磁铁，可以起到磁悬浮的作用，因此直线同步电机既是牵引系统，又是悬浮系统，一机两用，可以减小车辆的质量。

磁悬浮列车有三大关键系统：悬浮、导向与牵引。高速磁悬浮列车按悬浮方式可分为常导磁吸型（electro magnetic suspension，EMS）和超导排斥型（electro dynamics suspension，EDS）两大类。

德国的 Tansrapid 磁悬浮列车采用常导磁吸型悬浮系统，依靠磁吸力实现悬浮，其原理如图 1-14 所示。在悬浮电磁铁中通入直流电流，悬浮电磁铁与轨道中的铁心之间产生电磁吸引力将车体浮起，悬浮电磁铁同时作为直线同步电机的励磁磁极。

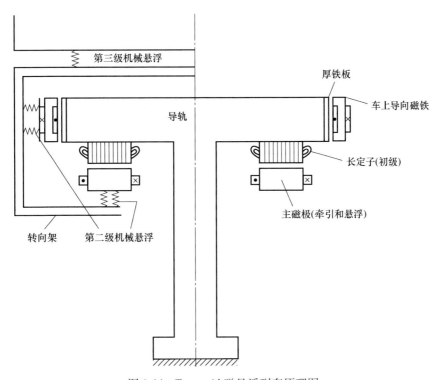

图 1-14　Tansrapid 磁悬浮列车原理图

Tansrapid 磁悬浮列车的牵引电机是长定子直线同步电机，定子铁心由硅钢片叠成，并固定在导轨的下部，其技术数据见表 1-1，其结构如图 1-15 所示，图中的上半部分是带有三相绕组的长定子，下半部分是带有直流励磁绕组的励磁转子，也就是车上的悬浮电磁铁。悬浮电磁铁极靴上还布有一套发电绕组，利用磁阻和谐波发电。因直线同步电机定子铁心存在齿槽，当列车运行时，通过车上悬浮电磁铁铁心与轨道上同步电机定子铁心构成的磁回路的气隙磁阻发生变化，会在磁极表面布置的绕组内产生感应电动势，同时高次谐波也会在其中产生感应电动势，因而直线牵引同步电机中还集成了一台直线发电机，该直线发电机带有备用电池，向悬浮磁铁、导向磁铁及车上所有的用电设备(如控制仪器、照明、通信等)供电。

表 1-1　Tansrapid 直线同步电机技术数据

参数	数据
极距/mm	258
空气间隙/mm	10
推力/kN	100
三相定子绕组相电压/kV	4.5
电缆绝缘强度/kV	6/10
最大有功功率/MW	11.5
最大视在功率/MV·A	15
效率	0.9
功率因数	0.9
供电频率/Hz	0~215
长定子叠片铁心尺寸(长×宽×高)/mm	1031×185×91.5
主磁极尺寸(长×宽×高)/mm	1318×232×190

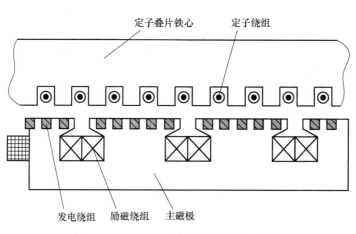

图 1-15　Tansrapid 的直线同步电机结构

　　日本的 MLX 磁浮列车使用超导磁悬浮系统，如图 1-16 所示，其技术数据见表 1-2。车载超导线圈安装在磁浮列车悬浮架上，采用液氦冷却。U 形轨道两侧分别对称安装有用于悬浮和导向的"8"字线圈和用于牵引的驱动线圈(长定子直线同步电机线圈)。

　　当驱动线圈通入三相交流电时，将在轨道上形成移动磁场。该磁场将与车载超导线圈的磁场相互作用，为列车提供直线牵引力。通过地面控制设备调整电流的大小和频率，可以很好地控制列车牵引力大小。

运动的列车使得超导线圈产生的磁场沿线路移动，"8"字线圈内将产生感应电流。此时列车的悬浮高度决定了"8"字线圈上下部分的感应电流大小，由此自动控制"8"字线圈上下部分的磁极方向，该磁场与超导线圈磁场相互作用将产生不需要主动控制的悬浮力和导向力。

列车运行速度越快，"8"字线圈感应的磁场越强，产生的悬浮力和导向力也就越大。但是在磁浮列车静止时，超导线圈磁场与"8"字线圈没有相对运动，不能产生悬浮力和导向力。同时，低速运行时列车的磁阻力较大，所以在低速和停车时，磁浮列车需要依靠橡胶轮支承和导向。

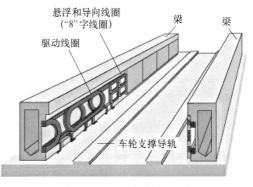

图 1-16 MLX 超导磁悬浮

表 1-2 MLX 超导磁悬浮列车技术数据

型号	MLX01（第一辆）	MLX01（第二辆）
最高时速/(km/h)	550	550
车厢数	3	4
主磁极极距/m	1.35	1.35
500km/h 时速下悬浮高度/m	0.1	0.1
车厢高度/m	浮起 3.28/着地 3.22	浮起 3.28/着地 3.22
车厢宽度/m	2.9	2.9
前后两边车厢长度/m	28	28
中间车厢长度/m	21.6	24.3/21.6
满载两边车厢最大质量/t	321	331
满载中间车厢最大质量/t	201	221
列车长度/m	77.6	101.9

常导磁吸型技术较简单，产生的电磁吸力相对较小，悬浮的气隙较小，一般为 8 ~ 10mm。常导型高速磁悬浮列车的速度可达 400 ~ 500km/h，适合于城市间的长距离快速运输。超导磁悬浮列车的悬浮气隙较大，一般为 100mm 左右，技术相当复杂，并需屏蔽发散的电磁场，速度可达 500km/h。

2. 轴向磁场盘式电机

在一些特殊场合，盘式电机由于其外形扁平、轴向尺寸短而特别适用于安装空间有严格限制的设备，如汽车空调器与散热器、电动车辆、计算机软盘驱动装置以及各种家用电器等。盘式电机以其具有高效率、高功率密度、高转矩密度以及低转子损耗等优点得到了关注。与普通电机不同，盘式电机为轴向磁场结构，其电枢既可以采用无铁心结构，也可以为有铁心结构，但其铁心一般采用卷绕工艺制造，材料利用率高。

盘式直流电机主要是盘式永磁直流电机。盘式永磁直流电机的典型结构如图 1-17 所示，电机外形呈扁平状。定子上粘有多块按 N、S 极性交替排列的扇形或圆柱形永磁磁极，并固定在电枢一侧或两侧的端盖上。永磁体为轴向磁化，从而在气隙中产生多极的轴向磁场。电枢通常无铁心，仅由导体以适当方式制成圆盘形。电枢绕组的有效导体在空间沿径向呈辐射状分布。各元件按一定规律与换向器连接成一体，绕组一般都采用常见的叠绕组或波绕组联结方式。由于电枢绕组直接放置在轴向气隙中，这种电机的气隙比圆柱式电机的气隙大。

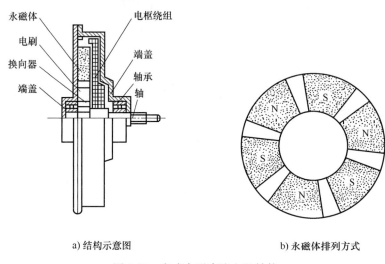

a) 结构示意图   b) 永磁体排列方式

图 1-17 盘式永磁直流电机结构

除了常见的扇形磁极和圆柱形磁极外，盘式永磁直流电机还常常采用环形磁极。一般来说，采用价格低廉的永磁材料如铁氧体时，可采用环形磁极结构，环形磁极容易装配，可以保证较小的气隙。而采用高性能永磁材料时大都采用扇形结构，扇形永磁体制造时容易保证质量，装配时调整余地大，但对装配要求较高。

盘形电枢的制造是制造这种电机的关键。盘形绕组的成形工艺不仅决定着绕组本身的耐热、寿命和机械强度等，而且决定着气隙的大小，直接影响永磁材料的用量。按制造方法的不同，盘形电枢分为线绕电枢和印制绕组电枢两种，如图 1-18 所示。

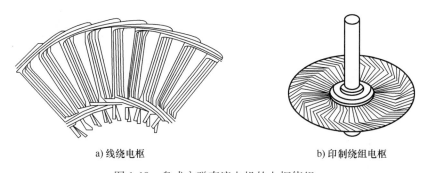

a) 线绕电枢   b) 印制绕组电枢

图 1-18 盘式永磁直流电机的电枢绕组

线绕电枢的成形过程分为三个步骤：绕组元件成形、绕组元件与（带轴）换向器焊接成形、盘形电枢绝缘材料灌注成形。线绕电枢的成形关键是在绕制时保证导体固定在正确位置上，特别是在换向器区域，由于无法采用机械固定方法，因此需要采用高精度的绕线机和专用卡具。

印制绕组的制造最初采用与印制电路相同的方法，并因此得名。出于经济性考虑，目前多采用由铜板冲制然后焊接制造而成的工艺。其电枢片最多不能超过 8 层，每层之间用高黏结强度的耐热绝缘材料隔开，在电枢片最内圈和最外圈处的连接点把各层电枢片连接起来，电枢片最内圈处的一层导体作为换向器用。这样，电机的热过载能力和机械稳定性受导体厚度（0.2~0.3mm）的限制。印制绕组电枢制造精度较高，成本也高，但转动惯量很小。

盘式电机要求严格的轴向装配尺寸，图 1-17 所示的结构由于永磁体结构的轴向不对称，存在着单边磁拉力，会造成电枢变形而影响电机的性能。同时，盘式永磁直流电机由于工作气隙大，如果磁路设计不合理，漏磁通将会很大。为了克服单边磁拉力、减少漏磁，可以采用图 1-19 所示的双边永磁结构。相应地，把图 1-17 所示的结构称为单边永磁结构。

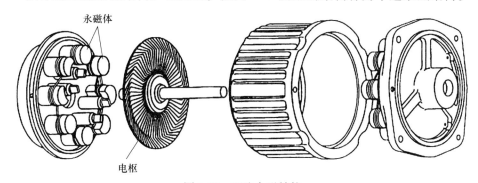

图 1-19　双边永磁结构

在同体积永磁体情况下，采用双边永磁结构比单边永磁结构的气隙磁感应强度可高出10%左右，而且改善了极面下气隙磁感应强度的均匀性。所以双边永磁结构可以充分利用永磁材料，有利于提高电机性能、降低成本、缩小体积。

盘式永磁同步电机的典型结构如图 1-20 所示，其定、转子均为圆盘形，在电机中对等放置，产生轴向的气隙磁场，定子铁心一般由双面绝缘的冷轧硅钢片带料冲卷而成（见图 1-21），定子绕组有效导体在空间呈径向分布。转子为高磁能积的永磁体和强化纤维树脂灌封而成的薄圆盘。盘式定子铁心的加工是制造这种电机的关键。近年来，采用钢带卷绕的冲卷机床来制造盘式定子铁心既节省材料，又简化工艺，促使盘式永磁同步电机迅速发展。

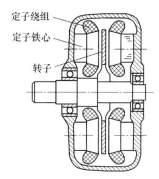

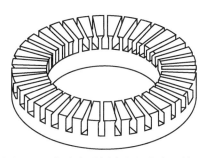

图 1-20　盘式永磁同步电机（中间转子结构）　　图 1-21　盘式永磁同步电机的定子铁心

这种电机轴向尺寸短、质量小、体积小、结构紧凑。由于励磁系统无损耗，电机运行效率高。由于定、转子对等排列，定子绕组具有良好的散热条件，可获得很高的功率密度，这种电机转子的转动惯量小、机电时间常数小、峰值转矩和堵转转矩高、转矩质量比大、低速运行平稳、具有优越的动态性能。

以盘式永磁同步电机为执行元件的伺服传动系统是新一代机电一体化组件，具有不用齿轮、精度高、响应快、加速度大、转矩波动小、过载能力高等优点，应用于数控机床、机器人、雷达跟踪等高精度系统中。

盘式永磁同步电机有多种结构形式，按照定、转子数量和相对位置可大致分为以下4种：

（1）中间转子结构

这种结构（见图1-20）可使电机获得最小的转动惯量和最优的散热条件。它由双定子和单转子组成双气隙，定子铁心加工时采用专用的冲卷床，使铁心的冲槽和卷绕一次成形，这样既提高了硅钢片的利用率（硅钢片的利用率达到90%以上），又可降低电机损耗。定子铁心内嵌放多相对称绕组。

（2）单定子、单转子结构

如图1-22所示，这种结构最为简单，其定子结构与图1-21所示电机的定子结构相同，转子为高性能永磁材料黏结在实心钢上构成的圆盘，如图1-23所示。由于其定子同时作为旋转磁极的磁回路，需要推力轴承以保证转子不致发生轴向窜动。而且转子磁场在定子中交变，会引起损耗，导致电机的效率降低。

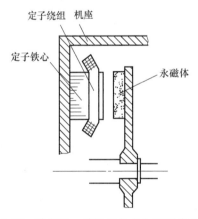
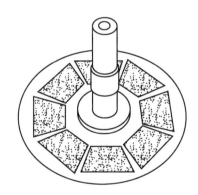

图1-22　单定子、单转子盘式永磁同步电机　　　　图1-23　盘式转子结构

（3）中间定子结构

由双转子和单定子组成双气隙，如图1-24所示。转子为高性能永磁体黏结在实心钢构成的圆盘上（见图1-23），所以这种电机的转动惯量比中间转子结构要大。

定子通常有两种结构：有铁心结构和无铁心结构，本书主要介绍有铁心结构。有铁心结构的定子铁心一般不开槽，定子铁心由带状硅钢片卷绕成环状，多相对称的定子绕组均匀环绕于铁心上，形成框形绕组。

中间定子结构的盘式电机适合制成外转子电机，在有铁心结构中，还可以附加一组径向磁极，使框形绕组得到充分利用，提高电机的转矩密度。

（4）多盘式结构

由多定子和多转子交错排列组成多气隙，如图1-25所示。采用多盘式结构可进一步提

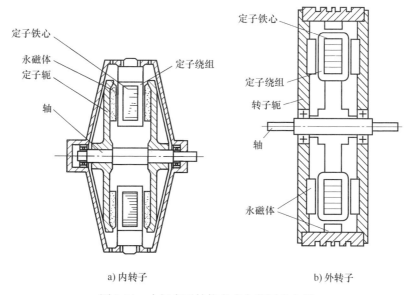

a) 内转子   b) 外转子

图 1-24 中间定子结构盘式永磁同步电机

高盘式永磁同步电机的转矩，特别适合于大转矩直接传动装置。

3. 横向磁通永磁电机

横向磁通永磁电机(transverse flux permanent magnet machine，TFPM)的典型结构如图 1-26 所示，永磁体按照 N-S 极性交替、均匀地分布在转子表面；定子铁心为 U 形，定子绕组呈环形，各相绕组沿圆周方向穿过 U 形铁心。磁通经 U 形定子铁心构成闭合磁路，磁力线所在平面垂直于电机的旋转方向，横向磁通永磁电机由此得名。

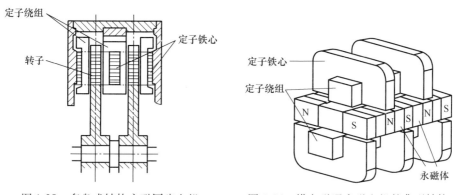

图 1-25 多盘式结构永磁同步电机   图 1-26 横向磁通永磁电机的典型结构

当定子线圈通电时，电枢绕组产生的磁场经过 U 形铁心和转子形成磁回路。可以把定子的两个齿等效地看成两个不同的磁极，根据同性相斥、异性相吸的原理，定子磁场和转子永磁体产生的磁场相互作用，使转子转动。当转子每转过一个极距时，只要相应地改变线圈中的电流方向，就可以使转子继续旋转。

三相横向磁通永磁电机的构成有两种方式：同轴排列和圆周排列。在三相同轴排列结构中，共有 3 套转子分别与三相定子相对应，三相在圆周上依次错开 120°，每相的磁路各自独立，相当于 3 台单相电机共用同一转轴。在三相圆周排列的结构中，定子三相共同用一个转子，只是每一相的定子磁路和绕组各占据 120°的扇形区域。

横向磁通永磁电机的环形绕组与 U 形定子铁心在空间上互相垂直，铁心尺寸和通电线圈的大小互相独立，在一定范围内可以任意选取，这是横向磁通永磁电机的优势所在。横向磁通永磁电机具有较高的转矩密度，在相同转矩下，其体积和质量比传统结构的电机小。定子各相之间没有耦合，便于设计为多相结构，具有良好的控制特性。

横向磁通永磁电机转矩密度高，适用于低速直接驱动场合，在船舶直接推进系统中获得了较好的应用。

1.2 微特电机的应用与发展趋势

1.2.1 微特电机的应用

微特电机技术综合了电机、计算机、控制理论、新材料等多项高新技术，其应用遍及军事、航空航天、工农业生产、日常生活的各个领域。

1）信息处理领域。信息产业在国内外都受到高度重视并获得高速发展，信息领域配套微电机全世界年需求量约 15 亿台（套），这类电机绝大部分是精密永磁无刷电机和精密步进电机。

2）交通运输领域。目前，在高级轿车中，为了控制燃料和改善乘车感觉以及显示有关装置状态的需要，要使用 40~50 台电动机，而未来豪华轿车上的电机可多达 80 台，汽车电器配套电机主要为永磁直流电机和无刷直流电机等。作为 21 世纪的绿色交通工具，电动汽车在各国受到普遍的重视，电动车辆驱动用电机主要是永磁同步电机、感应电机、无刷直流电机、开关磁阻电机等，这类电机的发展趋势是高效率、高出力、智能化。此外，微特电机在机车驱动、轮船推进中也取得了广泛应用，如直线电机用于磁悬浮列车、地铁列车的驱动。

3）家用电器领域。目前，工业化国家一般家庭中用到 35 台以上微特电机。为了满足用户越来越高的要求和适应信息时代发展的需要，实现家电产品节能化、舒适化、网络化、智能化，甚至提出了网络家电（或信息家电）的概念，家电的更新换代周期很短，对为其配套的电机提出了高效率、低噪声、低振动、低价格、可调速和智能化的要求。无刷直流电机、开关磁阻电机等新兴的机电一体化产品正逐步替代传统的单相感应电机。

4）高档消费品领域。电唱机、录音机、VCD 视盘和 DVD 视盘等音响设备配套电机主要为印制绕组电机、绕线盘式电机等。录像机、摄像机、数字式照相机等高档电子消费产品需要量大，产品更新换代快，亦是微特电机的主要应用领域之一，这类电机属于精密型，制造加工难度大，尤其进入数字化后，对电机提出了更高的要求。

5）电气传动领域。工农业生产的各个部门都离不开电气传动系统，在要求速度控制和位置控制（伺服）的场合，微特电机的应用越来越广泛，如开关磁阻电机、无刷直流电机、功率步进电机、宽调速直流电机用于数控机床、机械手、机器人等。

6）特种用途，包括各种飞行器、探测器、自动化武器装备、医疗设备等。这类电机多为特殊电机或新型电机，包括从原理上、结构上和运行方式上都不同于一般电磁原理的电机，主要为低速同步电机、谐波电机、有限转角电机、超声波电机、微波电机、电容式电机、静电电机等。

1.2.2　微特电机的发展趋势

现代微特电机技术是集电机技术、材料科学、计算机技术、现代控制理论、微电子技术和电力电子技术等现代科学技术的进步于一体的新技术，其发展呈现以下趋势：

1. 机电一体化，最终实现智能化

机电一体化就是将传统电机和电子技术有机结合，最终实现智能化。目前，电机在其实际应用中已由过去简单地提供动力为目的发展到对其速度、位置和转矩等物理量进行精确控制，微特电机需要也必然与微电子技术、计算机技术和电力电子技术等相结合构成新颖的机电一体化产品。从军事和航空航天到工农业生产、信息、医疗以及家庭自动化，几乎所有领域都在越来越多地采用机电一体化伺服传动系统。永磁无刷直流电机、开关磁阻电机等耗电少、效率高、运行成本低、控制性能好的新型机电一体化传动系统正在迅速普及。

2. 高性能化

工农业生产的发展、科学技术的进步和人民生活水平的提高，对电机及其传统系统的性能提出了越来越高的要求。新型材料的应用为提高电机产品性能、降低成本创造了有利条件；而微电子技术、现代控制技术、计算机技术和电力电子技术的发展使微特电机控制性能的提高成为可能。新材料、新技术的应用促使现代微特电机向高性能化不断迈进。

在20世纪60年代和80年代，稀土钴永磁和钕铁硼永磁(二者统称稀土永磁)相继问世，它们的高剩余磁感应强度、高矫顽力、高磁能积和线性退磁曲线等优异的磁性能特别适合于电机。新型永磁材料在电机中的应用引起了电机结构、设计方法、工艺等方面的变革，稀土永磁电机也因而具有一系列的独特优点：结构简单、运行可靠、体积小、质量小、损耗小、效率高，电机的形状和尺寸可以灵活多样。如我国开发的抽油机用永磁同步电机具有高起动转矩，在实际应用中可替代比它大两个功率等级的感应电机，节电率大于20%。

除永磁材料之外，还有许多新材料在微特电机领域得到应用，如耐磨性能极高的陶瓷是制造高速电机轴承的理想材料、压电陶瓷和摩擦材料是制造超声电机的关键，新型良好导磁性能和导电性能材料亦在研究之中。

随着新型电力电子器件的不断涌现，电机控制技术飞速发展；而微控制器的应用促进了模拟控制系统向数字控制系统的转化。数字化控制技术使得电机控制所需的复杂算法得以实现，大大简化了硬件、降低了成本、提高了精度。特别是最近几年来，工业控制的功能模块或专用芯片不断涌现，如美国的AD公司和TI公司都推出了用于电机调速的数字信号处理器(DSP)，将一系列外围设备如模/数(A/D)转换器、脉宽调制(PWM)发生器和数字信号处理器集成在一起，为电机控制提供了一个理想的解决方案。以开关磁阻电机控制为例，其常用的控制方法是电流模拟滞环控制和电压PWM调速控制。过去这种电压PWM控制策略都是通过分散的模拟器件实现的，因此，系统往往是电流开环，电流的大小和波形都缺乏相应控制，最终影响到整个系统的运行性能。随着数字信号处理技术的快速发展以及高速、高集成度的电机控制专用数字信号处理芯片的出现，不仅为开关磁阻电机的数字电流控制提供了强有力的基础，而且在电压PWM控制的基础上引入电流闭环，实现了数字化，从而使得电流以最小的偏差逼近目标值，对提高电机出力和效率、降低电机噪声和转矩脉动有很大作用。

3. 小型化与微型化

随着信息产品和消费类电子产品向微、轻、薄方向发展，对其配套的电机提出了小型化的要求；而空间技术、国防产品、医疗设备等对电机进一步提出了短、小、薄、低噪声、无电磁干扰等要求。小型化，甚至微型化是微特电机发展呈现的又一趋势。例如，小型扁平存储驱动器、微型摄像机、数码相机、微型立体声耳机、微型收录机、移动通信手机、BP 机等产品几乎都使用小型化、片状永磁无刷直流电机。这种电机的定子为扁平扇形绕组，采用精密光刻或切片技术制作，也有用导线绕制的；转子是旋转磁极结构，大多选用高性能的钕铁硼永磁体。手机、BP 机使用的振动电机，圆柱形电机的外形尺寸为 ϕ4mm×10mm，片状振动电机外形尺寸为 ϕ12mm×3mm，更小型的振动电机也在研制中。小型存储驱动器用的主轴无刷电动机外形尺寸为 ϕ16mm×1.37mm。

4. 大功率化

在工业传动和交通运输等领域，微特电机呈现大功率化趋势。我国开发的 1120kW 永磁同步电机是目前世界上功率最大的异步起动高效稀土永磁电机，其效率高于 96.5%（同规格电机效率为 95%），功率因数为 0.94，可以替代比它大 1~2 个功率等级的普通电机。目前，开关磁阻电机传动系统的最大功率为 5MW，最大转矩为 10^6N·m，转速可达 10 万 r/min，我国也已有上百千瓦的开关磁阻电机产品。

5. 非电磁化

随着微特电机应用领域的扩大和应用环境的变化，传统电磁原理电机已不能完全满足要求。用相关学科的新成果，包括新原理、新材料，开发具有非电磁原理的微特电机已成为电机发展的一个重要方向。世界各国都在探索其他新型电机，如静电电机、超声电机、仿生电机、光热电机、形状记忆合金电机和微波电机等。其中，超声电机已在航空航天、机器人、汽车、精密定位仪、微型机械等领域得到成功的应用。美国 NASA 的 Coddar Space Flight Center 将超声电机应用于空间机器人技术。其中微型机械手 MicroArm I 使用了转矩 0.105N·m 的超声电机。火星机械手 MarsArm II 使用了 3 个转矩为 0.168N·m 和 1 个转矩为 0.111N·m 的超声电机，它们比使用同等功能的传统电机轻 40%。

1.3 永磁材料与磁极结构

1.3.1 永磁材料的主要特性

为了阐明永磁材料特性对转子结构的影响，下面首先介绍描述永磁材料特性的参数。

1. 剩余磁感应强度、矫顽力和最大磁能积

永磁材料的磁滞回线在第二象限的部分称为退磁曲线，它是永磁材料的基本特性曲线。退磁曲线上磁场强度 H 为零时相应的磁感应强度值称为剩余磁感应强度，又称剩余磁通密度，简称剩磁密度，符号为 B_r，单位为 T；退磁曲线上磁感应强度 B 为零时相应的磁场强度值称为磁感应强度矫顽力，简称矫顽力，符号为 H_{cB}，简写为 H_c，单位为 A/m。

磁场能量密度 $w_m = BH/2$，因此，退磁曲线上任一点的磁通密度与磁场强度的乘积可反映磁场的能量密度，被称为磁能积。图 1-27 给出了稀土永磁材料的退

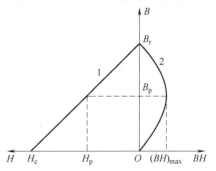

图 1-27 稀土永磁材料的退磁
曲线和磁能积曲线

1—退磁曲线 2—磁能积曲线

磁曲线 1 和磁能积曲线 2。在退磁曲线中间的某个位置上磁能积为最大值，称为最大磁能积，符号为 $(BH)_{max}$，单位为 J/m^3，它也是表征永磁材料磁性能的重要参数。对于退磁曲线为直线的永磁材料，显然在 $(B_r/2, H_c/2)$ 处磁能积最大，为 $B_r H_c/4$。

2. 回复线和相对回复磁导率

退磁曲线所表示的磁通密度与磁场强度间的关系，只有在磁场强度单方向变化时才存在。实际上，电机中永磁材料受到的退磁磁场强度是反复变化的。以铝镍钴等退磁曲线为曲线型永磁为例，当对已充磁的永磁体施加退磁磁场强度时，磁通密度沿图 1-28a 中的退磁曲线 $B_r P$ 下降。如果在下降到 P 点时消去外加退磁磁场强度 H_P，则磁通密度并不沿退磁曲线回复，而是沿另一曲线 PBR 上升。若再施加退磁磁场强度，则磁通密度沿新的曲线 $RB'P$ 下降。如此多次反复后形成一个局部的小回线，称为局部磁滞回线。由于该回线的上升曲线与下降曲线很接近，可以近似地用一条直线 $\overline{PR}$ 来代替，称为回复线，P 点为回复线的起始点。如果以后施加的退磁磁场强度 H_Q 不超过第一次的值 H_P，则磁通密度沿回复线 $\overline{PR}$ 做可逆变化。如果 $H_Q > H_P$，则磁通密度下降到新的起始点 Q，沿新的回复线 $\overline{QS}$ 变化，不能再沿原来的回复线 $\overline{PR}$ 变化。

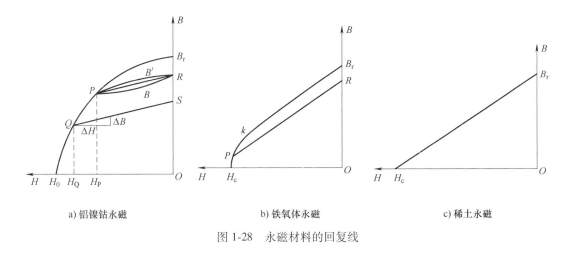

a) 铝镍钴永磁　　　　　　b) 铁氧体永磁　　　　　　c) 稀土永磁

图 1-28　永磁材料的回复线

回复线的平均斜率 $|\Delta B/\Delta H|$ 与真空磁导率 μ_0 的比值称为相对回复磁导率，简称回复磁导率，符号为 μ_r，即

$$\mu_r = \frac{1}{\mu_0} \left| \frac{\Delta B}{\Delta H} \right| \tag{1-1}$$

有的永磁材料，如部分铁氧体永磁，其退磁曲线的上半部分为直线，当退磁磁场强度超过一定值后，退磁曲线就急剧下降，开始拐弯的点称为拐点。当退磁磁场强度不超过拐点 k 时，回复线与退磁曲线的直线段相重合。当退磁磁场强度超过拐点后，新的回复线 $\overline{PR}$ 就不再与退磁曲线重合了（见图 1-28b）。在设计电机时，应使永磁体的工作点位于拐点以上。

大部分稀土永磁材料，其退磁曲线全部为直线，回复线与退磁曲线相重合（见图 1-28c），可以使电机的磁性能在运行过程中保持稳定，这是在电机中使用时最理想的退磁曲线。稀土永磁材料的退磁曲线方程为

$$B = B_r - \mu_0 \mu_r H \tag{1-2}$$

式中，B、H 分别为永磁体的磁通密度和所受到退磁磁场强度。

3. 内禀矫顽力

退磁曲线和回复线表征的是永磁材料对外呈现的磁感应强度 B 与磁场强度 H 之间的关系。永磁材料的内在磁性能需要另一种曲线——内禀退磁曲线来表征。内禀磁感应强度 B_i 与磁场强度 H 的关系为

$$B_i = B + \mu_0 H \tag{1-3}$$

式(1-3)表明了内禀退磁曲线与退磁曲线之间的关系，如图 1-29 所示。内禀退磁曲线上内禀磁感应强度 B_i 为零时相应的磁场强度值称为内禀矫顽力，符号为 H_{cJ}，单位为 A/m，H_{cJ} 的值反映永磁材料抗去磁能力的大小。

除 H_{cJ} 值外，内禀退磁曲线的形状也影响永磁材料的磁稳定性。曲线的矩形度越好，磁性能越稳定。曲线的矩形度用 H_K / H_{cJ} 来表征，其中，H_K 为内禀退磁曲线上当 $B_i = 0.9B_r$ 时所对应的退磁磁场强度值（见图 1-29）。

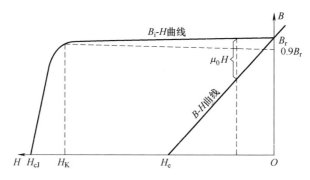

图 1-29　内禀退磁曲线与退磁曲线的关系

4. 温度系数

环境温度的升高会引起永磁体的磁性能损失，磁性能损失可以分为可逆损失和不可逆损失两部分。

可逆损失是不可避免的。永磁材料的剩余磁感应强度、矫顽力和内禀矫顽力随温度可逆变化的程度通常用温度系数来表示，温度系数定义为永磁体在常温以上温度每升高 1℃，上述磁性能参数下降的百分比。

5. 居里温度和工作温度

为了防止温度过高引起磁性能的不可逆磁损失过大，从而导致永磁电机的电气性能发生显著变化，使用永磁材料时，不应超过其最高工作温度。永磁材料最高工作温度的定义是：将规定尺寸（稀土永磁为 ϕ10mm×7mm）的样品加热到某一恒定的温度，长时间放置（一般取 1000h），然后将样品冷却到室温，其开路磁通不可逆损失小于 5% 的最高保温温度即为该永磁材料的最高工作温度，符号为 T_w，单位为 K 或℃。

永磁材料的温度特性还用居里温度来表示。随着温度的升高，磁性能逐步降低，升至某一温度时，磁化强度消失，该温度称为该永磁材料的居里温度，又称居里点，符号为 T_c，单位为 K 或℃。

1.3.2　电机中常用的永磁材料

永磁电机中使用的永磁材料主要有铁氧体永磁和稀土永磁两大类。

铁氧体是 20 世纪 50 年代研制成功的，属于非金属永磁材料，其主要优点是价格低廉，不含稀土元素和钴、镍等贵金属；矫顽力较大，抗去磁能力较强；无腐蚀问题，不需表面处理；退磁曲线很大一部分接近直线，回复线基本与退磁曲线重合。其主要缺点是剩余磁感应强度不高，B_r 仅为 0.2~0.44T；最大磁能积低，产生一定的磁通需要较多的永磁材料，使电机的体积增大；温度变化对磁性能影响大，剩磁温度系数达$-0.2\%\cdot K^{-1}$，矫顽力温度系数为$(0.4~0.6)\%\cdot K^{-1}$。必须注意，铁氧体永磁的内禀矫顽力温度系数为正，其矫顽力随温度升高而增大，随温度降低而减小，这与其他常用永磁材料不同。

稀土永磁主要有第一代的 1:5 型（$SmCo_5$）钐钴永磁、第二代的 2:17 型（Sm_2Co_{17}）钐钴永磁和第三代的钕铁硼（NdFeB）永磁材料。稀土永磁除具有高剩余磁感应强度、高矫顽力、高磁能积等优异的磁性能外，更为重要的是其退磁曲线为直线，回复线与退磁曲线基本重合，永磁体的工作点范围很宽，不易去磁。良好的设计可充分利用永磁材料、减小电机的体积、提高电机的性能。

稀土钴永磁材料的剩磁温度系数较低，通常为$-0.03\%\cdot K^{-1}$左右；且居里温度较高，一般为 710~880℃。因此，这种永磁材料的磁稳定性最好。其缺点是价格比较昂贵，材料硬而脆，抗拉强度和抗弯强度均较低，仅能进行少量的电火花或线切割加工，目前仅限于某些温度稳定性要求高、体积与质量有要求的特殊用途电机中。

钕铁硼永磁材料是 1983 年问世的，其磁性能高于稀土钴永磁材料，钕在稀土中的含量是钐的十几倍，资源丰富，铁、硼的价格低廉，又不含战略物资钴，因此钕铁硼永磁的价格比稀土钴永磁便宜得多，问世以来便在工业和民用电机中迅速得到推广应用。钕铁硼永磁材料的不足之处是居里温度较低，一般在 310~410℃之间；温度系数较高，剩磁温度系数可达$-0.13\%\cdot K^{-1}$，内禀矫顽力的温度系数高达$-(0.4~0.67)\%\cdot K^{-1}$，因而在高温下使用时磁损失较大。由于其中含有大量的铁和钕，容易锈蚀，需要对其表面进行涂层处理。

为了便于对比，图 1-30 画出了常用永磁材料的退磁曲线，表 1-3 列出了常用永磁材料的主要性能。

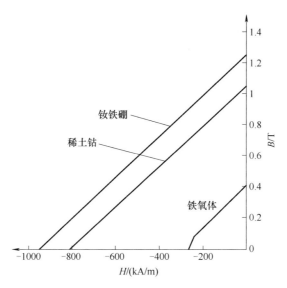

图 1-30 常用永磁材料的退磁曲线对比

表 1-3　常用永磁材料的主要性能对比

项目	铁氧体		钐钴	钕铁硼	
	黏结	烧结		黏结	烧结
剩余磁感应强度/T	0.27	0.31~0.41	0.85~1.15	0.75	1.02~1.47
矫顽力/(kA/m)	200	176~264	480~800	460	773~1056
最大磁能积/(kJ/m³)	14	32	258.6	80	390
回复磁导率	1.2	1.2	1.03~1.1	1.1	1.05~1.1
退磁曲线形状	上部直线，下部弯曲		直线	直线，高温时下部弯曲	
剩磁温度系数/(%·K⁻¹)	−0.18	−0.18	−0.04	−0.12	−0.12
矫顽力温度系数/(%·K⁻¹)	0.5	0.5	−0.2	−0.5	−0.5
最高工作温度/℃	120	200	300	120	150
居里温度/℃	450	450	800	300	320
密度/(g/cm³)	3.7	4.8	8.2	6.0	7.4
抗腐蚀性能	强	强	强	好	易氧化
相对价格	低	低	很高	中	高
应用	电动玩具	民用电机	军事、航空航天用电机	民用电机	民用、工业用电机

1.3.3　常见转子结构

永磁同步电机常见的转子结构如图 1-31 所示。一般较大功率的电机多采用钐钴和钕铁硼等高矫顽力、高剩余磁感应强度的稀土永磁体，其特点是永磁体的磁化方向短，永磁体的用量少，可有效地减小电机的体积。其中图 1-31a 所示结构是在铁心外表面粘贴径向充磁的瓦形永磁体，这是最为常用的一种磁极结构；为了增大气隙磁场极弧系数，并提高永磁材料的利用率，有时将瓦形磁极加工成图 1-31b 所示的等宽瓦形磁极。对于高速运行的电机，图 1-31a、b 所示结构需在转子外表面套一个 0.3~0.8mm 的非磁性紧圈，以防止离心力将永磁体甩出，同时在盐雾等恶劣环境中对永磁体起保护作用。紧圈材料通常采用不导磁的不锈钢，高速电机则采用高强度碳纤维。

由于稀土永磁材料磁性很强，图 1-31a、b 所示的表贴式磁极在加工和维修过程中极易吸附铁屑等杂质，且很难清理，加之表贴式磁极容易受到烟雾等化学物质的腐蚀，为了克服这些不足，永磁同步电机中还常常采用内置式磁极结构，如图 1-31c~e 所示。在图 1-31c 中，永磁体产生的磁通场沿径向进入气隙和定子，因此称为内置径向式结构；图 1-31d 中，永磁体产生的磁通沿切向进入气隙和定子，因此称为内置切向式结构，这种结构的优点是一个极距下的磁通由相邻两个磁极并联提供，可以获得较大的磁通；图 1-31e 中，永磁体产生的磁通同时沿径向和切向进入气隙和定子，因此称为内置混合式结构。内置混合式结构中，永磁体可排列成 V 形、U 形、W 形等不同形状，采用何种形状并无规定，主要看是否能够产生足够的磁通，并根据制造厂家的工艺和经验而定。

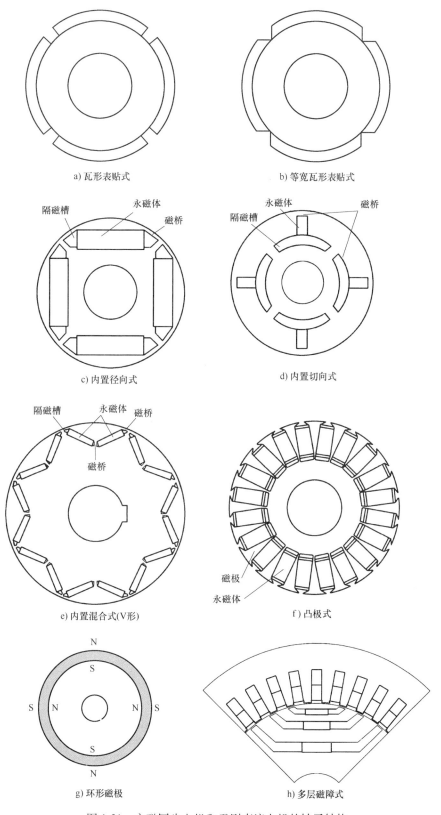

图 1-31　永磁同步电机和无刷直流电机的转子结构

内置式磁极结构中，通过隔磁槽和磁桥的配合作用，保证永磁体发出的磁通大部分进入气隙，为此，磁桥中的磁感应强度应大于 2.1T，使磁桥的磁导率接近空气磁导率。

大量的实践经验表明，对于设计良好的无刷直流电机，采用表贴式磁极结构时，通常其漏磁系数小于 1.05；而采用内置式磁极结构时，其漏磁系数在 1.3~1.5 之间。

为了降低电机的成本，功率较小的电机有时也采用铁氧体永磁体。由于铁氧体永磁体的磁能积小，产生一定的主磁通所需永磁材料较多，功率在 100W 以上的电机可采用图 1-31f 所示的凸极结构，100W 以下的电机可采用图 1-31a、b、g 所示结构，其中图 1-31g 所示结构是在铁心外套一个整体永磁环，环形磁体径向整体充磁为多极，该种结构的转子制造工艺性较好。

1.3.4 Halbach 阵列

在通常的永磁电机中，永磁体多采用径向或切向阵列结构，Halbach 阵列是将径向与切向阵列结合在一起的一种新型磁结构，如图 1-32 所示。Halbach 阵列使一边的磁场增强而使另一边的磁场减弱，在理想情况下，可使其中一边的磁场减小到零，形成一个单边磁场，这就是 Halbach 阵列的自屏蔽效应。

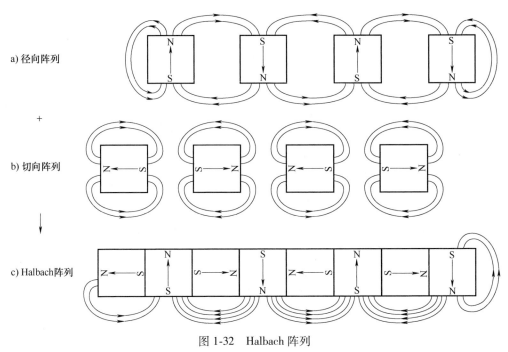

图 1-32　Halbach 阵列

Halbach 阵列对于改进永磁电机的性能具有重要意义。Halbach 阵列的自屏蔽效应可以产生单边磁场分布，意味着不需要铁磁材料为其提供导磁回路；Halbach 阵列使一边磁场得到加强，意味着可以获得更大的气隙磁通。对无刷直流电机来说，总是希望气隙磁通增加而转子轭部磁通减小甚至为零，Halbach 阵列的应用使这一难题迎刃而解，它使电机的铁损耗大大降低，并使电机的气隙磁通得到大幅度提高，有效地减小了电机的体积，提高了电机的功率密度。图 1-33 给出了 Halbach 阵列在内、外转子结构永磁电机中应用。

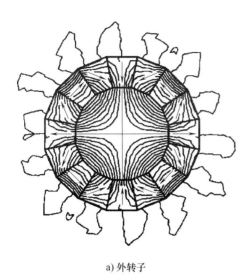
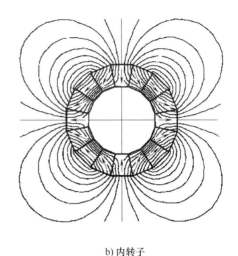

a) 外转子　　　　　　　　　　　　　　　b) 内转子

图 1-33　Halbach 阵列在内、外转子结构永磁电机中的应用

1.3.5　气隙磁感应强度的近似估算

永磁电机的典型磁路如图 1-34 所示，永磁体的磁动势等于各段磁路的磁压降之和，即

$$H_m l_m = H_\delta \delta + H_t l_t + H_{j1} l_{j1} + H_{j2} l_{j2} \tag{1-4}$$

其中，H_m、H_δ、H_t、H_{j1}、H_{j2} 分别为永磁体、气隙、定子齿、定子轭和转子轭的磁场强度；l_m、δ、l_t、l_{j1}、l_{j2} 分别为永磁体、气隙、定子齿、定子轭和转子轭的磁路长度。

一般电机中，气隙磁压降占到总磁压降的 80% 以上，在磁路不饱和时，可忽略铁心部分的磁压降，此时，永磁体的磁动势等于气隙磁压降。为计算精确起见，假定磁路的饱和系数为 K_S，则式（1-4）可化为

$$H_m l_m = K_S H_\delta \delta \tag{1-5}$$

设电机的漏磁系数为 σ，则根据磁通连续性定律，可得永磁体发出的总磁通与气隙中的主磁通关系为

$$A_m B_m = \sigma A_\delta B_\delta \tag{1-6}$$

式中，A_m、A_δ 分别为永磁体和气隙的面积；B_m、B_δ 分别为永磁体的磁感应强度和气隙磁感应强度。如电机的极弧系数为 α_p，则 $A_m = \alpha_p A_\delta$，故有

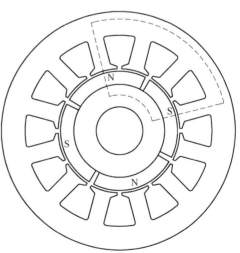

图 1-34　永磁电机的磁路

$$B_m = \frac{\sigma B_\delta}{\alpha_p} \tag{1-7}$$

对于稀土永磁和铁氧体永磁，电机的工作点都在退磁曲线的直线部分，其回复线与退磁曲线重合，故有

$$B_m = B_r - \mu_0 \mu_r H_m \tag{1-8}$$

将式(1-5)代入式(1-8)，考虑 $B_\delta=\mu_0 H_\delta$，可得

$$B_m=B_r-K_S\mu_r B_\delta\frac{\delta}{l_m} \tag{1-9}$$

将式(1-7)代入式(1-9)，并求解，得到气隙磁感应强度的估算公式为

$$B_\delta=\frac{B_r}{\dfrac{\sigma}{\alpha_p}+K_S\mu_r\dfrac{\delta}{l_m}} \tag{1-10}$$

一般永磁电机磁路的饱和系数在 1.0~1.3 之间，估算时可以取 $K_S\approx1.25$。而各种磁极结构永磁电机的漏磁系数也在一定的范围内，因此，可用式(1-10)估算气隙磁感应强度和磁通的大小，从而确定永磁体的大致用量。

1.4 分数槽绕组与分数槽集中绕组

在汽车电机、家用电器等领域，电机的生产批量特大，要求定子绕组可以采用自动绕线机绕制，以节省人工成本，提高生产效率；且每台电机的绕组用铜量和铁心的些许减少，都意味着制造材料的巨大节约。因此，出现了定子绕组为集中绕组的永磁同步电机，如图 1-35 所示。

每极每相槽数 q 是描述绕组特征的重要参数，为

$$q=\frac{Z}{2pm} \tag{1-11}$$

式中，Z 为定子槽数；p 为电机极对数；m 为电机的相数。当 q 为整数时，该绕组为整数槽绕组；当 q 为分数时，为分数槽绕组。

对整数槽绕组来说，齿谐波次数 $\nu_z=2mqk\pm1$，式中，$k=1，2，3，\cdots$。对于图 1-35 中的整数槽集中绕组，每极每相槽数 $q=1$，其一阶齿谐波次数为 $\nu_z=5、7$，由于齿谐波次数小，齿谐波磁场较强，会引起很大的齿槽定位转矩。齿谐波的绕组因数 k_{wz} 与基波的绕组因数 k_{w1} 相等，须采用定子铁心斜槽或转子磁极斜极等措施以削弱齿谐波磁场，这些措

图 1-35 一种集中绕组永磁
同步电机($2p=12$，$Z=36$)

施增加了制造工艺的复杂性。因此，整数槽集中绕组在无刷直流电机中的应用较少。通常采用分数槽集中绕组，使齿谐波次数增大，从而使齿谐波含量减小。

如将图 1-35 中电机的转子极数改为 $2p=10$，则其每极每相槽数变为 $q=6/5$，即在 5 个极下占 6 个槽，实际分布情况是在一个极下占 2 个槽，在相邻的 4 个极下占 1 个槽。为了更清楚地分析绕组的联结方式，图 1-36 画出了其槽电动势星形图和绕组连接图。按照 60°相带分相，可见这个 $2p=10$、$Z=36$、$q=6/5$ 的分数槽绕组与一个 $2p=2$、$Z=36$、$q=6$ 的整数槽绕组等效。

将原来的分数 q 写成

$$q=b+\frac{c}{d}=\frac{bd+c}{d}=\frac{N}{d} \tag{1-12}$$

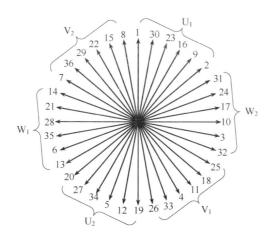

a) 槽电动势星形图

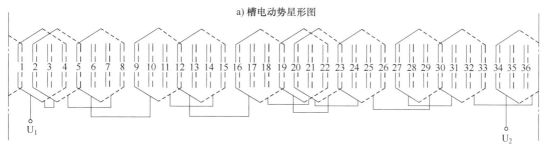

b) 一相绕组连接图

图 1-36 $2p=10$，$Z=36$ 绕组的联结方式

式中，b 为整数，c/d 是不可约分数。可发现 $q'=N=6$，$p'=p/d=5/5=1$，这是分数槽绕组的普遍规律，即：**任何一个 m 相对称的双层分数槽绕组 $\left(q=\dfrac{N}{d}\right)$，在计算基波电动势时，它和一个具有同样槽数、$p'=p/d$、$q'=N$ 的整数槽绕组是等效的。**

分数槽绕组的短距因数的计算方法与整数槽绕组一样，为

$$k_{\mathrm{y1}}=\sin\frac{y_1}{\tau}90° \tag{1-13}$$

但计算分布因数时，必须采用等效绕组的有关数据，即 $q'=N$，$\alpha'=\dfrac{p'2\pi}{Z}=\dfrac{\pi}{mN}$，于是

$$k_{\mathrm{q1}}=\frac{\sin q'\dfrac{\alpha'}{2}}{q'\sin\dfrac{\alpha'}{2}}=\frac{\sin\dfrac{\pi}{2m}}{N\sin\dfrac{\pi}{2mN}} \tag{1-14}$$

式中，y_1 为用槽数表示的线圈跨距；τ 为用槽数表示的极距；α 为槽距电角度。

分数槽绕组的最大并联支路数为

$$a_{\max}=\frac{2p}{d} \tag{1-15}$$

分数槽绕组的对称条件是

$$\frac{d}{m}\neq 整数 \tag{1-16}$$

可以看出，在分数槽绕组中，虽然每极每相槽数 q 很小，但却具有很大的分布作用，例如图 1-36 中的绕组，$q=6/5=1.2$，但分布效果却相当于 $q'=6$，因此可以有效地削弱高次谐波磁场引起的谐波电动势。

由于对称关系，正常结构的转子磁极产生的磁场不存在偶次谐波和分数次谐波，因此只需注意奇次谐波。在整数槽绕组中，$2mqk\pm1$ 都等于奇数，因此所有的齿谐波电动势都存在，其中 $2mq\pm1$ 次最强。但在分数槽绕组中，由于 $d/m\neq$ 整数，$2mq\pm1\neq$ 奇数，最强的齿谐波电动势被消除了。这时只有 $k=d$ 才能使 $2mqk\pm1=$ 奇数，因此把存在的齿谐波电动势的最低阶次提高到了 $k=d$ 阶，即 $2mqd\pm1$ 次，而阶次越高，则相应的齿谐波磁场越弱。由此可见，分数槽绕组能削弱齿谐波电动势，q 的分母越大，削弱效果越强。

分数槽绕组的极槽配合不是任意的，须满足分数槽绕组的对称条件。同时，对于集中绕组，线圈的节距 $y_1=1$，为了获得最大的绕组电动势，提高绕组的利用率，就要使槽距电角 $\alpha=\dfrac{p\times360°}{Z}$ 尽可能地接近 $180°$ 电角度，因此，分数槽集中绕组的特征是

$$Z\approx2p \tag{1-17}$$

表 1-4 列出了一些常用的分数槽集中绕组的极槽配合方案及其主要参数。

表 1-4 常用分数槽集中绕组的极槽配合方案及其主要参数

$2p$	Z	q	α	k_{y1}	k_{q1}	k_{w1}	a_{max}
2	3	1/2	120°	0.866	1	0.866	1
4	3	1/4	240	0.866	1	0.866	1
	6	1/2	120	0.866	1	0.866	2
8	6	1/4	240	0.866	1	0.866	2
	9	3/8	160	0.985	0.960	0.936	1
	12	1/2	120	0.866	1	0.866	4
10	9	3/10	200	0.985	0.960	0.936	1
	12	2/5	150	0.966	0.966	0.933	2
12	9	1/4	240	0.866	1	0.866	3
14	12	2/7	210	0.966	0.966	0.933	2
	15	5/14	168	0.995	0.957	0.952	1
	18	3/7	140	0.940	0.960	0.902	2
16	15	5/16	192	0.995	0.957	0.952	1
	18	3/8	160	0.985	0.960	0.936	2
20	18	3/10	200	0.985	0.960	0.936	2
	21	7/20	171.43	0.997	0.956	0.953	1
	24	2/5	150	0.966	0.958	0.925	4
22	18	3/11	220	0.940	0.960	0.902	2
	21	7/22	188.57	0.997	0.956	0.953	1
	24	4/11	165	0.991	0.958	0.950	2
24	27	3/8	160	0.985	0.960	0.936	3
26	24	4/13	195	0.991	0.958	0.950	2
	27	9/26	173.33	0.998	0.955	0.953	1
	30	5/13	156	0.978	0.957	0.936	2

（续）

$2p$	Z	q	α	k_{y1}	k_{q1}	k_{w1}	a_{max}
28	24	2/7	210	0.966	0.966	0.933	4
	27	9/28	186.67	0.998	0.955	0.953	1
	30	5/14	168	0.995	0.957	0.952	2
30	27	3/10	200	0.985	0.960	0.936	3
32	30	5/16	192	0.995	0.957	0.952	2
34	30	5/17	168	0.978	0.957	0.936	2

　　分数槽集中绕组也有单层绕组和双层绕组两种，如果定子槽数 Z 为奇数，则只能接成双层绕组；如果定子槽数 Z 为偶数，则既可接成双层绕组，也可接成单层绕组。图 1-37 给出了几种典型的分数槽集中绕组。

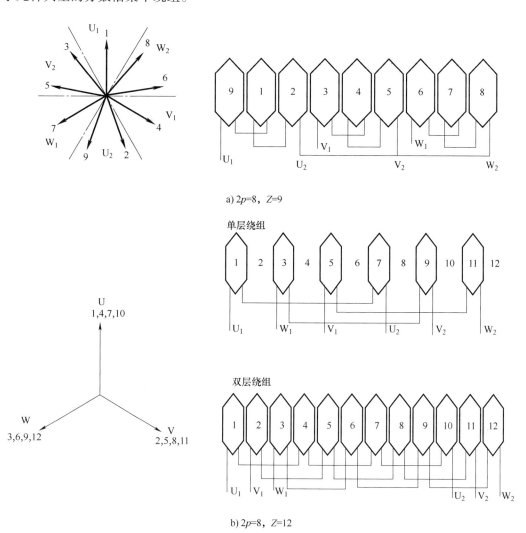

a) $2p=8$，$Z=9$

b) $2p=8$，$Z=12$

图 1-37　几种典型的分数槽集中绕组

1.5　电机数字控制系统的构建

1.5.1　电机数字控制系统的构建方法

用微控制器取代模拟电路作为电机的控制器有以下优点：

1）使电路更简单。模拟电路为了实现控制逻辑需要许多电子元器件，而采用微控制器后，绝大多数控制逻辑可通过软件实现。

2）可以实现较复杂的控制。微控制器有更强的逻辑功能，运算速度快、精度高、有大容量的存储单元，因此有能力实现复杂的控制，如优化控制、智能控制等。

3）提高了控制的灵活性和适应性。微控制器的控制方式是由软件完成的。如果需要修改控制规律，一般不必改变系统的硬件电路，只需修改程序即可。在系统调试和升级时，可以不断尝试，选择最优参数。

4）无零点漂移，控制精度高。数字控制不会出现模拟电路中经常遇到的零点漂移问题，无论被控量的大或小，都可保证足够的控制精度。

5）可提供人机界面，多机联网工作。

为了适应电机领域机电一体化、智能化发展趋势，众多半导体厂商推出了电机控制用微控制器，如 TI 公司的 TMS320F240x 系列 16 位微控制器、TMS320F28xx 系列 32 位微控制器，意法半导体公司（STMicroelectronics）的 STM32 系列 32 位微控制器，微芯公司（Microchip）推出的 dsPIC30 系列、dsPIC33 系列 16 位微控制器，Atmel 公司的 ATmega48/88/168 系列 8 位微控制器等，这些微控制器均具备电机控制所必需的特殊功能，包括：

1）PWM 发生器，可通过软件编程产生所需的 PWM 调制波，如不同的 PWM 占空比、不同的 PWM 方式等，用于电机的速度控制。

2）A/D 转换器（ADC），将控制系统中采集的转速、电压和电流等模拟量转换成计算机可以识别的数字量，从而实现数字控制。

3）输入捕捉功能（CAP），用于监视输入引脚上信号的电平变化，自动记录所发生事件的时刻。输入捕获单元的工作由内部定时器同步，不用 CPU 干预。在电机控制系统中，用于测速或测频。

以微控制器为核心的无刷直流电机控制系统结构如图 1-38 所示，该结构同样适用于构造其他电机的控制系统。构成电机数字控制系统的基本方法为：

1）将电机的转子位置信号送入微控制器的输入捕获（CAP）引脚，通过设定输入捕获单元的工作方式来测定信号跳变的时间间隔，根据电机的极数和位置传感器（PS）的结构来计算转速。同时，将位置信号送入微控制器的通用输入/输出（GPIO）口以确定电机的换相逻辑。

2）采用一定的方法检测电机和逆变桥的电压、电流等物理量，经检测电路进行信号调理后，送入微控制器的 ADC 引脚，以便实现电流闭环控制。

3）通过对检测到的电压、电流等信号的大小与设定值进行比较，进行故障检测，判定电机是否出现故障状态，然后将判定结果送入微控制器的中断引脚，由微控制器启动软件或硬件保护。

4）微控制器根据检测到的转速、电流、电压等信号进行相应的调节，通过 PWM 口的输出来控制逆变器功率开关的通断，构成一个数字式闭环控制系统。

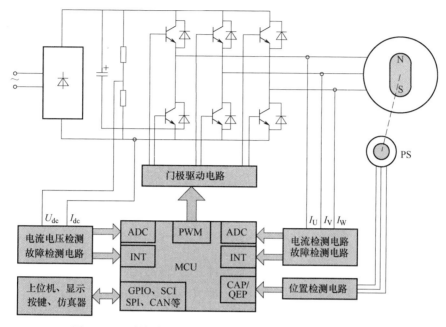

图 1-38　以微控制器为核心的无刷直流电机控制系统结构

此外，一个完整的控制系统还需要有人机交互和通信等功能，按键和显示电路可以通过 GPIO 口实现与微控制器的接口，也可以采用通信模式，具体实现方式可根据所选微控制器的资源而定。

最后，大部分微控制器还具有仿真接口，可通过仿真器与上位机连接，进行在线调试、下载程序，使微控制器得以完成控制工作。

1.5.2　位置与角度检测电路

在机电一体化电机系统中，需要检测定、转子相对位置，以控制相应的绕组通断，常用的位置传感器主要有电磁式、磁敏式和光电式三种，下面分别进行介绍。

1. 电磁式位置传感器

电磁式位置传感器是利用电磁效应来测量转子位置的，有开口变压器、铁磁谐振电路、接近开关电路等多种类型，使用较多的是开口变压器。

用于三相电机位置检测的开口变压器结构如图 1-39 所示，它由定子和转子两部分组成，定子由磁心、励磁绕组 W_{in} 和输出绕组 W_U、W_V、W_W 组成，转子由非磁性圆盘和扇形导磁片组成，转子与电机本体同轴连接。定子磁心和转子导磁片均由高频导磁材料（如软磁铁氧体）制成。扇形导磁片的个数与电机转子磁极的极对数相等。定子磁心共有 $6p$ 个极（p 为电机的极对数），在空间均

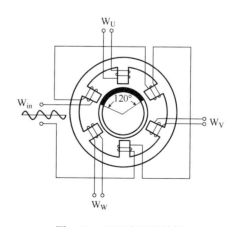

图 1-39　开口变压器结构

匀分布。其中 $3p$ 个极上的绕组串联起来，通以高频励磁电流；另外 $3p$ 个极上的绕组分成三组，每组有 p 个在空间彼此相差 360°电角度的绕组。将三组中 p 个绕组分别串联起来，构成三个相互独立，在空间彼此相差 120°电角度的输出绕组。

当转子处于图 1-39 所示的位置时，高频磁通通过转子上的导磁材料耦合到输出绕组 W_U 上，在绕组中产生感应电压 U_U。而另外两个输出绕组 W_V 和 W_W 因为不能形成磁耦合回路，感应电压基本为 0。随着电机旋转，位置传感器上依次感应出 u_U、u_V、u_W 三个相位彼此相差 120°的电压信号。输出信号经整流和滤波后，即可用于控制逆变器开关管的通断。

电磁式位置传感器输出信号大、工作可靠、适应性强，多用于航空航天领域。但它过于笨重复杂，限制了在普通条件下的应用。

电磁式位置传感器具有输出信号大、工作可靠、寿命长、对环境要求不高等优点，但这种传感器体积较大，信噪比较低，同时，其输出波形为交流，一般需经整流、滤波方可使用。

2. 磁敏式位置传感器

常见的磁敏式位置传感器是由霍尔器件或霍尔集成电路构成的，世界上第一台无刷直流电机就使用了霍尔器件式位置传感器。霍尔器件式位置传感器由于结构简单、性能可靠、成本低，是目前在无刷直流电机上应用最多的一种位置传感器。

霍尔效应原理如图 1-40 所示，在长方形半导体薄片上通以电流 I_H，当将半导体薄片置于外磁场中，并使其与外磁场垂直时，则在与电流 I_H 和磁感应强度 B 构成的平面相垂直的方向上会产生一个电动势 E_H，称其为霍尔电动势，其大小为

$$E_H = K_H I_H B \tag{1-18}$$

式中，K_H 为霍尔器件的灵敏度系数。

霍尔器件所产生的电动势很小，在应用时往往需要外接放大器，很不方便。随着半导体技术的发展，将霍尔器件与附加电路封装为三端模块，构成霍尔集成电路。

霍尔集成电路有开关型和线性型两种类型。通常采用开关型霍尔集成电路作为位置传感器件。为简明起见，把开关型霍尔集成电路叫作霍尔开关，其外形像一只普通晶体管，如图 1-41a 所示，其应用电路如图 1-41b 所示。

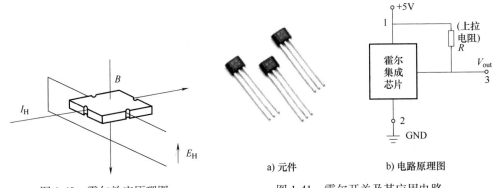

图 1-40　霍尔效应原理图　　　　　a) 元件　　　　b) 电路原理图
　　　　　　　　　　　　　　　　　　　图 1-41　霍尔开关及其应用电路

使用霍尔开关构成位置传感器通常有两种方式。第一种方式是将霍尔开关粘贴于电机端盖内表面，在靠近霍尔开关并与之有一定间隙处，安装着与电机轴同轴的永磁体。

第二种方式是直接将霍尔开关敷贴在定子电枢铁心表面或绕组端部紧靠铁心处，利用电

机转子上的永磁体主磁极作为传感器的永磁体，根据霍尔开关的输出信号判定转子位置。

对于两相导通星形三相六状态无刷直流电机，3 个霍尔开关在空间彼此相隔 120°电角度，传感器永磁体的极弧宽度为 180°电角度，这样，当电机转子旋转时，3 个霍尔开关便交替输出 3 个宽为 180°电角度、相位互差 120°电角度的矩形波信号。

霍尔开关的安装精度对于无刷直流电机的运行性能有较大的影响，在安装时不但要保证 3 个霍尔开关在空间彼此相差 120°电角度，同时还必须保证霍尔开关与绕组的相对位置正确，二者相对位置不同，换相逻辑亦随之不同。

两相导通星形三相六状态无刷直流电动机的霍尔位置传感器与电枢绕组、转子磁极的相对位置如图 1-42 所示，3 个霍尔开关 H_1、H_2、H_3 分别位于三相绕组各自的中心线上，传感器磁体可以是主磁极磁体数的一半，其极性均为 S 极或 N 极（视霍尔开关的要求而定），并与同极性的主磁极在空间处于对等位置。

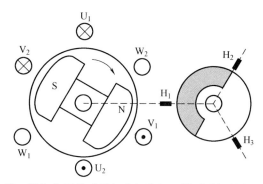

图 1-42　霍尔位置传感器与电枢绕组、转子磁极的相对位置

图 1-43 给出了 3 个位置传感器的输出信号（图中阴影部分）与三相电枢绕组反电动势之间的相位关系。可见，在一个电周期内，3 路位置信号共有 6 种不同组合，分别对应电机的 6 种工作状态。

3. 光电式位置传感器

开关磁阻电机一般使用光电式位置传感器检测转子位置，它是由装在电机转子上的遮光盘和固定不动的槽型光电开关组成的，其原理如图 1-44 所示。

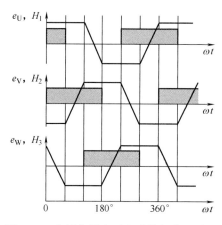

图 1-43　位置信号和反电动势相位的关系

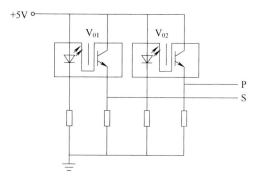

图 1-44　光电式位置传感器原理图

槽型光电开关的实际结构如图 1-45 所示。槽型光电开关通常为 U 形结构，其发射器（发

光二极管)和接收器(光电晶体管)分别位于 U 形槽的两侧，并形成一个光轴，当物体经过 U 形槽且阻断光轴时，光电开关就产生开关信号。

图 1-45　槽型光电开关的实际结构

遮光盘有与转子凸极、凹槽数相等的齿、槽，且齿槽均匀分布。遮光盘固定在转子轴上，与电机同步旋转，通过遮光盘，使光敏元件导通和关断，产生包含转子位置信息的脉冲信号。

对于 m 相开关磁阻电机，光电开关可以有 m 个或 $m/2$ 个(m 为偶数)，相邻两个光电开关之间的夹角由下式决定：

$$\Delta\theta=\left(k-\frac{1}{m}\right)\tau_{\mathrm{r}} \quad 或 \quad \Delta\theta=\left(k-1+\frac{1}{m}\right)\tau_{\mathrm{r}}(k=1,2,\cdots) \tag{1-19}$$

式中，τ_{r} 为转子极距角。

一台四相 8/6 极开关磁阻电机的位置传感器安装方法如图 1-46 所示，在某相定子绕组中心线位置安装一个光电开关 V_{01}，再顺时针转过 15°安装另一个光电开关 V_{02}，遮光盘的齿槽等分为 30°。电路通电后，可输出两路周期为 60°、间隔为 15°的脉冲序列，如图 1-47 所示。两路位置信号经过逻辑变换，即可用于控制四相绕组的通断。

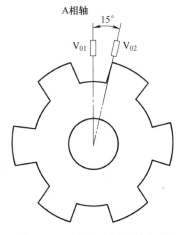

图 1-46　四相 8/6 极开关磁阻电机位置传感器安装方法

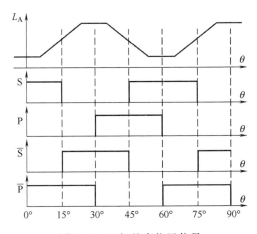

图 1-47　四相基本位置信号

4. 位置检测电路的构成

在有位置传感器的位置检测中，位置检测器电路不仅要保证检测元件输出正确的脉冲信号，而且要保证脉冲信号的质量。一般霍尔开关是集电极开路输出，需要在检测环节加上拉电阻(见图 1-41b);同时还需要根据检测波形采取一定的硬件滤波和软件滤波措施。

而光电式位置传感器检测元件的输出信号往往不规整,信号的上升沿、下降沿变化迟缓,高低电平的电压值也不尽一致。因此,应在输出端附加整形电路。

有位置传感器位置检测电路构成如图 1-48 所示,一个实际位置检测电路如图 1-49 所示。

图 1-48　有位置传感器位置检测电路构成

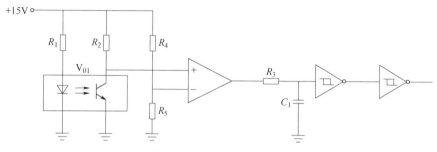

图 1-49　实际位置检测电路

5. 角度细分

位置信号经过逻辑变换后得到的方波信号可以直接用于电机的换相控制,但不能用于角度控制,因为在角度控制方式下,需要很高的角度分辨率。因此需要通过角度细分获得精确的角度信息。

角度细分既可以通过硬件实现,也可以通过软件实现。下面对这两种方法分别进行介绍。

(1)硬件角度细分

利用锁相倍频技术可以实现角度细分。锁相就是相位同步的自动控制,能够完成两个电信号相位同步自动控制的闭环系统叫作锁相环(phase lock loop,PLL)。它主要由相位比较器(PC)、压控振荡器(VCO)、低通滤波器(LPF)三部分组成,如图 1-50a 所示。

VCO 的输出 U_o 接至 PC 的一个输入端,其输出频率的高低由 LPF 上建立起来的平均值电压 U_d 大小决定。施加于 PC 另一个输入端的外部输入信号 U_i 与来自 VCO 的输出信号 U_o 相比较,比较结果产生的误差输出电压 U_c 正比于 U_i 和 U_o 两个信号的相位差,经过 LPF 滤除高频分量后,得到一个平均值电压 U_d。这个平均值电压 U_d 朝着减小 VCO 输出频率和输入频率之差的方向变化,直至 VCO 输出频率和输入信号频率获得一致。这时两个信号的频率相同,两相位差保持恒定(即同步)称作相位锁定。

当锁相环入锁时,它还具有"捕捉"信号的能力,VCO 可在一定范围内自动跟踪输入信号的变化,如果输入信号频率在锁相环的捕捉范围内发生变化,锁相环能捕捉到输入信号频率,并强迫 VCO 锁定在这个频率上。

锁相环的应用非常灵活,如果输入信号频率 f_i 不等于 VCO 输出信号频率 f_o,而要求两者保持一定的关系,例如比例关系或差值关系,则可以在外部加入一个运算器,以满足不同工作的需要。如果在 PC 和 VCO 之间加一个 N 分频器,如图 1-50b 所示,则可完成倍频功能,

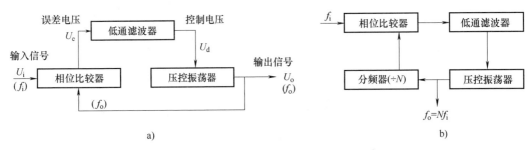

图 1-50　锁相环原理

在 VCO 输出端获得频率为 $f_o = Nf_i$ 的信号。

图 1-51 是用锁相环集成电路 CD4046（原理框图见图 1-52）和 12 级二进制计数器 CD4040（原理框图见图 1-53）组成的 512 分频电路。CD4040 相当于分频器，它插在锁相环的 VCO 输出和比较器之间，当锁相环锁定时，计数器的输出信号频率与锁相环的输入信号频率相等，从而在计数器时钟输入端（即 VCO 的输出端）得到分频输出信号。当 CD4040 的清零端为零时，在时钟脉冲下降沿作用下，做增量计数，Q1 是时钟脉冲的 2 分频，Q2 对 Q1 的输出进行 2 分频，依此类推。本电路的分频倍数是 2^9，即 $f_{Q9} = \dfrac{1}{2^9}f_{in} = \dfrac{f_{in}}{512}$。

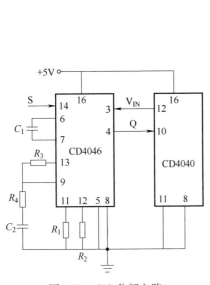

图 1-51　512 分频电路

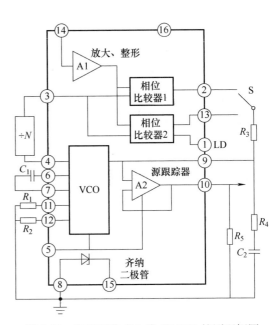

图 1-52　锁相环集成电路 CD4046 的原理框图

对于四相 8/6 极 SR 电机，如果把一路转子位置信号输入 CD4046 的 14 脚，则其 4 脚输出的每个脉冲对应的转子角位移为 60°/512 = 0.117°；如果把两路转子位置信号异或后输入，则其每个输出脉冲对应的转子角位移为 15°/512 = 0.029°。

对于三相 12/8 极 SR 电机，如果把一路转子位置信号输入 CD4046 的 14 脚，则其 4 脚输出的每个脉冲对应的转子角位移为 45°/512 = 0.088°；如果把三路转子位置信号异或后输入，则其每个输出脉冲对应的转子角位移为 15°/512 = 0.044°。

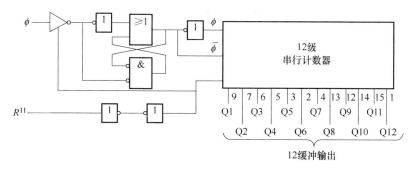

图 1-53 12 级二进制计数器 CD4040 原理框图

（2）软件角度细分

硬件角度细分是对倍频脉冲计数，从而提高角度控制的分辨率。如果直接由计算机实时计算标准频率脉冲周期对应的转子角位移，同样可以实现角度的高精度控制，这就是软件角度细分。

软件角度细分的实现方法是：利用转子位置的参考基准点，记取位置检测基本信号的一周期（或 $1/m$ 一周期）内的标准频率个数，然后计算一个标准频率脉冲对应的转子角位移。

采用高性能微控制器为核心处理器，则可利用其输入捕获功能对角度进行细分，因为输入捕获单元不仅可以自动检测输入信号状态的变化，还可以自动记录状态变化发生的相对时刻。如图 1-54 所示，一台四相开关磁阻电机的转子位置传感器发出的位置信号 S 和 P，经高速光电隔离后送到 CAP1 和 CAP2（三相开关磁阻电机则将三路位置信号送到 CAP1、CAP2 和 CAP3），使捕获单元工作在上升沿、下降沿方式，S、P 信号每次电平变化都会引起捕获中断。在捕获单元的状态寄存器中能读到 S、P 信号的当前电平状态及当前中断是

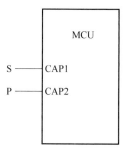

图 1-54 软件角度细分电路

哪一路信号引起的，从时间寄存器中可以读到每次中断发生的时刻。这样，就可以得到相邻两次捕获中断期间标准频率的脉冲周期数。用这个标准频率的脉冲周期数除以相邻两次捕获中断对应的转子角位移，就得到每度对应的标准频率脉冲数。

采用软件进行角度细分可以减少硬件。软件角度细分比硬件角度细分实时性好，在软件法中，这一区间的测量结果立即可以作为下一区间角度细分控制的计算参数；而在硬件法中，由于 CD4046 中的低通滤波器的影响，对转速变化的锁定有一定的延时。软件角度细分的缺点是增加了细分计算的工作量，对不同转速，必须实时计算；而硬件细分时倍频系数由硬件固定，不论转速如何变化，每个倍频脉冲的周期与转子角位移的关系是一致的。

1.5.3 电流检测电路

电机控制系统要实现电流控制、主开关过电流保护及电机热保护，就必须对主电路的电流进行实时检测。一般检测绕组的相电流或主开关器件通过的电流，这些电流瞬时变化大、峰值高、波形不规则，因此要求电流检测装置快速性好、灵敏度高、检测频带范围宽，以达到实时控制的目的。同时，被检测的主电路（强电部分）与控制电路（弱电部分）之间应有良好的电气隔离，检测电路应具有一定的抗干扰能力。

电流检测有采用电阻采样和霍尔电流传感器采样两种方法，下面分别进行介绍。

1. 电阻采样检测

电阻采样的电流检测电路主要由采样电阻和光隔离器以及信号调理电路构成，采样电阻对相电流采样后经过阻容滤波送入隔离运算放大器进行隔离放大，再经运算放大器组成的差动放大电路将信号的幅值调理到合适的范围，最后送入微控制器的 ADC 口。工业上使用的采样电阻是低电感、电阻温度系数小的分流器，在分流器通过额定电流时其电压为 75mV。

图 1-55 是一个用于检测单方向电流电阻采样的电流检测电路。HCPL7840 隔离运算放大器（功能框图见图 1-55b）的典型增益值为 8，输入范围为 $-0.2 \sim 0.2$V，为将图 1-55c 所示的分流器上 $0 \sim 75$mV 的检测电压放大到 $0 \sim 3.3$V，由宽频带、低噪声运算放大器 LF356 构成的差动放大电路的放大倍数应为 $\dfrac{3.3}{75 \times 10^{-3} \times 8} = 5.5$，实际电路的放大倍数为 $R_{204}/R_{211} = R_{213}/R_{212} = 12/2.2 = 5.45$，略小于 5.5，使输入到微控制器 ADC 口的电压信号不至于超过允许电压（此处，微控制器的 ADC 模块的参考电压为 3.3V）。

电阻采样法的优点是检测灵敏度高，缺点是功耗较高。

2. 霍尔电流传感器采样检测

霍尔器件具有磁敏特性，即载流霍尔材料在磁场中会产生垂直于电流和磁场的霍尔电动势。将被测电流通过线圈及磁环转换为磁场，而置于磁场中的霍尔器件则将磁场转变为电压信号，这就是霍尔电流传感器的原理。

磁场平衡式霍尔电流传感器（简称 LEM 模块）将互感器、磁放大器、霍尔器件和电子线路集成在一起，集测量、保护、反馈于一身，其工作原理如图 1-56 所示。

LEM 模块的最大优点是借助"磁场补偿"的思想，保持铁心磁通为零。被测电流 I_L 通过导线（一次侧）产生的磁场，使霍尔器件 HL 感应出霍尔电压 U_H，U_H 经放大器放大后，产生一个补偿电流 i_s，而 i_s 流经 N_s 匝线圈（二次侧）产生的磁场将抵消 I_L 产生的磁场，使 U_H 减小，i_s 越大，合成磁场越小，直到穿过霍尔器件的磁场是零为止，这时补偿电流 i_s 便可间接地反映出 I_L 的数值。例如，若设一次、二次绕组的匝数比为 $N_L : N_s = 1 : 1000$，因稳定时磁动势平衡，即

$$N_L I_L = N_s i_s$$

因此
$$i_s = I_L / 1000$$

测得 i_s 的数值就能间接反映出被测电流 I_L 的大小，i_s 在外接电阻 R_e 上的压降作为相电流的反馈信号，应视系统的要求选定 R_e 的数值。

LEM 模块通过磁场的补偿，保持铁心内的磁通为零，致使其尺寸、质量显著减小，使用方便，电流过载能力强，整个传感器已模块化，套在母线上即可工作。现在用这种原理制成的商品已实现系列化，已经覆盖了峰值 $5 \sim 100000$A 的范围，其响应速度可以达到 $1\mu s$ 以内。与电阻采样比较，由于不需要在主电路中串入电阻，所以不产生额外的损耗。因此电流检测采用 LEM 模块是一种较为理想的方法。

图 1-57 为采用 LEM 模块构成的单方向电流检测电路，LEM 模块需要 +15V 和 -15V 电源供电，可输出双方向电流。实际测量中，可根据具体情况选择合适的测量电阻 R_{01}，并通过 R_{128}、R_{129} 构成的分压电路将检测到的电压信号变换到适当的范围。例如，一台开关磁阻电机的最大电流为 110A，微控制器的 ADC 参考电压为 3.3V。选用额定电流为 100A、匝数比为 $1 : 1000$ 的电流传感器模块，则可选 $30\Omega/1$W 的精密电阻为采样电阻，选 $R_{128} = 1$kΩ，$R_{129} = 18$kΩ，输入到微控制器 ADC 口的最大检测电压为 $\dfrac{30 \times 110}{1000} \times \dfrac{18}{18+1}$V $= 3.13$V。

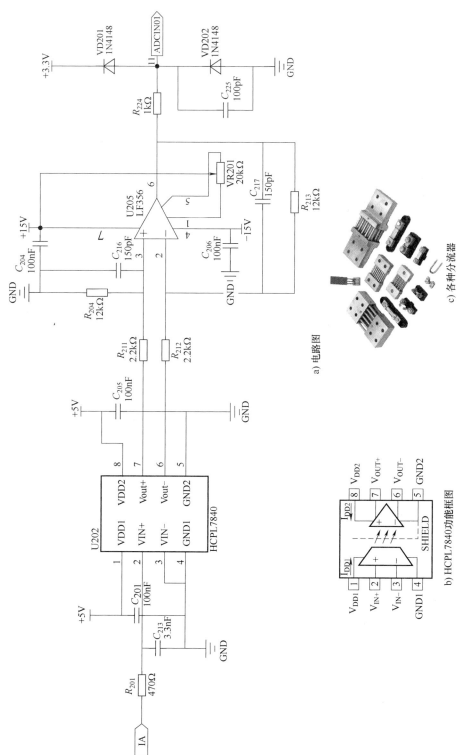

a) 电路图

b) HCPL7840功能框图

c) 各种分流器

图1-55　单方向电流电阻采样的电流检测电路

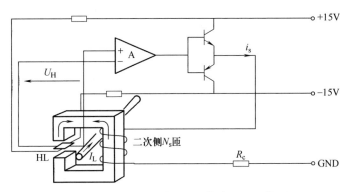

图 1-56　磁场平衡式霍尔电流传感器的工作原理

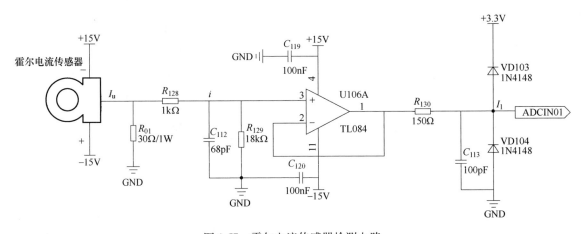

图 1-57　霍尔电流传感器检测电路

在对交流电机的相电流进行检测时，检测到的电流有正有负，但是微控制器的 ADC 模块只允许输入正电压信号，为此，信号调理电路中需要设置一个直流偏置，将检测到的电流信号的电平抬升到 0V 以上。如图 1-58 所示，电流传感器的输出信号为 I_U，经过两级运算放大器调理和 +3.3V 的直流偏置，变为

$$I = I_U \times \frac{R_{202}}{R_{201}+R_{202}} \times \frac{R_{203}+R_{204}}{R_{203}} \times \frac{R_{206}}{R_{205}+R_{206}} \times \frac{R_{207}+R_{208}}{R_{207}} + \frac{R_{205}}{R_{205}+R_{206}} \times \frac{R_{207}+R_{208}}{R_{207}} \times 3.3V$$

$$= 0.84375I_U + 1.65V$$

设定电流传感器输出信号 I_U 的范围为 $-1.6 \sim 1.6$V，经过信号调理电路后，信号调理电路的输出 I 的范围为 $0.3 \sim 3$V，其中 0.3V 对应反向电流峰值，3V 对应正向电流峰值，1.65V 对应 0A 输入。

1.5.4　逆变器与门极驱动电路

1. 逆变器

永磁同步电机和无刷直流电机的逆变器一般是三相桥式主电路。逆变器功率开关管是主电路的核心部分。目前，中小功率逆变器的开关管主要采用功率 MOSFET 和 IGBT（绝缘栅晶体管）。在大功率电机的控制中，也可选择 MCT，它是 MOSFET 与晶闸管的复合器件，具有

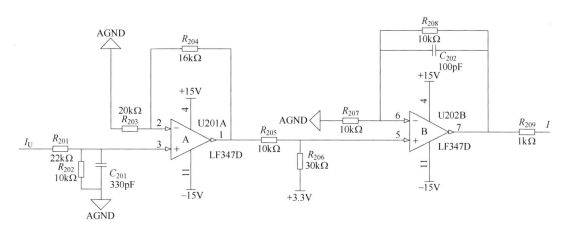

图 1-58 一种交流电流信号调理电路

高电压、大电流（2000V、300A；1000V、1000A）、电流密度大（6000A/cm²）、工作频率高（20kHz）、控制功率小、易驱动、可采用低成本集成驱动电路控制等优点。

为了提高逆变器的可靠性、缩小体积，还可以选择功率集成电路（PIC）。PIC 将多个（如 2 个或 6 个）功率开关管及其快恢复二极管集成为一体。这样，逆变电路就可以由一个功率开关管集成模块来实现。目前，三相半桥式和三相桥式逆变器主电路均有商品化功率集成电路出售，在设计时可以优先选用。

在功率半导体器件与微电子技术结合的基础上，还出现了智能功率模块（IPM）。它将功率半导体器件与信号处理、保护、故障诊断等功能电路集成或组装在一起，可以实现逆变电路、驱动电路和许多控制电路的功能，使得电机控制器具有体积小、质量小、设计简单和可靠性高等显著特点。如三菱公司生产的智能功率模块已有完整系列，电压有 600V 和 1200V 两个等级，电流包括 10~600A 多种规格。

2. 门极驱动电路

驱动电路将控制器的输出信号进行功率放大后，向各功率开关管送去使其能饱和导通和可靠关断的驱动信号。驱动电路的工作方式直接影响开关管的性能，从而影响着整个电机控制系统的性能。

传统的驱动电路大部分是采用分立元器件搭建而成，电路复杂、调试困难、可靠性差。随着集成电路技术的发展，现在已经把驱动电路制成有一定输出功率的专用集成电路，并已逐步在无刷直流电动机中得到推广应用。表 1-5 列出了一些常用集成驱动电路。

表 1-5 常用集成驱动电路

集成驱动电路型号	适用的功率开关器件	驱动形式
UAA4002	GTR，MOSFET	单路驱动
M57918L	MOSFET	单路驱动
M57924L	MOSFET	双路驱动
M57919L	MOSFET	三路驱动
EXB850，EXB851	IGBT	单路驱动，标准型

（续）

集成驱动电路型号	适用的功率开关器件	驱动形式
EXB840，EXB841	IGBT	单路驱动，高速型
IR2110	MOSFET，IGBT	双路驱动
IR2130，IR2132	MOSFET，IGBT	六路驱动
TLP250	MOSFET，IGBT	单路驱动
HCPL316J，HCPL3120	MOSFET，IGBT	单路驱动

这些集成驱动电路可以大致分为两类：自举驱动与隔离驱动。自举驱动电路简单，一般用于功率较小的场合，它只需一路电源为驱动芯片供电。隔离驱动则用于功率较大的场合，需要四路以上隔离电源，分别给上桥臂和下桥臂器件驱动使用。其中上桥臂三路电源必须是独立的，下桥臂器件因为 IGBT 共地的原因可以共用一组电源。

（1）自举驱动

下面以 IR2130 为例介绍自举驱动。IR2130 是美国国际整流器公司于 1991 年推出并至今独家生产的三相逆变器专用驱动集成电路，一片 IR2130 可以驱动三相桥式逆变器中的六个功率 MOSFET 或 IGBT，而且仅需一个输入电源。

IR2130 的工作频率从几十赫兹到上百千赫兹，可用来驱动工作在母线电压不高于 600V 的电路中的功率器件。它的内部设计有过电流、过电压及欠电压保护、封锁和指示电路，使用户可方便地用来保护被驱动的功率开关管。信号与 TTL 及 CMOS 电平兼容。

当 IR2130 正常工作时，从微控制单元(MCU)输出的六路脉冲信号经过信号处理器按真值表处理之后，变为六路输出脉冲，其中三路脉冲对应低端驱动信号，经功率放大后，直接送往被驱动功率器件的栅源极；而另外三路脉冲对应高端驱动信号，先经集成于 IR2130 内部的电平移位器进行电位变换，变为三路电位悬浮的驱动脉冲，再经对应的三路输出锁存器锁存，并经严格的驱动脉冲欠电压检验之后，送到输出驱动器进行功率放大，最后才加到被驱动功率器件的栅源极。

一旦外部电路发生过电流或直通，则 IR2130 内部保护电路迅速动作，一方面使 IR2130 的输出全部为低电平，保证六个被驱动的功率器件的栅源极迅速反偏而全部截止，保护功率管；另一方面，经 IR2130 的 FAULT 引脚输出报警信号，用于封锁 MCU 的输出。

如 MCU 脉冲输出环节发生故障，IR2130 接收到变流器中同一桥臂上、下侧主开关功率器件的栅极驱动信号都为高电平时，则其内部的巧妙设计可保证该通道实际输出的两路栅极驱动信号全为低电平。

图 1-59 是 IR2130 与 IGBT 桥式逆变器的接线原理图。逆变器由六个 IGBT 单管组成，VD_1、VD_2 和 VD_3 为超快恢复二极管，自举电容 C_1、C_2 和 C_3 为 $1\mu F$，无感电阻 $R_3 \sim R_8$ 选为 50Ω。IR2130 的故障输出引脚 FAULT 提供一个过电流指示信号，接至 MCU 的功率中断引脚 PDPINT，用于向 MCU 发出中断信号，及时保护功率管。

IR2130 的 ITRIP 引脚接电流检测环节的输出(图 1-59 中电阻器 R 的端电压)，一旦检测到的电压超过 0.5V，则内部保护电路迅速动作，一方面使 IR2130 的输出全部为低电平，另一方面经 FAULT 引脚输出报警信号。

在使用 IR2130 中要注意以下两点：

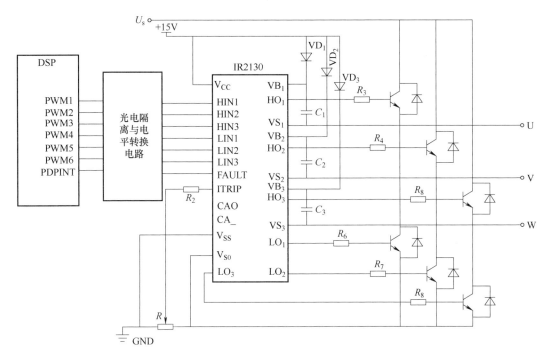

图 1-59　IR2130 与 IGBT 桥式逆变器的接线原理图

1）由于 IR2130 的电流检测输入端直接与主电路连接，很容易引入干扰，因此电流检测电阻应采用无感电阻。

2）由于 IR2130 采用了不隔离的驱动方式，若主电路功率器件损坏，高压将直接串入 IR2130，引起 IR2130 永久性损坏，严重时还会将 IR2130 前级电路击穿。所以当 IR2130 的输入信号来自微控制器时，必须采取隔离措施。

（2）隔离驱动

下面以 HCPL-3120 为例，介绍隔离驱动。HCPL-3120 是一款光隔离的集成驱动芯片，其电路原理图如图 1-60 所示，它具有 2A 的最大峰值电流输出、15kV 绝缘耐压、0.5V 最大低电位输出（负偏压除外）、5mA 供电电流、欠电压锁定、最大开关时间为 500ns、15~30V 宽压工作环境、-40~150℃工作温度等特点。

HCPL-3120 可直接用于驱动小功率的 IGBT，在其驱动输出端 VO 接由快速晶体管 VT2（D44VH11）和 VT3（D45VH11）构成的推挽电路，可驱动功率为几十千瓦的 IGBT，如图 1-61 所示。该电路采用 +16V 和 -8V 的双电源供电，保证 IGBT 可靠地开通和关断。驱动电路的输出还使用瞬态抑制二极管（TVS）对驱动信号进行限幅，防止过电压损坏 IGBT。在 IGBT 的 G、E 极之间跨接一个 $10k\Omega$ 的电阻 R_{102}，给 IGBT 的米勒电容提供一个释放通道，防止 IGBT 误导通。

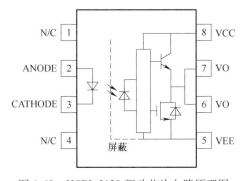

图 1-60　HCPL-3120 驱动芯片电路原理图

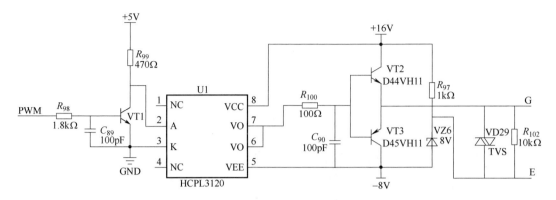

图 1-61 HCPL-3120 驱动电路

1.5.5 故障检测与保护电路

电机控制系统中主要包含过电流、过电压、欠电压、过热等故障检测电路。过电压、欠电压和过电流检测都是通过比较器实现的。

图 1-62 给出了一种过交流电流的过电流检测电路，由于 MCU 允许输入的最高电压为 3.3V，将检测到的电流信号调理到 0.3~3V 的范围内，上下限值与 $\pm I_m$ 输入对应。一旦检测到电流幅值超过 I_m，比较器输出一个低电平的过电流信号 OC。

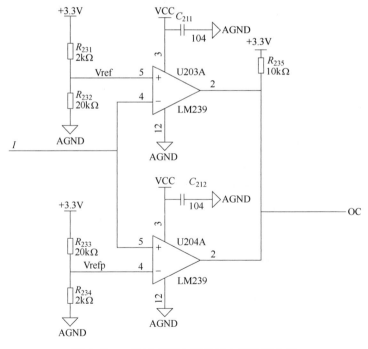

图 1-62 一种过交流电流的过电流检测电路

图 1-63 给出了一种逆变器直流母线的过电压、欠电压检测电路，过电压检测的参考电压为 2.75V，欠电压检测的参考电压为 1.25V，分别对应直流电压为 660V 和 300V。当母线电压发生过电压或欠电压故障时，INT0 发生跳变，启动保护电路。

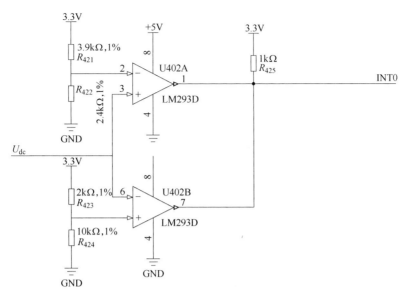

图 1-63　过电压、欠电压检测电路

如果采用温度传感器测温，过热检测电路可通过比较器实现。最简单的过热检测电路是通过常开型热敏元件实现的，将热敏元件粘贴在散热器上靠近功率开关处，热敏元件的引线一端接控制系统的电源地，另一端通过上拉电阻接电源，当温度高于热敏元件的动作值时，就产生一个低电平的保护信号。

故障处理与保护电路原理如图 1-64 所示，过电压、欠电压、过电流、过热等各种故障信号一方面经与门（如 74HC21）输入到 MCU 功率中断，另一方面送入 MCU 的 I/O 口进行判别。当任一种故障发生时，与门输出一个低电平信号，向 MCU 申请故障中断，封锁 PWM输出，实现系统的保护功能。同时，I/O 可判别故障类型，通过 LED 显示相应故障信号。此外，在实际系统中，还可通过 MCU 的 I/O 口控制继电器，当故障发生时切断系统的主回路。

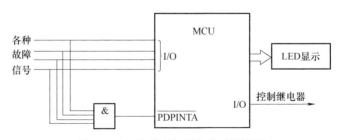

图 1-64　故障处理与保护电路原理图

1.5.6　数字 PID

电机调速系统一般采用转速、电流双闭环调节系统。典型的数字控制系统结构如图 1-65所示。转速调节器和电流调节器一般都采用 PID（比例、积分、微分）调节。PID 控制算法常用于需要对变化的条件进行校正的闭环控制系统。PID 的基本概念是根据实际测量值与设定值之间的偏差 $e(t)$，按比例-积分-微分的函数关系进行线性组合构成控制量 $u(t)$，然后用

$u(t)$ 对控制对象进行控制。比例调节的输出与偏差成正比，偏差越大，调节的速度越快；积分环节的作用是消除系统的静差，只要偏差存在就对其进行积分，直至无差；微分的作用是使输出信号正比于偏差信号的变化速度，从而改善系统的动态性能。PID 控制规律为

$$u = K_P\left(e + \frac{1}{T_I}\int_0^t edt + T_D\frac{de}{dt}\right) + u_0 \tag{1-20}$$

式中，K_P 为比例系数；T_I 为积分时间常数；T_D 为微分时间常数。

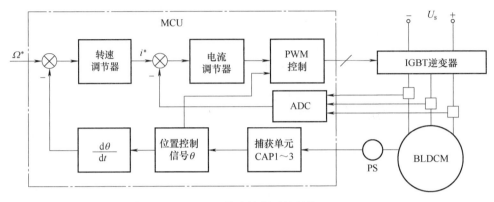

图 1-65　数字控制系统结构

在数字控制中，采用对模拟信号进行离散化处理的方法。设采样周期为 T，用 $t = kT$ 代替第 k 个采样时刻的时间，可得离散的增量式 PID 控制算法为

$$\Delta u_k = K_P\Delta e_k + \frac{T}{T_I}e_k + \frac{T_D}{T}\Delta e_k^2 \tag{1-21}$$

$$= K_P\Delta e_k + K_I e_k + K_D\Delta e_k^2$$

式中，Δu_k 为第 k 个采样时刻的控制量与第 $k-1$ 个采样时刻的控制量之差；e_k 为第 k 个采样时刻的偏差；Δe_k 为第 k 个采样时刻的偏差与第 $k-1$ 个采样时刻的系统偏差之差；K_I 为积分系数；K_D 为微分系数。

一般电机调速系统只需要 PI 调节，得到控制量新的参考值为

$$u_k^* = u_{k-1}^* + K_P(e_k - e_{k-1}) + K_I Te_k \tag{1-22}$$

1.6　电机控制系统的测速方法

电机的转子位置检测信号的频率与电机的转速成正比，将测出的转子位置信号的频率经过转换即可得到转速。由于位置检测电路输出信号为数字信号，故在有位置传感器的控制系统中，转速检测不需要附加器件，十分简单易行，且便于与计算机接口。

转速的转换方法可分为模拟式和数字式两类。模拟式方法是基于频率/电压(F/V)转换原理，采用 F/V 电路(如 LM2917、LM2907 等)，把转速数字信号转换为电压量来控制电机。数字式方法则借助微机中的定时器/计数器、利用位置脉冲信号的周期和频率来计算转速的大小，具体的方法又分为 M 法、T 法和 M/T 法。

图 1-66 为采用 LM2907 构成的 F/V 电路，当输入信号 S 的状态改变时，定时电容器 C_1 在电压为 $U_{CC}/2$ 和 0 之间线性地充电或放电，其中泵入电容器的平均电流为 $i_{avg} = C_1 U_{CC} f_{in}$，

而输出电路会非常精确地把这一电流送入负载电阻 R_1 中，这样，滤波后的电流被积分电容 C_2 积分后得到的输出电压为（即转速反馈信号）为 $U_o = Ki_{avg}R_4 = KC_1R_1U_{CC}f_{in}$，其中 K 为增益常数，典型值为 1。

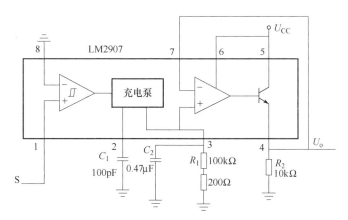

图 1-66　采用 LM2907 构成的 F/V 电路

下面重点介绍数字式测速方法。

1. M 法测速

M 法测速是在规定的检测时间 T_c 内，对位置脉冲信号的个数 m_1 进行计数，从而得到转速的测量值。

图 1-67 为 M 法测速的原理图，位置脉冲信号由计数器计数，定时器每隔时间 T_c 向 CPU 发出一次中断请求，CPU 相应中断后，从计数器读出计数值并将计数器清零。由计数值的大小即可求出对应的转速测量值。若在时间 T_c 内共发出 m_1 个脉冲信号，则转速可由式（1-23）计算：

$$n = \frac{60m_1}{p_N T_c} \tag{1-23}$$

式中，p_N 为每转的位置信号脉冲个数。

实际上，在 T_c 时间内的脉冲个数一般不是整数，而用微机测得的脉冲个数只能是整数，因而存在量化误差。M 法测速的分辨率与 T_c 成反比，通常为了保证系统实现稳定的快速反应，速度采样时间 T_c 不宜过长，而位置传感器输出的电机每转的位置信号脉冲数一般不大，所以为了提高速度检测的分辨能力，采用 M 法时需要将位置脉冲信号经倍频器倍频后再计数。

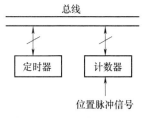

图 1-67　M 法测速原理图

M 法适用于高速运行时的测速，低速时测量精度较低。因为在 p_N 和 T_c 相同的条件下，高转速时 m_1 较大，量化误差较小。

2. T 法测速

T 法测速是测出相邻两个转子位置脉冲信号的间隔时间来计算转速的一种测速方法，而时间的测量是借助计数器对已知频率的时钟脉冲计数实现的。

图 1-68 是 T 法测速的原理图。每一个转子位置脉冲信号都通过微机接口向 CPU 发出一次中断请求，CPU 响应中断后，从计数器读出计数值并清零，由计数值即可算出转速。

设时钟频率为 f，两个位置脉冲间的时钟脉冲个数为 m_2，则电机转子位置脉冲信号的周期 T 为

$$T = \frac{m_2}{f} \qquad (1\text{-}24)$$

如果电机转子旋转一周，转子位置脉冲信号含有的脉冲个数为 p_N，则电机的转速 n 为

$$n = \frac{60}{Tp_N} = \frac{60f}{p_N m_2} \qquad (1\text{-}25)$$

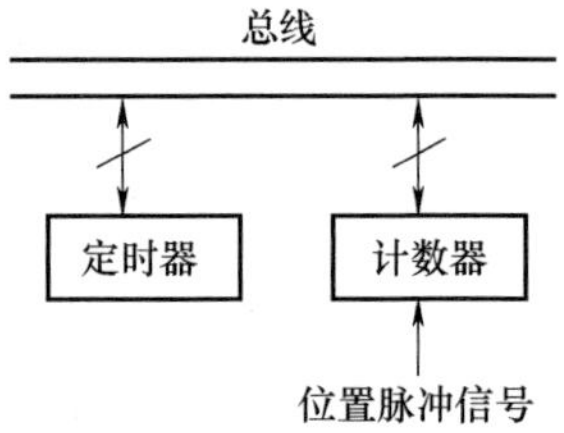

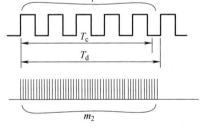

图 1-68　T 法测速原理图

由式(1-25)可以看出，T 法测得的转速与时钟脉冲计数值 m_2 成反比，转速越高，测得计数值越小，估算误差越大，因此，T 法测速较适合于低速场合。事实上，与 M 法相比，T 法测速的优点在于：低速段对转速的变化具有较强的分辨能力，从而可提高系统低速运行的控制性能。

采用位置传感器检测转子位置时，由于每转发出的转子位置信号脉冲较少，因此常采用 T 法来估算电机的转速。具体做法是：

以转子位置信号的跳变沿为基准，使计数器记下转子每转过一步期间的时钟脉冲数 m_2，由此可以算出电机的转速为

$$n = \frac{60f}{N_p m_2} \qquad (1\text{-}26)$$

式中，N_p 为电机的每转步数，对开关磁阻电机，$N_p = mN_r$（m 为相数，N_r 为转子极数）。

这种方法可以实现电机每转一步就检测一次实际转速，实时性好，无疑为运行的快速控制提供了有利条件。但在工程实际中，考虑到机械误差等因素，各相间位置信号跳变沿间隔不能严格相等，因此即使电机的转速一定时，每次实测转速也不一定相等。为了消除"振荡"，往往采用转子转一周测平均转速的方法，这样实时性稍逊，但可以满足工程应用的精度要求。

3. M/T 法测速

M/T 法综合了以上两种方法的优点，既可在低速段可靠地测速，又在高速段具备较高的分辨能力，因此在较宽的转速范围内均有很好的检测精度。如图 1-69 所示，M/T 法测速是在稍大于规定时间 T_c 的某一时间 T_d 内，分别对位置信号的脉冲个数 m_1 和高频时钟脉冲个数 m_2 进行计数。于是，求出的转速为

$$n = \frac{60 m_1 f}{p_N m_2} \qquad (1\text{-}27)$$

图 1-69　M/T 法测速原理

T_d 的开始和结束都应当是位置脉冲信号的上升沿，这样就可以保证检测精度。

例如，在以微控制器为控制核心的数字控制系统中，可以用一个 D 触发器作为接口，用图 1-70 所示的电路测速。由微控制器产生一个宽度为 T_c 的脉冲通过 I/O 口送至 D 触发器的 D 端，触发器的 CP 端则接收位置脉冲信号 SP，$\overline{Q}$ 端输出的脉冲宽度为 T_d，其下降沿和上升沿均与 SP 脉冲的上升沿同步，保证在 T_d 时间内包含整数个 SP 脉冲。$\overline{Q}$ 的输出信号输入到捕获单元 CAP1，采用中断方式，应用适当的中断程序得出时间 T_d；SP 信号同时输入 CAP2 口，利用微控制器内部的定时器/计数器计数，通过适当的程序算出转速。

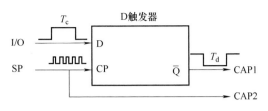

图 1-70 M/T 法测速方案之一

对于一台四相 8/6 极开关磁阻电机，假设电机的最高转速为 3000r/min，则 SP 信号的频率为 (3000×6/60)Hz = 300Hz，周期为 3333μs；如电机的最低转速为 50r/min，则 SP 信号的频率为 (50×6/60)Hz = 5Hz，周期为 200000μs。

当系统时钟频率为 12MHz 时，捕获输入的时间分辨率为 2μs，溢出时间为 131072μs。为了使定时器 T1 在电机的正常工作状态时 (50~3000r/min) 都能在一个溢出周期内工作，可将两路位置信号异或后作为转速的检测信号。这样当电机的转速在 50~3000r/min 间变化时，检测信号的周期变化范围就是 1667~100000μs。这样，既保证了在转速较高时系统能够有一定的精度 (1/1667 = 0.06%)，同时也使电机在转速较低时能够在一个溢出周期内计时完毕，简化了程序设计，同时也节省了系统时间。

练习与思考

1. 说说你所知道的微特电机的种类和应用。
2. 分析 8 极 6 槽、8 极 9 槽、8 极 12 槽等典型的分数槽集中绕组，画出绕组连接图。
3. 如何构建电机的数字式控制系统？在搭建电机控制系统时，需要解决哪些技术问题？
4. 盘式电机中，Halbach 阵列是如何排布的？
5. 如何用 F/V 电路测量电机的瞬态转速？
6. IGBT 的门极驱动电路有哪些类型？高质量的驱动电路有哪些特点？
7. 结合扁平式直线感应电机的结构，说说什么是直线电机的边缘效应。
8. 根据所学知识，设计直线永磁同步电机的控制系统结构。
9. 设计一个盘式电机铁心的冲卷控制系统。

技 能 扩 展

1. 查阅文献，综述微特电机的最新进展。
2. 综述定子永磁电机、可变磁通永磁电机、磁场调制电机等新型永磁电机的原理、控制和应用。
3. 说说旋转变压器的原理和应用，画出解码电路。

第2章

无刷直流电动机及其控制

2.1 无刷直流电动机系统

2.1.1 无刷直流电动机的组成

　　与交流电动机相比，直流电动机具有运行效率高和调速性能好等优点，但传统的直流电动机采用电刷-换向器结构，以机械方式进行换向，不可避免地存在噪声、火花、无线电干扰以及寿命短等致命弱点，再加上制造成本高及维修困难等缺点，大大地限制了它的应用范围，致使目前工农业生产中大多采用三相感应电动机。

　　那么，能不能既保持直流电动机的优良特性，又去掉机械式换向装置呢？无刷直流电动机正是在直流电动机的基础上发展起来的一种新型电机。

　　无刷直流电动机(brushless DC motor，BLDCM)是一种典型的机电一体化产品，它是由转子为永磁的电动机本体、逆变器、位置检测器和控制器组成的自同步电动机系统或自控式变频同步电动机，如图 2-1 所示。位置检测器检测转子磁极的位置信号，控制器对转子位置信号进行逻辑处理，产生相应的开关信号，开关信号以一定的顺序触发逆变器中的功率开关器件，将电源功率以一定的逻辑关系分配给电动机定子各相绕组，使电动机产生持续不断的转矩。

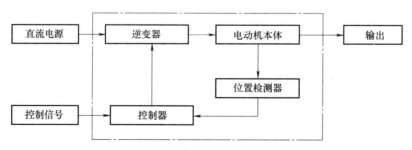

图 2-1　无刷直流电动机系统的组成

　　应该指出，对于无刷直流电动机的组成，还存在另一种定义。由于无刷直流电动机最初是从用电子换向取代直流电动机的机械换向发展起来的，从广义电动机的角度看，位置检测器和逆变器对应于原直流电动机的机械换向装置，而控制器与原直流电动机的部件无法对应，因此，人们习惯上将控制器归到广义电动机之外，而认为无刷直流电动机是由电动机本体、位置检测器和逆变器三部分组成的。但无刷直流电动机的工作离不开控制系统，控制器已成为无刷直流电动机不可分割的一部分，从这个意义上讲，控制器更应该划入广义电动机之中。

下面介绍无刷直流电动机各部分的基本结构。

1. 电动机本体

无刷直流电动机最初的设计思想来自普通的有刷直流电动机，不同的是将直流电动机的定、转子位置进行了互换，其转子为永磁结构，产生气隙磁通；定子为电枢，有多相对称绕组。原直流电动机的电刷和机械换向器被逆变器和转子位置检测器所代替。所以无刷直流电动机的电动机本体实际上是一种永磁同步电动机，如图 2-2 所示。由于无刷直流电动机的电动机本体为永磁电动机，所以无刷直流电动机也被称为永磁无刷直流电动机。

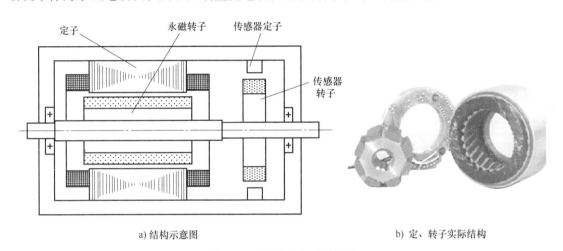

a) 结构示意图　　　　　　　　　　　b) 定、转子实际结构

图 2-2　无刷直流电动机结构

除了普通的内转子无刷直流电动机之外，在电动车驱动中还常常采用外转子结构，将无刷直流电动机装在轮毂之内，直接驱动电动车辆。外转子无刷直流电动机的结构如图 2-3 所示，其定子绕组出线和位置传感器引线都从电动机的轴引出。

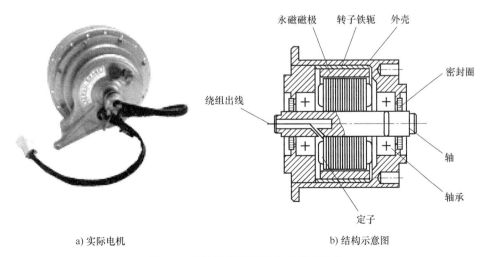

a) 实际电机　　　　　　　　　　　b) 结构示意图

图 2-3　外转子无刷直流电动机的结构

2. 逆变器

逆变器将直流电转换成交流电向电动机供电，与一般逆变器不同，它的输出频率不是独立调节的，而是受控于转子位置信号，是一个"自控式逆变器"。由于采用自控式逆变器，无刷直流电动机输入电流的频率和电动机转速始终保持同步，电动机和逆变器不会产生振荡和失步，这也是无刷直流电动机的重要优点之一。

逆变器主电路有桥式和非桥式两种，而电枢绕组既可以联结成星形也可以联结成三角形（封闭形），因此电枢绕组与逆变器主电路的联结可以有多种不同的组合，图 2-4 给出了几种常用的联结方式。其中，图 2-4a、b 是非桥式（或称为半桥式）主电路，电枢绕组只允许单方向通电，属于半控型主电路；其余为桥式主电路，电枢绕组允许双向通电，属于全控型主电路。

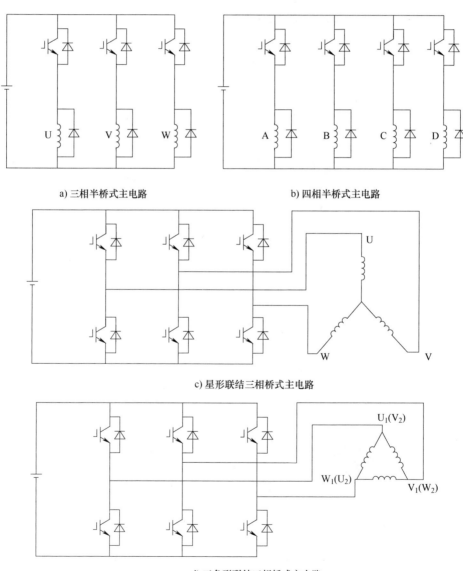

a) 三相半桥式主电路　　　　　　　　b) 四相半桥式主电路

c) 星形联结三相桥式主电路

d) 三角形联结三相桥式主电路

图 2-4　无刷直流电动机电枢绕组与逆变器的联结

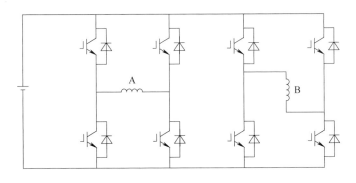

e) 正交两相全控型主电路

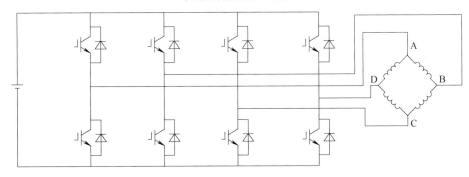

f) 封闭形联结四相桥式主电路

图 2-4　无刷直流电动机电枢绕组与逆变器的联结(续)

目前，无刷直流电动机的逆变器主开关一般采用 IGBT 或功率 MOSFET 等全控型器件，有些主电路已有集成的功率模块(PIC)和智能功率模块(IPM)，选用这些模块可以提高系统的可靠性。为了避免重复，本书大部分电路都是以 IGBT 为例绘制的。

无刷直流电动机定子绕组的相数可以有不同的选择，绕组的联结方式也有星形和三角形之分，而逆变器又有半桥式和桥式两种。不同的组合会使电动机产生不同的性能和成本，这是每一个应用系统设计者都要考虑的问题。综合以下三个指标有助于做出正确的选择。

（1）绕组利用率

与普通直流电动机不同，无刷直流电动机的绕组是断续通电的。适当地提高绕组利用率将可以使同时通电的导体数增加，使电阻下降，提高效率。从这个角度来看，三相绕组优于四相和五相绕组。

（2）转矩脉动

无刷直流电动机的输出转矩脉动比普通直流电动机的转矩脉动大。一般相数越多，转矩的脉动越小；采用桥式主电路比采用非桥式主电路时的转矩脉动小。

（3）电路成本

相数越多，逆变器电路使用的开关管越多，成本越高。桥式主电路所用的开关管比半桥式多一倍，成本要高；多相电动机的逆变器结构复杂，成本也高。

因此，目前以星形联结三相桥式主电路应用最多。在下一节将详细分析三相无刷直流电动机逆变器的各种工作方式。

3. 位置检测器

位置检测器的作用是检测转子磁极相对于定子绕组的位置信号，为逆变器提供正确的换相信息。位置检测包括有位置传感器检测和无位置传感器检测两种方式。

转子位置传感器也由定子和转子两部分组成（见图 2-2），其转子与电动机本体同轴，以跟踪电动机本体转子磁极的位置；其定子固定在电动机本体定子或端盖上，以检测和输出转子位置信号。转子位置传感器的种类包括磁敏式、电磁式、光电式、接近开关式、正余弦旋转变压器式以及光电编码器等。

在无刷直流电动机系统中安装机械式位置传感器，解决了电动机转子位置的检测问题。但是位置传感器的存在，增加了系统的成本和体积，降低了系统的可靠性，限制了无刷直流电动机的应用范围，对电动机的制造工艺也带来了不利的影响。因此，国内外对无刷直流电动机的无转子位置传感器运行方式给予高度重视。无位置传感器位置检测方法将在后续章节中详细介绍。

4. 控制器

控制器是无刷直流电动机正常运行并实现各种调速伺服功能的指挥中心，它主要完成以下功能：

1）对转子位置检测器输出的信号、PWM 调制信号、正反转和停车信号进行逻辑综合，为驱动电路提供各开关管的斩波信号和选通信号，实现电动机的正反转及停车控制。

2）产生 PWM 调制信号，使电动机的电压随给定速度信号而自动变化，实现电动机开环调速。

3）对电动机进行速度闭环调节和电流闭环调节，使系统具有良好的动态和静态性能。

4）实现短路、过电流、过电压和欠电压等故障保护功能。

控制器主要有以下几种形式：分立元器件加少量集成电路构成的模拟控制系统、基于专用集成电路的控制系统、数模混合控制系统和全数字控制系统。将在后续章节中详细介绍控制器的设计。

2.1.2 无刷直流电动机的基本工作原理

下面以图 2-5 所示的三相无刷直流电动机系统来说明无刷直流电动机的工作原理。电动机本体的电枢绕组为三相星形联结，位置传感器与电动机本体同轴，控制电路对位置信号进行逻辑变换后产生驱动信号，驱动信号经驱动电路隔离放大后控制逆变器的功率开关管，使电动机的各相绕组按一定的顺序工作。

当转子旋转到图 2-6a 所示的位置时，转子位置传感器输出的信号经控制电路逻辑变换后驱动逆变器，使 VT_1、VT_6 导通，即 U、V 两相绕组通电，电流从电源的正极流出，经 VT_1 流入 U 相绕组，再从 V 相绕组流出，经 VT_6 回到电源的负极。电枢绕组在空间产生的磁动势 F_a 如图 2-6a 所示，此时定、转子磁场相互作用，使电动机的转子顺时针转动。

当转子在空间转过 60°电角度，到达图 2-6b 所示位置时，转子位置传感器输出的信号经控制电路逻辑变换后驱动逆变器，使 VT_1、VT_2 导通，U、W 两相绕组通电，电流从电源的正极流出，经 VT_1 流入 U 相绕组，再从 W 相绕组流出，经 VT_2 回到电源的负极。电枢绕组在空间产生的磁动势 F_a 如图 2-6b 所示，此时定、转子磁场相互作用，使电动机的转子继续顺时针转动。

转子在空间每转过 60°电角度，逆变器开关就发生一次切换，功率开关管的导通逻辑为 VT_1、$VT_6 \rightarrow VT_1$、$VT_2 \rightarrow VT_3$、$VT_2 \rightarrow VT_3$、$VT_4 \rightarrow VT_5$、$VT_4 \rightarrow VT_5$、$VT_6 \rightarrow VT_1$、VT_6。在此期间，转子始终受到顺时针方向的电磁转矩作用，沿顺时针方向连续旋转。

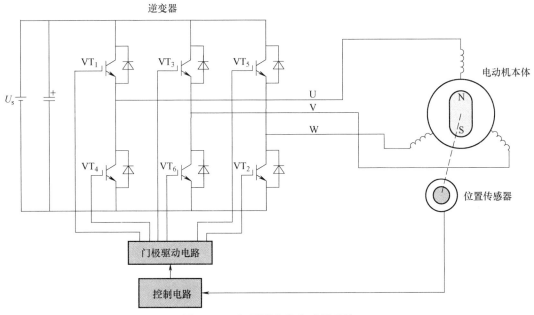

图 2-5 三相无刷直流电动机系统

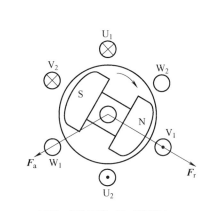

a) VT₁、VT₆导通，U、V相通电

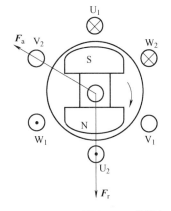

b) VT₁、VT₂导通，U、W相通电

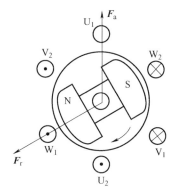

c) VT₃、VT₂导通，V、W相通电

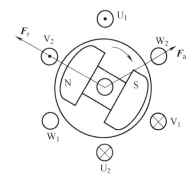

d) VT₃、VT₄导通，V、U相通电

图 2-6 无刷直流电动机工作原理示意图

在图2-6a到图2-6b的60°电角度范围内,转子磁场沿顺时针连续旋转,而定子合成磁场在空间保持图2-6a中 F_a 的位置静止。只有当转子磁场连续旋转60°电角度,到达图2-6b所示的 F_r 位置时,定子合成磁场才从图2-6a的 F_a 位置跳跃到图2-6b中的 F_a 位置。可见,定子合成磁场在空间不是连续旋转的,而是一种跳跃式旋转磁场,每个步进角是60°电角度。

转子在空间每转过60°电角度,定子绕组就进行一次换相,定子合成磁场的磁状态就发生一次跃变。可见,电动机有6种磁状态,每一状态有两相导通,每相绕组的导通时间对应于转子旋转120°电角度。把无刷直流电动机的这种工作方式称为两相导通星形三相六状态,这是无刷直流电动机最常用的一种工作方式。

由于定子合成磁动势每隔1/6周期(60°电角度)跳跃前进一步,在此过程中,转子磁极上的永磁磁动势却是随着转子连续旋转的,这两个磁动势之间平均速度相等,保持"同步",但是瞬时速度却是有差别的,二者之间的相对位置是时刻有变化的,所以,它们相互作用下所产生的转矩除了平均转矩外,还有脉动分量。

2.1.3 无刷直流电动机与永磁同步电动机

对于永磁同步电动机而言,由于转子结构和永磁体的几何形状不同,转子励磁磁场在空间的分布有正弦波和梯形波之分,因而在定子绕组中产生的感应电动势也有两种波形:正弦波和梯形波。这两种永磁同步电动机在原理、模型及控制方法上均有所不同。**通常将反电动势为梯形波、电枢电流为方波的永磁同步电动机系统称为无刷直流电动机(BLDCM),而将反电动势和电枢电流均为正弦波的永磁同步电动机系统称为永磁同步电动机(PMSM)。**也有人把它们分别称为方波无刷直流电动机和正弦波无刷直流电动机。本书统一使用无刷直流电动机和永磁同步电动机的概念。两种驱动模式的波形如图2-7所示。其中, B_δ 为气隙磁感应强度, e_U 为相电动势, E_m 为相电动势幅值, i_U 为相电流, I_p 为无刷直流电动机的电流幅值, I_m 为永磁同步电动机的电流幅值, T_U 为一相绕组产生的电磁转矩, T_e 为三相合成的电磁转矩。

在电动机结构上,无刷直流电动机和永磁同步电动机之间存在一些差异。首先,无刷直流电动机理想的气隙磁场分布是180°电角度的方波,而永磁同步电动机的气隙磁场分布应为正弦波,因此无刷直流电动机多采用极弧系数为1的表贴式结构,或采用极弧系数接近1的磁极结构;而永磁同步电动机则可根据需要采用不同的磁极结构,但是其极弧系数一般在0.6~0.8之间。其次,无刷直流电动机通常采用整距集中绕组,以产生梯形波反电动势。而永磁同步电动机为了产生正弦波电势,需要采用短距分布绕组或分数槽绕组。

无刷直流电动机和永磁同步电动机最大的差异在于它们的运行原理不同,使它们在转矩产生的方式、控制方法、出力等方面均有很大差异。下面就两种驱动模式的特点进行比较分析。

1)无刷直流电动机与直流电动机的原理接近,而永磁同步电动机是交流电动机。无刷直流电动机的定子磁场是跳变的,而永磁同步电动机的定子磁场是连续旋转的。永磁同步电动机的电磁功率和电磁转矩包含励磁分量和磁阻分量两部分,而无刷直流电动机只有励磁分量。

2)方波气隙磁场可以分解为基波和一系列谐波,可见方波电动机的电磁转矩不仅由基波产生,同时也由谐波产生。在二者均采用表贴式磁极结构,且在同样体积的条件下,无刷直流电动机比正弦波永磁同步电动机的出力大15%左右。

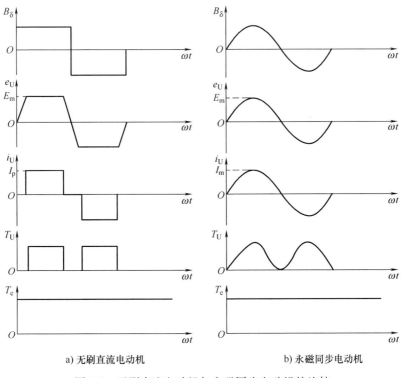

a) 无刷直流电动机　　　　　　　　b) 永磁同步电动机

图 2-7　无刷直流电动机与永磁同步电动机的比较

设永磁同步电动机和无刷直流电动机的电流幅值（峰值）分别为 I_m 和 I_p，有效值分别为 I_s 和 I_d，则有

$$I_\mathrm{s} = \frac{I_\mathrm{m}}{\sqrt{2}} \tag{2-1}$$

$$I_\mathrm{d} = \sqrt{\frac{2}{3}} I_\mathrm{p} \tag{2-2}$$

使二者运行时发热量相等，有 $3R_\mathrm{a} I_\mathrm{s}^2 = 3R_\mathrm{a} I_\mathrm{d}^2$，或 $3R_\mathrm{a}\left(\dfrac{I_\mathrm{m}}{\sqrt{2}}\right)^2 = 3R_\mathrm{a}\left(\sqrt{\dfrac{2}{3}} I_\mathrm{p}\right)^2$，故

$$I_\mathrm{p} = \frac{\sqrt{3}}{2} I_\mathrm{m} \tag{2-3}$$

因此，无刷直流电动机与表贴式永磁同步电动机允许输出的功率比为

$$\frac{P_\mathrm{BLDCM}}{P_\mathrm{PMSM}} = \frac{2E_\mathrm{m} I_\mathrm{p}}{3\dfrac{E_\mathrm{m}}{\sqrt{2}}\dfrac{I_\mathrm{m}}{\sqrt{2}}} = \frac{2E_\mathrm{m}\dfrac{\sqrt{3}}{2} I_\mathrm{m}}{3\dfrac{E_\mathrm{m}}{\sqrt{2}}\dfrac{I_\mathrm{m}}{\sqrt{2}}} = \frac{2}{\sqrt{3}} = 1.1547 \tag{2-4}$$

式（2-4）表明，无刷直流电动机比表贴式永磁同步电动机的出力大 **15%左右**。应当注意，当永磁同步电动机采用内置式磁极结构时，其电磁功率还存在磁阻分量，因此，不能绝对地说无刷直流电动机的出力比正弦波永磁同步电动机的出力大。

3）从理论上讲，无刷直流电动机气隙磁场在空间分布为 180° 电角度的方波时，脉动转矩为零，输出转矩最大。但由于实际电动机的气隙磁场分布不可能做 180° 电角度方波，因而无刷直流电动机不可能完全消除转矩脉动。而正弦波永磁同步电动机只要保证各相量均为正弦波，就可以消除转矩脉动。

4）无刷直流电动机的控制方法简单，控制器成本较低；永磁同步电动机通常采用矢量控制方法，控制算法复杂，控制器成本高。

5）无刷直流电动机转子位置传感器结构简单、成本低，而永磁同步电动机必须使用高分辨率的转子位置传感器。

无刷直流电动机控制简单、成本低，多用于一些性能要求较低的调速场合；而永磁同步电动机则多用于高性能调速系统或高精度伺服系统。

2.1.4　无刷直流电动机的特点

由于采用电力电子器件代替机械换向器，无刷直流电动机克服了有刷直流电动机的致命缺点。与有刷直流电动机相比，无刷直流电动机有以下特点：

1）可靠性高，寿命长。它的工作期限主要取决于轴承及其润滑系统。高性能的无刷直流电动机工作寿命可达数十万小时。而有刷直流电动机寿命一般较短，在高温环境下甚至只有几分钟。

2）不必经常进行维护和修理。

3）无电气接触火花、无线电干扰少。

4）可工作于高真空、不良介质环境。

5）可在高转速下工作，专门设计的高速无刷直流电动机的工作转速可达 10 万 r/min 以上。

6）机械噪声低。

7）发热的绕组安放在定子上，有利于散热，便于温度监控，易得到更高的功率密度。

8）必须与一定的电子换向线路配套使用，从而使总体成本增加，但从控制的角度看，有更大的使用灵活性。

由于无刷直流电动机采用方波电流供电，其电磁噪声和转矩脉动远大于采用正弦波供电的永磁同步电动机，在一些要求高性能的应用中，逐渐被永磁同步电动机所取代。与永磁同步电动机相比，无刷直流电动机有以下特点：

1）在同为表贴式结构时，无刷直流电动机可以提供更高的转矩质量比，相同体积下输出转矩大 15%。

2）在电动机中产生梯形波的磁场分布和梯形波的感应电动势，要比产生正弦波的磁场分布和正弦变化的电动势简单，因此无刷直流电动机结构简单、制造成本低。

3）产生方波电压和方波电流的控制器，比产生正弦波电压和正弦波电流的控制器简单，因此无刷直流电动机控制简单、控制器成本较低。

2.2　三相无刷直流电动机的主电路及其工作方式

目前，无刷直流电动机的电动机本体大多采用三相对称绕组，由于三相绕组既可以是星形联结，也可以是三角形联结，同时功率逆变器又有桥式和非桥式两种。因此，无刷直流电动机的主电路主要有星形联结三相半桥式、星形联结三相桥式和三角形联结三相桥式三种形式。

2.2.1　星形联结三相半桥式主电路

常见的三相半桥式主电路如图 2-8 所示。图中，U、V、W 三相绕组分别与 3 只功率开关管 VT₁、VT₂、VT₃ 串联，由来自位置检测器的信号解码后输出的 3 路门极驱动信号 H_1、H_2、H_3 控制 3 只开关管的通断。

在三相半桥式主电路中，门极驱动信号有 1/3 周期为高电平、2/3 周期为低电平，各传感器之间的相位差也是 1/3 周期，如图 2-9 所示。

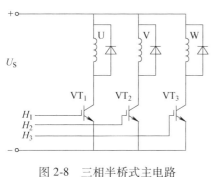

图 2-8　三相半桥式主电路

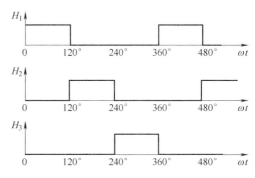

图 2-9　三相半桥式主电路的门极驱动信号

当转子磁极转到图 2-10a 所示位置时，H_1 为高电平，H_2、H_3 为低电平，使功率开关 VT₁ 导通，U 相绕组通电，该绕组电流同转子磁极作用后所产生的转矩使转子沿顺时针方向转动。

当转子磁极转到图 2-10b 所示位置时，H_2 为高电平，H_1、H_3 为低电平，使功率开关 VT₂ 导通，U 相绕组断电，V 相绕组通电，电磁转矩仍使转子沿顺时针方向转动。

当转子磁极转到图 2-10c 所示位置时，H_3 为高电平，H_1、H_2 为低电平，使功率开关 VT₃ 导通，V 相绕组断电，W 相绕组通电，转子继续沿顺时针方向旋转，而后重新回到图 2-10a 的位置。

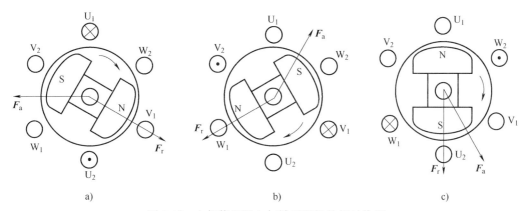

a)　　　　　　　　　　　b)　　　　　　　　　　　c)

图 2-10　电枢绕组通电与转子磁极的相对位置

这样，定子绕组在位置检测器的控制下，便一相一相地依次馈电，实现了各相绕组电流的换相。在换相过程中，定子各相绕组在气隙中所形成的旋转磁场是跳跃式的。其旋转磁场在 360°电角度范围内有三种磁状态，每种磁状态持续 120°电角度。把这种工作方式叫作单相导通星形三相三状态。

三相半桥式主电路虽然结构简单，但电动机本体的利用率很低，每相绕组只通电 1/3 周期，2/3 周期处于关断状态，绕组没有得到充分利用，在整个运行过程中转矩脉动也比较大。

2.2.2 星形联结三相桥式主电路

图 2-11 所示是一种星形联结三相桥式主电路。图中，上桥臂 3 个开关管 VT$_1$、VT$_3$、VT$_5$ 是 P 沟道功率 MOSFET，栅极电位低电平时导通；下桥臂 3 个开关管 VT$_2$、VT$_4$、VT$_6$ 是 N 沟道功率 MOSFET，栅极电位高电平时导通。这种逆变器电路利用 P 沟道 MOSFET 和 N 沟道 MOSFET 导通规律的互补性，可简化功率开关管的驱动电路。位置检测器的三个输出信号通过逻辑电路控制这些开关管的导通和截止，其控制方式有两种：二二导通方式和三三导通方式。

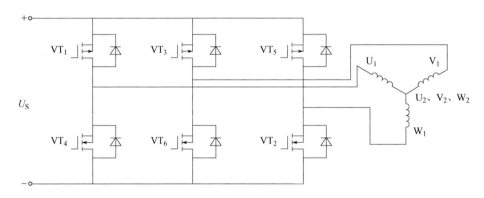

图 2-11　星形联结三相桥式主电路

1. 二二导通方式

二二导通方式是指在任一瞬间使两个开关管同时导通。这种工作方式就是两相导通星形三相六状态方式，已经在 2.1.2 节分析了其基本原理。下面根据反电动势和电磁转矩的概念来分析其导通规律及其特点。

电动机的瞬时电磁转矩可由电枢绕组的电磁功率求得

$$T_e = \frac{E_U i_U + E_V i_V + E_W i_W}{\Omega} \tag{2-5}$$

式中，E_U、E_V、E_W 分别为 U、V、W 三相绕组的反电动势；i_U、i_V、i_W 分别为 U、V、W 三相绕组的电流；Ω 为转子的机械角速度。

可见，电磁转矩取决于反电动势的大小。在一定的转速下，如果电流一定，反电动势越大，转矩越大。

图 2-12 给出了无刷直流电动机三相绕组的反电动势和电流波形及其星形联结二二导通方式下的开关管导通规律。为了使电动机获得最大转矩，在二二导通方式下，开关管的导通顺序应为：VT$_1$、VT$_2$→VT$_2$、VT$_3$→VT$_3$、VT$_4$→VT$_4$、VT$_5$→VT$_5$、VT$_6$→VT$_6$、VT$_1$。在这种工作方式下，每个电周期共有 6 种导通状态，每隔 60°电角度工作状态改变一次，每个开关管导通 120°电角度。

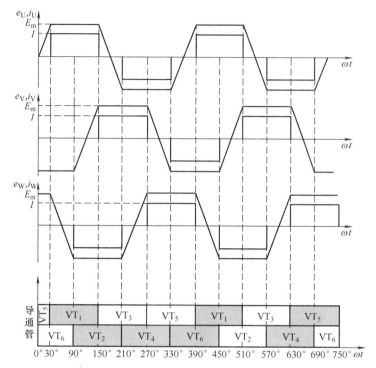

图 2-12　三相绕组的反电动势和电流波形及其星形联结二二导通方式下的导通规律

由此可见，如果忽略换相过程的影响，当梯形波反电动势的平顶宽度大于或等于 120° 电角度时，电动机的转矩脉动为 0。因此，无刷直流电动机在设计时，应尽量增大磁极的极弧系数，以获得足够宽的气隙磁感应强度分布波形，从而得到平顶部分较宽的反电动势波形。

同时，如果假定电流为平顶波，电动机工作在两相导通星形三相六状态方式时，总的电磁转矩是 $2E_{\mathrm{m}}I$，即每相电磁转矩的两倍。

2. 三三导通方式

三三导通方式是在任一瞬间使 3 个开关管同时导通。如图 2-13 所示，各开关管导通的顺序为：VT_1、VT_2、$VT_3 \rightarrow VT_2$、VT_3、$VT_4 \rightarrow VT_3$、VT_4、$VT_5 \rightarrow VT_4$、VT_5、$VT_6 \rightarrow VT_5$、VT_6、$VT_1 \rightarrow VT_6$、VT_1、VT_2。由此可见，三三导通方式也有 6 种导通状态，同样也是每隔 60° 改变一次导通状态，每改变一次工作状态换相一次，但是每个开关管导通 180°，导通的时间增加了。

当 VT_1、VT_2、VT_3 导通时，电流的路径为：电源 $\rightarrow VT_1$、$VT_3 \rightarrow$ U 相绕组和 V 相绕组 $\rightarrow$ W 相绕组 $\rightarrow VT_2 \rightarrow$ 地。其中，U 相和 V 相相当于并联。如果假定 W 相绕组的电流为 I，则 U、V 两相绕组的电流分别为 $I/2$，可以求得电枢绕组产生的总电磁转矩为 $\dfrac{11}{6}E_{\mathrm{m}}I$，为单相转矩的 $\dfrac{11}{6}$ 倍。

在三三导通方式下，各相绕组不是在反电动势波的平顶部分换相，而是在反电动势的过零点换相。因此，在电枢电流和转速相同的情况下，三三导通方式下平均电磁转矩比二二导通方式下要小，同时瞬时电磁转矩还存在脉动。

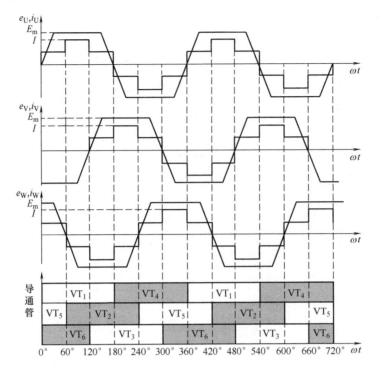

图 2-13　三相绕组的反电动势和电流波形及其在星形联结三三导通方式下的导通规律

比较两种通电方式可见：在二二通电方式下，每个开关管均有 60° 电角度的不导通时间，不可能发生桥臂直通短路故障。而在三三通电方式下，因每个开关管导通时间为 180° 电角度，一个开关管的导通和关断稍有延迟，就会发生直通短路，导致开关器件损坏。并且，两相导通三相六状态工作方式很好地利用了方波气隙磁场的平顶部分，使电动机出力大，转矩平稳性好。所以两相导通三相六状态工作方式最为常用。

2.2.3　三角形联结三相桥式主电路

图 2-14 所示的三角形联结三相桥式主电路的开关管也采用功率 MOSFET。与星形联结一样，三角形联结的控制方式也有二二导通和三三导通两种。

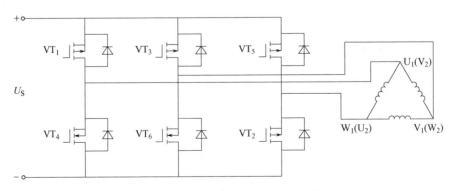

图 2-14　三角形联结三相桥式主电路

1. 二二导通方式

三相三角形联结二二导通方式的开关管导通顺序为：VT_1、$VT_2 \rightarrow VT_2$、$VT_3 \rightarrow VT_3$、$VT_4 \rightarrow$ VT_4、$VT_5 \rightarrow VT_5$、$VT_6 \rightarrow VT_6$、VT_1，如图 2-15 所示。

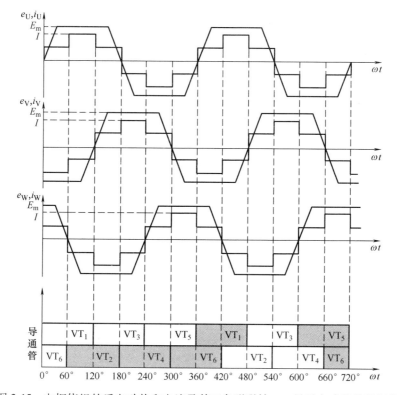

图 2-15　电枢绕组的反电动势和电流及其三角形联结二二导通方式的导通规律

当 VT_1、VT_2 导通时，电流的路线为：电源$\rightarrow VT_1 \rightarrow$ U 相绕组、V 相绕组和 W 相绕组$\rightarrow$ $VT_2 \rightarrow$ 地。其中，V 相与 W 相串联，再与 U 相并联。如果 U 相绕组中的电流为 I，则 V、W 两相绕组中的电流约为 $I/2$，总电磁转矩为 $\dfrac{11}{6}E_m I$，为单相电磁转矩的 $\dfrac{11}{6}$ 倍。但各相绕组在反电动势的过零点导通，瞬时电磁转矩存在脉动。

可见，三角形联结二二导通方式下无刷直流电动机的工作情况与星形联结三三导通时情况相似。

2. 三三导通方式

三相三角形联结三三导通方式的各开关管导通顺序为：VT_1、VT_2、$VT_3 \rightarrow VT_2$、VT_3、$VT_4 \rightarrow VT_3$、VT_4、$VT_5 \rightarrow VT_4$、VT_5、$VT_6 \rightarrow VT_5$、VT_6、$VT_1 \rightarrow VT_6$、VT_1、VT_2，如图 2-16 所示。

当 VT_1、VT_2、VT_3 导通时，电流的路径为：电源$\rightarrow VT_1$、$VT_3 \rightarrow$ U 相绕组和 W 相绕组$\rightarrow$ $VT_2 \rightarrow$ 地。U、W 两相绕组并联，流经 U、W 两相的电流大小相同。因此，总电磁转矩约为单相电磁转矩的 2 倍。

所以三角形联结三三导通方式下无刷直流电动机的工作情况与星形联结二二导通时情况相似。所不同的是，在星形联结二二通电方式下，两通电绕组为串联；而三角形联结三三通

62

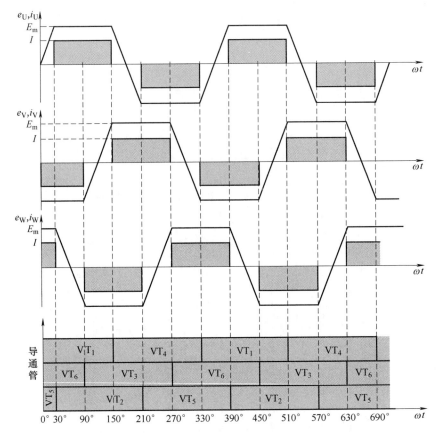

图 2-16　电枢绕组的反电动势和电流波形及其在三角形联结三三导通方式下的导通规律

电时，两绕组为并联。

2.3　无刷直流电动机的电枢反应

电动机负载时电枢绕组产生的磁场对主磁场的影响称为电枢反应。电枢反应与磁路的饱和程度、电动机的转向、电枢绕组的联结方式和逆变器的通电方式有关。下面以两相导通星形三相六状态为例分析无刷直流电动机电枢反应的特点。

设电动机工作在 U 相和 V 相绕组导通的磁状态范围内，两相绕组在空间的合成磁动势 F_a 如图 2-17 所示。

电机工作在两相导通星形三相六状态时，每个磁状态持续 60° 电角度，即磁状态角 $\alpha_m = 60°$。转子顺时针旋转时，对应于该磁状态的转子边界在图中 Ⅰ 和 Ⅱ 位置。电枢磁动势 F_a 可分解为直轴分量 F_{ad} 和交轴分量 F_{aq}。

当转子磁极轴线处于 Ⅰ 位置时，如图 2-17a 所示，电枢磁动势的直轴分量 F_{ad} 对转子主磁极产生最大去磁作用。

当转子磁极轴线旋转到位置 Ⅱ 时，如图 2-17b 所示，电枢磁动势的直轴分量 F_{ad} 对转子主磁极产生最大增磁作用。

当转子磁极轴线处于 Ⅰ 和 Ⅱ 位置的正中间时，转子主磁极轴线和电枢合成磁动势 F_a 互相垂直，电枢磁动势的直轴分量 F_{ad} 等于 0。

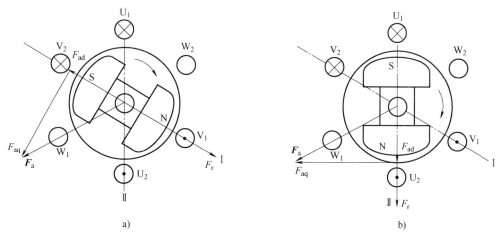

图 2-17　电枢绕组的合成磁动势变化

可见，在一个磁状态范围内，电枢磁动势在刚开始为最大去磁，然后去磁磁动势逐渐减小；在 1/2 磁状态时既不去磁也不增磁；在后半个磁状态内增磁逐渐增大，最后达到最大值。增磁和去磁磁动势的大小等于电枢合成磁动势 F_a 在转子磁极轴线上的投影，其最大值为

$$F_{adm} = F_a \sin\frac{\alpha_m}{2} = 2F_\varphi \sin\frac{\alpha_m}{2} = 2I_a W_\varphi K_w \sin\frac{\alpha_m}{2} \qquad (2-6)$$

式中，F_φ 为每相绕组的磁动势；W_φ 为每相绕组的串联匝数；K_w 为绕组系数。

由于在无刷直流电动机中磁状态角比较大，直轴电枢反应磁动势可以达到相当大的数值，为了避免使永磁体发生永久失磁，在设计时必须予以注意。

交轴电枢磁动势对主磁场的作用是使气隙磁场波形发生畸变。对于永磁体为径向充磁的结构，由于永磁体本身的磁阻很大，故交轴电枢磁动势引起气隙磁场畸变较小，通常可不予考虑；对于切向充磁的永磁体，由于转子主磁极极靴的磁阻很小，故交轴电枢磁动势可导致气隙磁场发生较大畸变，使气隙磁场前极尖部分感应强度加强，后极尖部分磁感应强度削弱。如果磁路不饱和，则加强部分与削弱部分相等，反之，产生一定的饱和去磁作用。此外，畸变的气隙磁场还将引起转矩脉动增加。

2.4　无刷直流电动机的分析

2.4.1　无刷直流电动机的数学模型

从上一节的分析可知，两相导通星形三相六状态工作方式控制简单、性能最好，所以这种工作方式最为常用。以下以两相导通星形三相六状态方式为例，分析无刷直流电动机的数学模型。

由于无刷直流电动机的气隙磁场、反电动势以及电流是非正弦的，采用直、交轴坐标变换已不是有效的分析方法，因此直接利用电动机本身的相变量来建立数学模型。

为了简明起见，现做如下假设：

1）电动机的气隙磁感应强度在空间呈梯形（近似为方波）分布。

2）定子齿槽的影响忽略不计。

3）电枢反应对气隙磁通的影响忽略不计。

4）忽略电动机中的磁滞和涡流损耗。

5）三相绕组完全对称。

由于转子的磁阻不随转子位置的变化而改变，因此定子绕组的自感和互感为常数，则相绕组的电压平衡方程可表示为

$$\begin{bmatrix} u_U \\ u_V \\ u_W \end{bmatrix} = \begin{bmatrix} r & 0 & 0 \\ 0 & r & 0 \\ 0 & 0 & r \end{bmatrix}\begin{bmatrix} i_U \\ i_V \\ i_W \end{bmatrix} + \begin{bmatrix} L & M & M \\ M & L & M \\ M & M & L \end{bmatrix}\frac{d}{dt}\begin{bmatrix} i_U \\ i_V \\ i_W \end{bmatrix} + \begin{bmatrix} e_U \\ e_V \\ e_W \end{bmatrix} \tag{2-7}$$

式中，u_U、u_V、u_W 分别为定子绕组相电压（V）；i_U、i_V、i_W 分别为定子绕组相电流（A）；e_U、e_V、e_W 分别为定子绕组相电动势（V）；r 为每相绕组的电阻（Ω）；L 为每相绕组的自感（H）；M 为每两相绕组间的互感（H）。

由于三相绕组为星形联结，$i_U + i_V + i_W = 0$，因此 $Mi_U + Mi_V + Mi_W = 0$，所以式（2-7）可以变为

$$\begin{bmatrix} u_U \\ u_V \\ u_W \end{bmatrix} = \begin{bmatrix} r & 0 & 0 \\ 0 & r & 0 \\ 0 & 0 & r \end{bmatrix}\begin{bmatrix} i_U \\ i_V \\ i_W \end{bmatrix} + \begin{bmatrix} L_M & 0 & 0 \\ 0 & L_M & 0 \\ 0 & 0 & L_M \end{bmatrix}\frac{d}{dt}\begin{bmatrix} i_U \\ i_V \\ i_W \end{bmatrix} + \begin{bmatrix} e_U \\ e_V \\ e_W \end{bmatrix} \tag{2-8}$$

式中，$L_M = L - M$。

由此可得无刷直流电动机的等效电路如图 2-18 所示。图中，U_S 为直流侧电压，$VT_1 \sim VT_6$ 为功率开关器件，$VD_1 \sim VD_6$ 为续流二极管，图中标出的相电流和相反电动势的方向为其正方向。

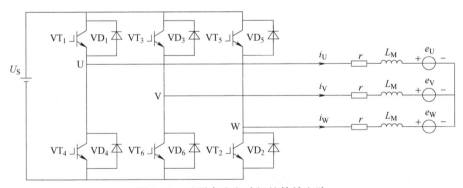

图 2-18 无刷直流电动机的等效电路

式（2-8）所代表的是一个等价地实现相间磁路关系解耦的相电压模型。但由于电动机的中性点是悬空的，各相之间仍不可避免地存在电路上的耦合关系。由于中性点电位不可直接测取，因而相电压实际上是未知量，已知量为直流侧电压（线电压）。所以该模型还不能直接求解相电流的变化规律。

2.4.2 无刷直流电动机的反电动势

无刷直流电动机气隙磁感应强度 B_δ 的分布波形如图 2-19a 所示，当转子旋转速度为恒值

时，定子每相绕组反电动势波形与磁感应强度分布波形应该一致，为了简化分析，可将它近似为梯形波。为了减小转矩脉动，反电动势波形的平顶宽度应大于或等于120°电角度。通常把相反电动势看成平顶宽为120°电角度的梯形波，如图2-19b所示。三相绕组的反电动势依次相差120°电角度。

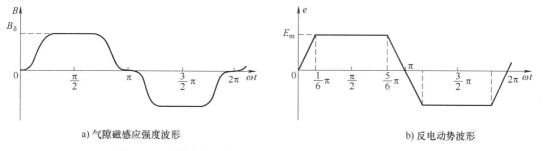

a) 气隙磁感应强度波形　　　　　　　　　　　b) 反电动势波形

图2-19　无刷直流电动机的气隙磁感应强度与反电动势波形

设电枢绕组导体的有效长度为L_a，导体的线速度为v（单位为m/s），则单根导体在气隙磁场中感应的电动势为

$$e = B_\delta L_a v \tag{2-9}$$

$$v = \frac{\pi D}{60} n = \frac{2p\tau n}{60} \tag{2-10}$$

式中，D为电枢直径；p为电动机的极对数；τ为极距；n为电动机的转速（r/min）。如电枢绕组每相串联匝数为W_φ，则每相绕组的感应电动势幅值为

$$E_m = 2W_\varphi e = \frac{pW_\varphi}{15\alpha_i}\Phi_\delta n = C_e'\Phi_\delta n \tag{2-11}$$

式中，Φ_δ为每极磁通量（Wb），$\Phi_\delta = B_\delta \alpha_i \tau L_a$；$C_e'$为相电动势常数，$C_e' = \frac{pW_\varphi}{15\alpha_i}$；$\alpha_i$为计算极弧系数。

2.4.3　无刷直流电动机稳态性能的动态模拟

对于两相导通三相六状态无刷直流电动机，在不考虑开关器件换相过程的理想情况下，每个器件导通1/3周期，任何瞬间只有两个功率开关管导通。但当计及功率开关管换相过程的影响时，则每个器件的导通时间将稍大于120°电角度，每种运行状态中将包含只有两个功率开关管导通的单流模式及同时有两只功率开关管和一只续流二极管导通的换相模式。但每种状态下两个导通模式总的延续时间仍为1/3周期。一个完整运行周期仍有6种不同状态。

逆变器功率开关管器件的换相过程取决于电动机的负载情况，其持续时间未知，需在仿真中计算出来。稳态运行时，逆变器功率开关管将按$VT_1 \sim VT_6$顺序依次每隔1/6周期换相一次，使得每个60°运行区间内系统的状态呈现某种形式的重复或对称性。因此，只要对任一个60°区间的运行状态进行仿真分析，就可获得一个完整运行周期内所需的全部信息。

以开关管从VT_1、VT_2导通切换到VT_2、VT_3导通，即电动机从U-W相通电换到V-W相通电为例来进行分析。

在换相过程中，VT_1 关断，但 U 相绕组的电流不能突变，经 VD_4 续流，形成了 U 相→W 相→VT_2→VD_4→U 相的续流回路。同时，VT_2、VT_3 导通，形成了电源→VT_3→V 相→W 相→电源的回路。

依据基尔霍夫定律，可得换相过程中的电路方程为

$$\begin{cases} L_M \dfrac{di_U}{dt} + ri_U + e_U - \left(L_M \dfrac{di_W}{dt} + ri_W + e_W \right) = 0 \\ L_M \dfrac{di_V}{dt} + ri_V + e_V - \left(L_M \dfrac{di_W}{dt} + ri_W + e_W \right) = U_S \\ i_U + i_V + i_W = 0 \end{cases} \tag{2-12}$$

续流结束后，换相完成，电路方程变为

$$\begin{cases} L_M \dfrac{di_V}{dt} + ri_V + e_V - \left(L_M \dfrac{di_W}{dt} + ri_W + e_W \right) = U_S \\ i_V + i_W = 0 \end{cases} \tag{2-13}$$

式(2-12)和式(2-13)构成了无刷直流电动机的线电压模型。考虑电路的初始条件，并利用数值方法进行仿真计算，就可以得到无刷直流电动机的相电流和电磁转矩。图 2-20 和图 2-21 分别是一台无刷直流电动机相电流和电磁转矩的计算波形。

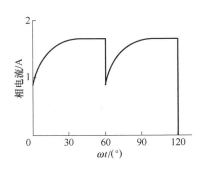

图 2-20　相电流的计算波形

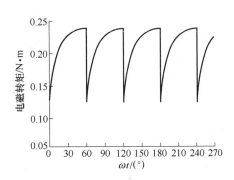

图 2-21　电磁转矩的计算波形

仿真计算方法很多，如可以利用数值积分法(如采用龙格-库塔法)将微分方程离散求解，还可以利用仿真工具如 MATLAB/Simulink 进行求解。限于篇幅，本书对仿真方法不再详细介绍，有兴趣的读者可以参阅有关书籍。

2.4.4　无刷直流电动机稳态性能的简化分析

通过数字仿真可以得到无刷直流电动机的相电流和电磁转矩波形，但计算较复杂，且得出的控制参数与性能之间的关系也不够直观。

为了简化分析，假设不考虑开关器件动作的过渡过程，并忽略电枢绕组的电感。这样，无刷直流电动机的电压方程可以简化为

$$U_S - 2U_T = E + 2rI_a \tag{2-14}$$

式中，U_T 为开关器件的管压降；I_a 为电枢电流；E 为线电动势，即电动机的反电动势。

对于三相六状态无刷直流电动机，任一时刻都有两相绕组导通，故电动机的反电动势为

$$E = 2E_\mathrm{m} = \frac{2pW_\varphi}{15\alpha_\mathrm{i}}\Phi_\delta n = C_e \Phi_\delta n \qquad (2\text{-}15)$$

式中，C_e 为电动机的电动势常数，$C_e = \dfrac{2pW_\varphi}{15\alpha_\mathrm{i}}$。

电枢绕组的电流为

$$I_a = \frac{U_\mathrm{S} - 2U_\mathrm{T} - E}{2r} \qquad (2\text{-}16)$$

在任一时刻，电动机的电磁转矩由两相绕组的合成磁场和转子磁场相互作用产生，则

$$T_e = \frac{2E_\mathrm{m}I_a}{\Omega} = \frac{EI_a}{\Omega} = \frac{4pW_\varphi}{\pi\alpha_\mathrm{i}}\Phi_\delta I_a = C_\mathrm{T}\Phi_\delta I_a \qquad (2\text{-}17)$$

式中，C_T 为电动机的转矩常数，$C_\mathrm{T} = \dfrac{4pW_\varphi}{\pi\alpha_\mathrm{i}}$；$\Omega$ 为转子的机械角速度，$\Omega = \dfrac{2\pi n}{60}$。

电动机的转速为

$$n = \frac{U_\mathrm{S} - 2U_\mathrm{T} - 2rI_a}{C_e \Phi_\delta} \qquad (2\text{-}18)$$

空载转速为

$$n_0 = \frac{U_\mathrm{S} - 2U_\mathrm{T}}{C_e \Phi_\delta} = \frac{U_\mathrm{S} - 2U_\mathrm{T}}{\dfrac{2pW_\varphi}{15\alpha_\mathrm{i}}\Phi_\delta} = 7.5\alpha_\mathrm{i}\frac{U_\mathrm{S} - 2U_\mathrm{T}}{pW_\varphi \Phi_\delta} \qquad (2\text{-}19)$$

电动势系数为

$$K_e = \frac{E}{n} = C_e \Phi_\delta = \frac{2pW_\varphi}{15\alpha_\mathrm{i}}\Phi_\delta \qquad (2\text{-}20)$$

转矩系数为

$$K_\mathrm{T} = \frac{T_e}{I_a} = C_\mathrm{T}\Phi_\delta = \frac{4pW_\varphi}{\pi\alpha_\mathrm{i}}\Phi_\delta I_a \qquad (2\text{-}21)$$

利用同样的方法可以得到其他工作方式下，无刷直流电动机的电动势、转矩、转速等基本公式，请读者自行分析。表 2-1 给出了三相无刷直流电动机在星形三相三状态和两相导通星形三相六状态两种方式下的基本公式。

表 2-1 三相无刷直流电动机的基本公式

物理量（单位）	星形三相三状态	两相导通星形三相六状态
$E_\mathrm{m}(\mathrm{V})$	$\dfrac{pW_\varphi}{15\alpha_\mathrm{i}}\Phi_\delta n$	$\dfrac{pW_\varphi}{15\alpha_\mathrm{i}}\Phi_\delta n$
$E(\mathrm{V})$	$\dfrac{pW_\varphi}{15\alpha_\mathrm{i}}\Phi_\delta n$	$\dfrac{2pW_\varphi}{15\alpha_\mathrm{i}}\Phi_\delta n$
$I_a(\mathrm{A})$	$\dfrac{U_\mathrm{S} - U_\mathrm{T} - E}{r}$	$\dfrac{U_\mathrm{S} - 2U_\mathrm{T} - E}{2r}$
$T_e(\mathrm{N \cdot m})$	$\dfrac{2pW_\varphi}{\pi\alpha_\mathrm{i}}\Phi_\delta I_a$	$\dfrac{4pW_\varphi}{\pi\alpha_\mathrm{i}}\Phi_\delta I_a$

（续）

物理量（单位）	星形三相三状态	两相导通星形三相六状态
n_0（r/min）	$15\alpha_i \dfrac{U_S - U_T}{p W_\varphi \Phi_\delta}$	$7.5\alpha_i \dfrac{U_S - 2U_T}{p W_\varphi \Phi_\delta}$
F_{adm}（A）	$\dfrac{\sqrt{3}}{4} I_a W_\varphi K_w$	$I_a W_\varphi K_w$

2.5 无刷直流电动机的转矩脉动

2.5.1 转矩脉动的定义及引起转矩脉动的原因

转矩脉动是无刷直流电动机一项十分重要的性能指标，把转矩脉动定义为

$$T_r = \frac{T_{max} - T_{min}}{T_N} \times 100\% \tag{2-22}$$

式中，T_r 为转矩脉动（%）；T_{max} 为最大电磁转矩；T_{min} 为最小电磁转矩；T_N 为额定运行时的平均电磁转矩。

造成转矩脉动的原因主要有以下几种：

（1）电磁因素引起的转矩脉动

在理想情况下，即当电枢为集中绕组结构、转子磁感应强度在空间的分布为 180° 的方波，电动势波形具有大于或等于 120° 电角度的平顶时，无刷直流电动机的转矩与转子位置无关。但实际电动机不能做到极弧系数为 1，且常常采用分布绕组，因此会引起转矩脉动。

（2）换相引起的转矩脉动

由于电枢绕组感的影响，换相时存在电流延迟，从而引起转矩脉动。采用重叠换相控制可以抑制换相引起的转矩脉动。换相引起的转矩脉动将在 2.5.2 节进行详细分析。

（3）定子齿槽引起的转矩脉动

在无刷直流电动机三相绕组不通电且绕组开路的情况下，轻轻转动转子，会感觉到转子上存在一定的阻转矩，该转矩总是试图将转子定位在某些位置，因此被称为定位转矩（detent torque）。定位转矩主要是由转子的永磁体磁场同定子铁心的齿槽相互作用产生的，与定子的电流无关，因此也称为齿槽转矩（cogging torque）。永磁转子的磁极与定子齿槽的相对位置不同，主磁路的磁导不同，永磁转子趋向定位于磁导最大的位置，即稳定平衡点，转子偏离此平衡位置时，会受到定位转矩的作用，试图使转子回复到该平衡点，或趋于另一相邻的稳定平衡点，可见齿槽转矩的作用方向是交变的。

从能量守恒原理出发，电动机的电磁转矩可以通过电动机内的磁共能（coenergy，用 W_m' 表示）对转子位置角 θ 的偏导数求得，即

$$T_e(i,\theta) = \frac{\partial W_m'(i,\theta)}{\partial \theta} \tag{2-23}$$

在永磁电动机中，如绕组不通电且开路时，电动机中的磁共能为

$$W_m' = \frac{1}{2}(R_g + R_{Fe})\phi_m^2 \tag{2-24}$$

式中，R_g 为气隙磁阻；R_{Fe} 为铁心部分的磁阻；ϕ_m 为永磁体产生的与定子绕组交链的磁通。因此，齿槽转矩为

$$T_{cog} = \frac{1}{2}\phi_m^2 \frac{dR_g}{d\theta} \qquad (2\text{-}25)$$

由于气隙磁阻 $R_g = \dfrac{l_g}{\mu_0 A_g}$，气隙磁路的长度 l_g 随转子位置变化而周期性变化，而气隙磁路面积 A_g 基本不变，因此，齿槽转矩是随转子位置变化而周期性变化的。分析表明，转子转过一圈出现齿槽转矩的周期数 γ 等于定子槽数与转子极数的最小公倍数，即

$$\gamma = \mathrm{LCM}(Z, 2p) \qquad (2\text{-}26)$$

如一台 4 极 9 槽永磁无刷直流电动机，齿槽转矩的周期为 10°，每周变化 36 次。

在永磁无刷直流电动机中，齿槽转矩常常成为引起振动、噪声和阻碍控制精度提高的基本原因，因此受到了相当的关注。解决齿槽转矩脉动问题的方法主要集中在电动机本体的设计上。

减少齿槽转矩脉动最常用的措施是采用定子斜槽或转子斜极，也可以采用磁性槽楔或半闭口槽、采用分数槽绕组以及定子齿冠开槽等方法来减少齿槽转矩，采用无槽电动机则可完全消除齿槽转矩脉动。

（4）电枢反应的影响

电枢反应对转矩脉动的影响主要反映在以下两个方面：一方面电枢反应引起气隙磁场畸变，导致转矩脉动；另一方面，在任一磁状态内，相对静止的电枢反应磁场与连续旋转的转子主极磁场相互作用而产生的电磁转矩因转子位置的不同而发生变化。

为减小电枢反应对因气隙磁场畸变而产生的转矩脉动影响，电动机应选择瓦形或环形永磁体径向励磁结构，适当增大气隙。

（5）机械工艺引起的转矩脉动

机械加工和材料的不一致也是引起转矩脉动的重要原因之一，如工艺误差造成的单边磁拉力、摩擦转矩不均匀、转子位置传感器的定位不准确、绕组各相电阻和电感等参数不对称、各永磁体性能不一致等。提高机械制造的工艺水平也是减小转矩脉动的重要因素。

下面重点分析换相的影响。

2.5.2　换相与转矩脉动

无刷直流电动机每经过一个磁状态，定子绕组中的电流就要进行一次换相。每一次换相都对电磁转矩产生一定影响，电流换相是引起转矩脉动的主要原因之一。下面以两相导通星形三相六状态为例分析无刷直流电动机换相引起转矩脉动的机理。

当逆变器的功率开关由 VT_1、VT_2 导通变为 VT_2、VT_3 导通时，电路状态由 U、W 两相绕组导通切换为 V、W 两相绕组导通。由于电枢绕组电感的影响，电流换相不是瞬时完成的。在换相过程中，U 相电流由 VD_4 续流，逐渐减小为 0，V 相电流逐渐增大达到稳态值。换相过程中的电路方程见式(2-12)。

1. 换相过程中的相电流和转矩

为了简化分析，忽略电枢绕组的电阻，则换相过程中电路方程可变为

$$\begin{cases} L_M\dfrac{di_U}{dt}+e_U-\left(L_M\dfrac{di_W}{dt}+e_W\right)=0 \\[3mm] L_M\dfrac{di_V}{dt}+e_V-\left(L_M\dfrac{di_W}{dt}+e_W\right)=U_S \\[3mm] i_U+i_V+i_W=0 \end{cases} \tag{2-27}$$

由于电动机各相绕组的反电动势为平顶宽大于或等于120°电角度梯形波，所以

$$e_U=e_V=e_W=E_m \tag{2-28}$$

由于 $i_U+i_V+i_W=0$，所以

$$\frac{di_W}{dt}=-\frac{di_U}{dt}-\frac{di_V}{dt} \tag{2-29}$$

将式(2-28)和式(2-29)代入方程组式(2-27)的前两个方程中，可得

$$\begin{cases} 2L_M\dfrac{di_U}{dt}+L_M\dfrac{di_V}{dt}+2E_m=0 \\[3mm] L_M\dfrac{di_U}{dt}+2L_M\dfrac{di_V}{dt}+2E_m=U_S \end{cases} \tag{2-30}$$

解上述方程组，并将结果代入式(2-29)中，得换相过程中各相电流的变化率为

$$\begin{cases} \dfrac{di_U}{dt}=-\dfrac{U_S+2E_m}{3L_M} \\[4mm] \dfrac{di_V}{dt}=\dfrac{2(U_S-E_m)}{3L_M} \\[4mm] \dfrac{di_W}{dt}=-\dfrac{U_S-4E_m}{3L_M} \end{cases} \tag{2-31}$$

解上述微分方程组，并考虑各相电流的初值和终值为换相前后各相电流的稳态值，可得

$$\begin{cases} i_U=I-\dfrac{U_S+2E_m}{3L_M}t \\[4mm] i_V=\dfrac{2(U_S-E_m)}{3L_M}t \\[4mm] i_W=-I-\dfrac{U_S-4E_m}{3L_M} \end{cases} \tag{2-32}$$

式中，I 为相电流的稳态值。

2. 电动机转速对换相的影响

在不同的转速下，电流换相呈现出不同的特点，可分为以下三种情况：

（1）在 i_U 降为 0 的同时 i_V 达到稳态（见图 2-22）

令 $i_U(t_f)=0$，由式(2-32)可得 U 相绕组的换相时间 t_f 为

$$t_f=\frac{3L_MI}{U_S+2E_m} \tag{2-33}$$

令 $i_V(t_f)=I$，式(2-32)可得 V 相绕组的换相时间 t_f 为

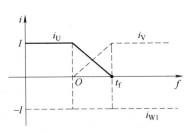

图 2-22　换相情形 I

$$t_f = \frac{3L_M I}{2(U_S - E_m)} \tag{2-34}$$

由式(2-33)和式(2-34)得出的换相时间应该相等，所以，欲使在 i_U 降为 0 的同时 i_V 达到稳态，即两相同时完成换相，应满足以下条件

$$U_S = 4E_m \tag{2-35}$$

由于反电动势的大小取决于电动机的转速，因此，式(2-35)表明：当无刷直流电动机在一定转速下运行时，两相绕组的换相可以同时完成。

（2）在 i_U 降为 0 时，i_V 还没有达到稳态值（见图2-23）

令 $i_U(t_f') = 0$，由式(2-33)可得 i_U 降为 0 的时间 t_f' 为

$$t_f' = \frac{3L_M I}{U_S + 2E_m} \tag{2-36}$$

此时，V 相绕组电流 i_V 为

$$i_V(t_f') = \frac{2(U_S - E_m)}{U_S + 2E_m} I \tag{2-37}$$

由于此时 V 相绕组电流 $i_V < I$，所以

$$U_S < 4E_m \tag{2-38}$$

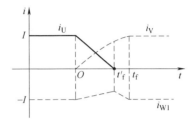

图 2-23　换相情形 Ⅱ

所以，当 $U_S < 4E_m$ 时，即电动机转速大于一定值时，两相电流换相不能同时完成，i_U 已降为 0，但 i_V 还没有达到稳态值。

（3）在 i_V 达到稳态值时，i_U 还没有降为 0（见图2-24）

令 $i_V(t_f'') = I$，由式(2-34)可得 i_V 达到稳态值的时间 t_f'' 为

$$t_f'' = \frac{3L_M I}{2(U_S - E_m)} \tag{2-39}$$

此时，U 相绕组电流 i_U 为

$$i_V(t_f'') = \frac{U_S - 4E_m}{2(U_S - E_m)} I \tag{2-40}$$

由于此时 U 相绕组电流 $i_U > 0$，所以

$$U_S > 4E_m \tag{2-41}$$

所以，当 $U_S > 4E_m$ 时，即当电动机的转速小于一定值时，两换相电流不能同时达到稳态，在 i_U 降为 0 之前，i_V 已达到稳态值 I。

3. 换相对转矩的影响

在换相过程中，电磁转矩为

$$T_e = \frac{1}{\Omega}(e_U i_U + e_V i_V + e_W i_W) = \frac{1}{\Omega}(E_m i_U + E_m i_V - E_m i_W) \tag{2-42}$$

由于 $i_U + i_V + i_W = 0$，所以

$$T_e = -\frac{2E_m}{\Omega} i_W = \frac{2E_m}{\Omega}\left(I + \frac{U_S - 4E_m}{3L_M} t\right) \tag{2-43}$$

可见，换相期间的电磁转矩与非换相绕组的电流成正比。

非换相时的电磁转矩由两相绕组的合成磁动势与转子永磁磁动势相互作用产生，其计算公式为

$$T_e = \frac{2E_m}{\Omega}I \qquad (2\text{-}44)$$

下面分析不同换相情况下电磁转矩的变化。

1）当 $U_S = 4E_m$ 时，不难看出换相过程中转矩保持恒定，没有出现转矩脉动。

2）当 $U_S < 4E_m$ 时，由式(2-43)和式(2-44)可知：在这种情况下，换相过程中的电磁转矩小于非换相时的电磁转矩，即换相引起转矩减小。

将式(2-36)代入式(2-43)，得

$$T_e(t'_f) = \frac{2E_m I}{\Omega}\left(1 + \frac{U_S - 4E_m}{U_S + 2E_m}\right) \qquad (2\text{-}45)$$

不难求得此时转矩脉动为

$$T_r = \frac{U_S - 4E_m}{U_S + 2E_m} \qquad (2\text{-}46)$$

3）当 $U_S > 4E_m$ 时，由式(2-43)和式(2-44)可知：在这种情况下，换相过程中的电磁转矩大于非换相时的电磁转矩，即换相引起转矩增加。

将式(2-39)代入式(2-43)，得

$$T_e(t''_f) = \frac{2E_m I}{\Omega}\left[1 + \frac{U_S - 4E_m}{2(U_S - E_m)}\right] \qquad (2\text{-}47)$$

不难求得此时的转矩脉动为

$$T_r = \frac{U_S - 4E_m}{2(U_S - E_m)} \qquad (2\text{-}48)$$

从式(2-46)和式(2-48)可见，换相引起的转矩脉动决定于绕组的反电动势，也就是电动机的转速，而与电枢的稳态电流无关。当转速很低或堵转时，$E_m \approx 0$，由式(2-48)知，$T_r = 50\%$；当转速很高时，$U_S \approx 2E_m$，由式(2-46)知，$T_r = -50\%$；当转速满足 $U_S = 4E_m$ 时，$T_r = 0$。换相引起的转矩脉动随转速变化关系如图2-25所示，图中横坐标以 E_m 与 U_S 的比值表示电动机的转速。

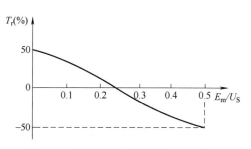

图2-25　换相转矩脉动与转速的关系

4. 转速对换相时间的影响

在换相情形 Ⅱ 和 Ⅲ，可以分别计算出其完整的换相时间。

当 $U_S < 4E_m$ 时

$$t_f = \frac{3L_M I}{2(U_S - E_m)} \qquad (2\text{-}49)$$

当 $U_S > 4E_m$ 时

$$t_f = \frac{3L_M I}{U_S + 2E_m} \qquad (2\text{-}50)$$

在低速时，随着转速的上升，由式(2-50)可知换相时间有所下降；在高速时，由式(2-49)知换相时间随着转速的升高而快速增加；在 $U_S = 4E_m$ 时，换相时间最短。转速对换相时间的影响如图2-26所示。

从以上分析可见，无刷直流电动机在高速运行时，换相过程对转矩的影响加剧，导致转矩脉动增大、平均转矩显著下降。

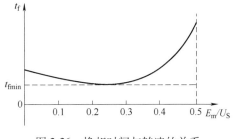

图 2-26　换相时间与转速的关系

5. 换相转矩脉动的抑制

在换相过程中，由于电感的存在，开通相电流上升和关断相电流下降均需要一定的时间完成。在换相过程中，由于开通相绕组电流上升和关断相绕组电流下降不匹配，致使非换相绕组的电流变化而导致转矩脉动，这主要是由无刷直流电动机特有的运行方式引起的。因此，抑制换相转矩脉动，应主要从控制策略入手。

最早采用的控制策略是重叠换相法，即提前导通下一个该导通的开关管（此时有三个开关管导通），使原来处于磁场较弱区域的绕组的电流转移一部分到处于磁场较强的下一相绕组中，通过该电流将产生补偿转矩，以减小转矩波动，这是超前导通控制；也可以采用延时关断控制，即在该关断绕组时而不关断绕组，使其导通时间延长，以此产生补偿转矩。

重叠换相的实质是通过电流补偿来抑制换相转矩脉动。基于补偿思想的控制策略还有：在电流控制器中引入前馈项来补偿换相过程中非换相的平均电压，从而实现抑制换相转矩波动；采用 DC-DC 调压电路，在换相过程中根据转速来改变直流母线电压，使电动机的反电动势与输入电压保持一定的比例关系，从而抑制换相转矩波动；通过保持中性点电压不变来抑制换相转矩波动；采用电流预测策略计算换相过程中的占空比，对开通相和关断相电流实施控制，以抑制换相转矩波动等。

现代控制方法也在抑制换相转矩脉动中得到应用，如基于自抗扰控制器的换相转矩波动抑制策略，通过状态观测器估计换相转矩波动，进而对其补偿；直接转矩控制策略则将转矩作为控制量，根据换相过程中的转矩变化，在换相过程中采用混合导通模式抑制不同形式的换相转矩脉动。

2.6　无刷直流电动机的控制原理及其实现

2.6.1　无刷直流电动机控制系统原理

无刷直流电动机工作在由位置检测器控制逆变器开关通断的"自控式"变频方式下，逆变器的变频是自动完成的，并不需要控制系统加以干预及控制。要控制电动机的转速就应控制电动机的转矩，由式（2-18）可知，只要调节直流侧电压就可调节转速。

通常采用 PWM 调节方式，通过改变 PWM 脉冲的占空比来调节输入无刷直流电动机的平均直流电压，以达到调速的目的。

无刷直流电动机系统通常采用转速、电流双闭环控制，系统原理图如图 2-27 所示。其中，ASR 和 ACR 分别为转速调节器和电流调节器，通常采用 PID 算法实现。速度为外环，电流为内环，由于 $T_e = K_T I_a$，电流环实际上调节的是电磁转矩。速度给定信号 n^* 与速度反馈信号 n 送入 ASR，ASR 的输出作为电流信号的参考值 i^*，与电流信号的反馈值一起送至 ACR，ACR 的输出为电压参考值，与给定载波比较后，形成 PWM 调制波，控制逆变器的实际输出电压。逻辑控制单元的任务是根据位置检测器的输出信号及正反转指令信号决定导通相。被确定要导通的相并不总是在导通，它还要受 PWM 输出信号的控制，逻辑"与"单元的任务就是把换相信号和 PWM 信号结合起来，再送到逆变器的驱动电路。

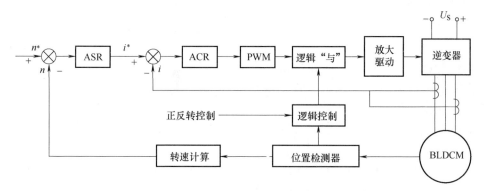

图 2-27　无刷直流电动机系统原理图

对于采用星形联结两相导通三相六状态模式工作的无刷直流电动机，正常工作状态下，总是有两相绕组导通，一相绕组断开。以 U 相→V 相导通为例，此时回路电流 $i = i_U = -i_V$，根据图 2-18 所示等效电路和式(2-8)，可列出无刷直流电动机的电路方程为

$$U_S = 2ri + 2L_M\frac{\mathrm{d}i}{\mathrm{d}t} + e \tag{2-51}$$

式中，e 为无刷直流电动机的线电动势，$e = e_U - e_V$；L 为电枢回路电感，$L = 2L_M$；R 为电枢回路电阻，$R = 2r$。

忽略续流影响，有

$$e = K_e n \tag{2-52}$$

$$T_e = K_T i \tag{2-53}$$

忽略电动机轴上的黏滞转矩，电动机的动力学方程为

$$T_e - T_L = \frac{GD^2}{375}\frac{\mathrm{d}n}{\mathrm{d}t} \tag{2-54}$$

式中，T_L 为电动机的负载转矩；GD^2 为折算到电动机轴上的飞轮矩。

定义 $\tau_e = \dfrac{L}{R}$ 为电枢回路的电磁时间常数，$\tau_m = \dfrac{GD^2 R}{375 K_e K_T}$ 为机电时间常数。代入式(2-51)和式(2-54)，并考虑式(2-52)和式(2-53)，整理得

$$U_S - e = R\left(i + \tau_e\frac{\mathrm{d}i}{\mathrm{d}t}\right) \tag{2-55}$$

$$i - i_L = \frac{\tau_m}{R}\frac{\mathrm{d}e}{\mathrm{d}t} \tag{2-56}$$

式中，i_L 为负载电流，$i_L = \dfrac{T_L}{K_T}$。

在零初始条件下，对式(2-55)和式(2-56)进行拉普拉斯变换，得电压与电流间的传递函数和电流与电动势间的传递函数分别为

$$\frac{i(s)}{U_{\mathrm{S}}(s)-e(s)}=\frac{1}{R(\tau_{\mathrm{e}}s+1)} \tag{2-57}$$

$$\frac{e(s)}{i(s)-i_{\mathrm{L}}(s)}=\frac{R}{\tau_{\mathrm{m}}s} \tag{2-58}$$

由此可以画出无刷直流电动机在导通状态下的动态结构框图如图 2-28 所示。可见，在忽略续流的情况下，无刷直流电动机的动态结构框图与普通直流电动机的相似。

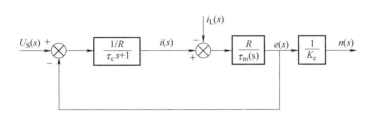

图 2-28   无刷直流电动机的动态结构框图

2.6.2   PWM 调制方式

对于两相导通星形三相六状态无刷直流电动机，在一个周期内，每个功率开关器件导通 120°电角度，每隔 60°有两个开关器件切换。因此，PWM 调制方式可以有以下 5 种：

1）on_PWM 型：在 120°导通区间内，各开关管前 60°恒通、后 60°采用 PWM 调制。

2）PWM_on 型：在 120°导通区间内，各开关管前 60°采用 PWM 调制、后 60°恒通。

3）H_PWM-L_on 型：在各自的 120°导通区间内，上桥臂功率开关通过 PWM 调制、下桥臂开关管恒通。

4）H_on-L_PWM 型：在各自的 120°导通区间内，上桥臂功率开关恒通、下桥臂功率开关通过 PWM 调制。

5）H_PWM-L_PWM 型：上、下桥臂各管皆为 PMM 调制方式。

方式 1~4 又称为半桥调制方式，即在任意一个 60°区间，只有上桥臂或下桥臂开关进行斩波调制。其中，方式 1、2 为双管调制方式，即在调制过程中上桥臂或下桥臂的功率开关都参与斩波调制。方式 3、4 又称为单管调制方式，即在调制过程中只有上桥臂或下桥臂的功率开关参与斩波调制。

方式 5 又称为全桥调制方式，即在任意一个 60°区间内，上、下桥臂的功率开关同时进行斩波调制。

在全桥调制方式中，功率开关的动态功耗是半桥调制方式中的两倍。与半桥调制方式相比，全桥调制方式降低了系统效率，给散热带来困难。因此，考虑到功率开关的动态功耗，在 PWM 调制方式上应选择半桥调制方式。

同时，在半桥调制方式中，双管调制方式不增加功率开关的动态损耗，并解决了由单管调制所造成的功率开关散热不均，提高了系统的可靠性。因此，在 PWM 调制方式中应采用半桥调制中的双管调制方式。

1. on-PWM 调制方式

on-PWM 调制方式如图 2-29 所示。以 U 相→V 相导通为例，在正常工作状态下，VT_1 导通，VT_6 通过 PWM 调制，其电路如图 2-30 所示。

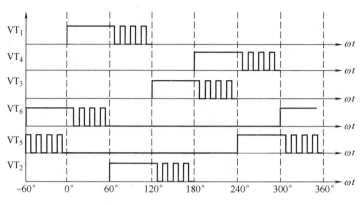

图 2-29　半桥 PWM 调制方式（on-PWM 调制方式）

当 PWM 开时，VT_6 导通，电路如图 2-30a 所示，可列出方程如下：

$$\begin{cases} u_{U0}=U_S=i_Ur+L_M\dfrac{\mathrm{d}i_U}{\mathrm{d}t}+e_U+u_N \\[2mm] u_{V0}=0=i_Vr+L_M\dfrac{\mathrm{d}i_V}{\mathrm{d}t}+e_V+u_N \\[2mm] u_{W0}=e_W+u_N \end{cases} \tag{2-59}$$

由于 $i_U=-i_V$，将以上方程组中前两式相加，得

$$u_N=\frac{u_{U0}+u_{V0}}{2}-\frac{e_U+e_V}{2}=\frac{U_S}{2} \tag{2-60}$$

当 PWM 关时，VT_6 关断，V 相电流通过 VD_3 续流，电路如图 2-30b 所示，此时 $u_{U0}=U_S$，$u_{V0}=U_S$，故

$$\begin{cases} u_N=\dfrac{u_{U0}+u_{V0}}{2}-\dfrac{e_U+e_V}{2}=U_S \\[2mm] u_{W0}=e_W+u_N=e_W+U_S \end{cases} \tag{2-61}$$

由于 e_W 在 E_m 和 $-E_m$ 之间变化，当 $e_W<0$ 时，$u_{W0}<U_S$，电路的状态如图 2-30b 所示；当 $e_W>0$ 时，$u_{W0}>U_S$，二极管 VD_5 导通，将 u_{W0} 钳位在 U_S，出现了非导通相续流现象，电路如图 2-30c 所示。

由星形联结两相导通三相六状态换相逻辑（见图 2-12）可见，非导通相续流出现在 VT_1、VT_6 导通区间的前 30°，对后续 VT_6 切换到 VT_2 导通没有影响。

2. PWM-on 调制方式

PWM-on 调制方式如图 2-31 所示。仍以 U 相→V 相导通为例，在正常工作状态下，VT_1 通过 PWM 调制，VT_6 导通，其电路如图 2-32 所示。

当 PWM 开时，VT_1 导通，电路如图 2-32a 所示，可求得

$$\begin{cases} u_N=\dfrac{u_{U0}+u_{V0}}{2}-\dfrac{e_U+e_V}{2}=\dfrac{U_S}{2} \\[2mm] u_{W0}=e_W+u_N=e_W+\dfrac{U_S}{2} \end{cases} \tag{2-62}$$

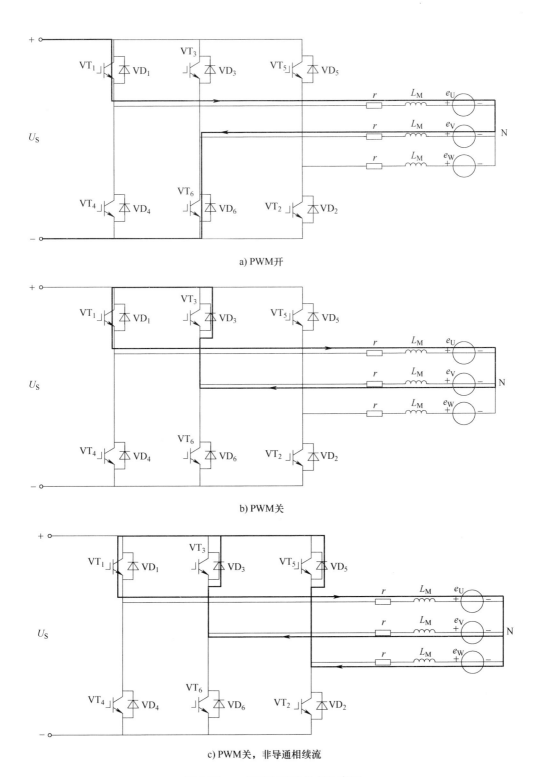

a) PWM开

b) PWM关

c) PWM关，非导通相续流

图 2-30　on-PWM 调制方式电路图

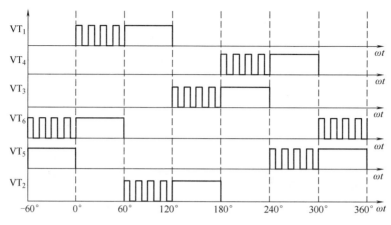

图 2-31 半桥 PWM 调制方式（PWM-on 调制方式）

当 PWM 关时，VT_1 关断，A 相电流通过 VD_4 续流，电路如图 2-32b 所示，此时 $u_{U0}=0$，$u_{V0}=0$，故

$$\begin{cases} u_N = \dfrac{u_{U0}+u_{V0}}{2} - \dfrac{e_U+e_V}{2} = 0 \\ u_{W0} = e_W + u_N = e_W \end{cases} \tag{2-63}$$

由于 e_W 在 E_m 和 $-E_m$ 之间变化，当 $e_W>0$ 时，$u_{W0}>0$，电路状态如图 2-32b 所示；当 $e_W<0$ 时，$u_{W0}<0$，二极管 VD_2 导通，将 u_{W0} 钳位在 0，同样出现了非导通相续流现象，如图 2-32c 所示。

由图 2-12 可见，非导通相续流出现在 VT_1、VT_6 导通区间的后 30°，对后续 VT_6 切换到 VT_2 导通会造成影响。

3. H_on-L_PWM 和 H_PWM-L_on 调制方式

H_on-L_PWM 调制方式如图 2-33 所示，仍以 U 相→V 相导通为例，在此区间内，其工作情况与 on-PWM 调制方式相同。

H_PWM-L_on 调制方式则是上桥臂开关管在导通区间内采用 PWM 调制，下桥臂开关管采用恒通方式，仍以 U_1 相→V_1 相导通为例，在此区间内，其工作情况与 PWM-on 调制方式相同。

总之，在这两种调制方式下，绕组的中性点 N 的电位均会出现波动，且都会出现非导通相续流现象。

4. H_PWM-L_PWM 调制方式

H_PWM-L_PWM 调制方式如图 2-34 所示。仍以 U 相→V 相导通为例，在正常工作状态下，VT_1 和 VT_6 均采用 PWM 调制方式，其电路如图 2-35 所示。

当 PWM 开时，VT_1、VT_6 导通，电路如图 2-35a 所示，可求得

$$\begin{cases} u_N = \dfrac{u_{U0}+u_{V0}}{2} - \dfrac{e_U+e_V}{2} = \dfrac{U_S}{2} \\ u_{W0} = e_W + u_N = e_W + \dfrac{U_S}{2} \end{cases} \tag{2-64}$$

当 PWM 关时，VT_1、VT_6 关断，电流通过 VD_3、VD_4 续流，电路如图 2-35b 所示，此时 $u_{U0}=0$，$u_{V0}=U_S$，故

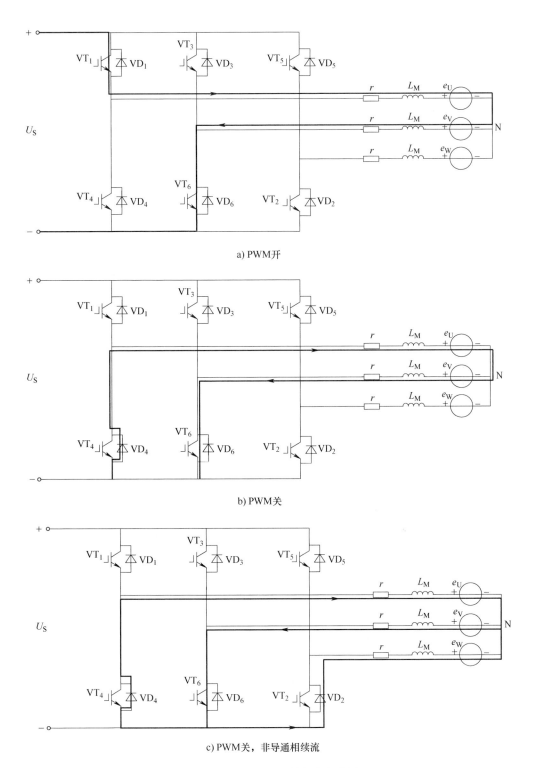

a) PWM开

b) PWM关

c) PWM关，非导通相续流

图 2-32　PWM-on 调制方式电路图

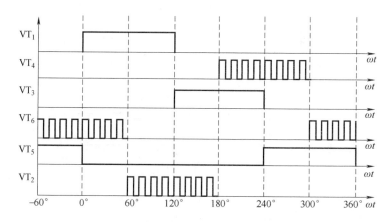

图 2-33 半桥 PWM 调制方式（H_on-L_PWM 调制方式）

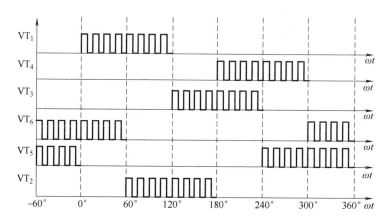

图 2-34 H_PWM-L_PWM 调制方式

$$\begin{cases} u_N = \dfrac{u_{U0}+u_{V0}}{2} - \dfrac{e_U+e_V}{2} = \dfrac{U_S}{2} \\[3mm] u_{W0} = e_W + u_N = e_W + \dfrac{U_S}{2} \end{cases} \tag{2-65}$$

可见在全桥调制情况下，不会出现绕组的中性点 N 的电位波动，也不会出现非导通相续流现象。

不同的 PWM 调制方式对系统的影响不同，采用不同的 PWM 调制方式，换相过程中的转矩脉动大小也不同，分析表明：当系统采用 PWM-on 调制方式时，换相过程中的转矩脉动最小，on-PWM 调制方式次之；但从系统的稳定性来说，on-PWM 调制方式较好。为了保证系统的稳定性和可靠性，在无刷直流电动机控制系统中应优先选择 on-PWM 调制方式。

2.6.3　正反转运行控制

对于普通的有刷直流电动机，只要改变励磁磁场的极性或电枢电流的方向，就可改变转向。而对于无刷直流电动机，由于永磁励磁磁场很难改变极性，且功率开关管的导电是单方

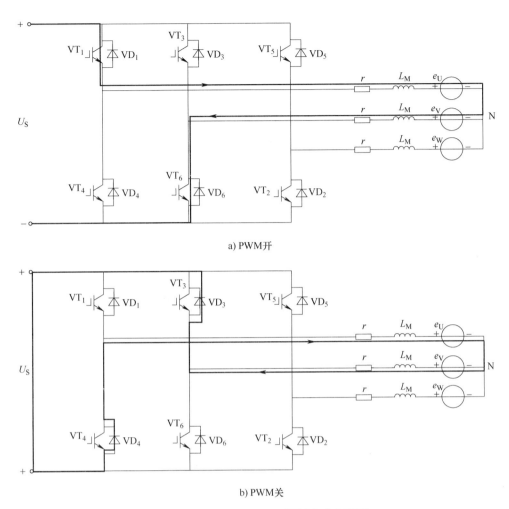

a) PWM开

b) PWM关

图 2-35　H_PWM-L_PWM 调制方式电路图

向的，不能简单地改变磁场极性或电枢电流方向，一般通过改变逆变器功率开关的逻辑关系，使电枢各相绕组导通顺序发生变化来实现正反转。

下面以图 2-36 所示的霍尔开关式位置传感器为例，分析两相导通星形三相六状态无刷直流电动机的正反转控制。

1. 顺时针旋转

设电动机处于图 2-36a 所示的 U、V 两相导通的初始位置，定、转子磁场相互作用使电动机顺时针旋转。此时霍尔开关 H_1、H_2 在传感器磁场的作用下输出高电平，而 H_3 不受磁场作用，输出低电平。故 U_1、V_1 两相导通状态对应的位置信号的逻辑为：$H_1 = H_2 = 1$，$H_3 = 0$。

当电动机转过 60°电角度，到达图 2-36b 所示的 U、W 两相导通状态的位置，定、转子磁场相互作用仍使电动机顺时针旋转，而位置信号的逻辑为：$H_1 = 0$，$H_2 = 1$，$H_3 = 0$。

依次类推，可以得出一个通电周期内其他通电状态下位置信号的逻辑，分别如图 2-36c~f 所示。表 2-2 列出了电动机顺时针旋转时，各相绕组通电顺序和位置信号控制逻辑。

表 2-2　顺时针旋转时绕组通电顺序和位置信号控制逻辑

工作状态	I	II	III	IV	V	VI
H_1	1	0	0	0	1	1
H_2	1	1	1	0	0	0
H_3	0	0	1	1	1	0
导通相	U→V	U→W	V→W	V→U	W→U	W→V
导通管	VT_1、VT_6	VT_1、VT_2	VT_3、VT_2	VT_3、VT_4	VT_5、VT_4	VT_5、VT_6

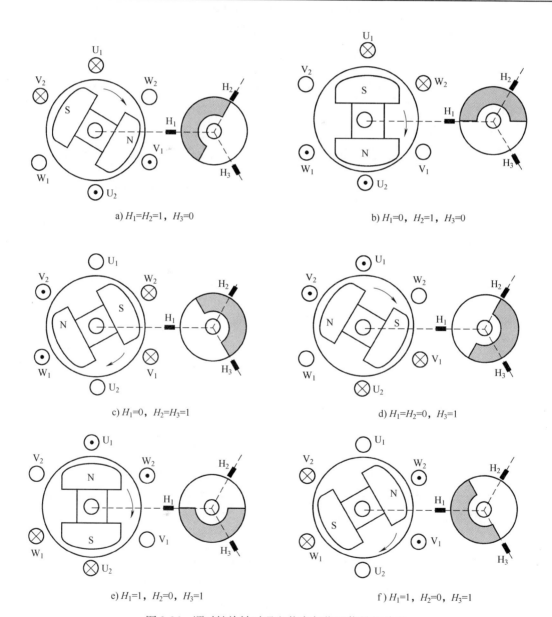

a) $H_1=H_2=1$，$H_3=0$

b) $H_1=0$，$H_2=1$，$H_3=0$

c) $H_1=0$，$H_2=H_3=1$

d) $H_1=H_2=0$，$H_3=1$

e) $H_1=1$，$H_2=0$，$H_3=1$

f) $H_1=1$，$H_2=0$，$H_3=1$

图 2-36　顺时针旋转时通电状态与位置信号的关系

2. 逆时针旋转

当电动机逆时针旋转时，一个通电周期中 6 个通电状态与位置信号的关系如图 2-37a ~ f 所示，各相绕组的通电顺序与位置控制逻辑见表 2-3。

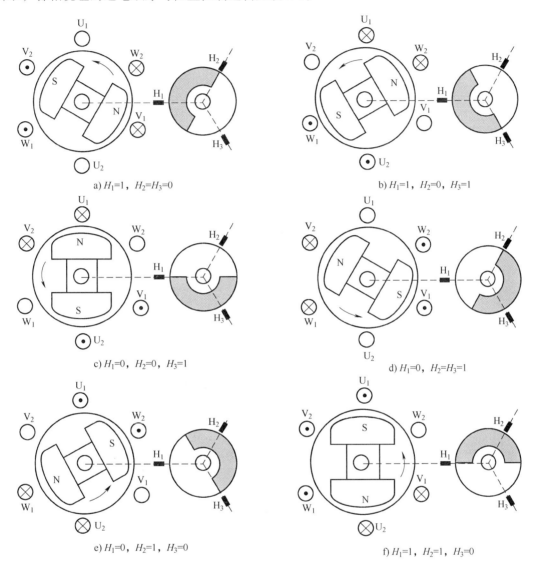

a) $H_1=1$，$H_2=H_3=0$　　　　b) $H_1=1$，$H_2=0$，$H_3=1$

c) $H_1=0$，$H_2=0$，$H_3=1$　　　　d) $H_1=0$，$H_2=H_3=1$

e) $H_1=0$，$H_2=1$，$H_3=0$　　　　f) $H_1=1$，$H_2=1$，$H_3=0$

图 2-37　逆时针旋转时绕组通电状态与位置信号的关系

表 2-3　逆时针旋转时绕组的通电顺序和位置控制逻辑

工作状态	I	II	III	IV	V	VI
H_1	1	1	0	0	0	1
H_2	0	0	0	1	1	1
H_3	0	1	1	1	0	0
导通相	V→W	U→W	U→V	W→V	W→U	V→U
导通管	$VT_3{\rightarrow}VT_2$	$VT_1{\rightarrow}VT_2$	$VT_1{\rightarrow}VT_6$	$VT_5{\rightarrow}VT_6$	$VT_5{\rightarrow}VT_4$	$VT_3{\rightarrow}VT_4$

综合表 2-3 和表 2-3，可以得到 6 个功率开关管在顺时针和逆时针旋转时的控制逻辑，见表 2-4。可见，在电动机正转时各开关管的控制逻辑与反转时的控制逻辑正好相"反"。

表 2-4　开关管的控制逻辑

开关管	VT_1	VT_2	VT_3	VT_4	VT_5	VT_6
顺时针	$H_2\overline{H_3}$	$\overline{H_1}H_2$	$\overline{H_1}H_3$	$\overline{H_2}H_3$	$H_1\overline{H_2}$	$H_1\overline{H_3}$
逆时针	$\overline{H_2}H_3$	$H_1\overline{H_2}$	$H_1\overline{H_3}$	$H_2\overline{H_3}$	$\overline{H_1}H_2$	$\overline{H_1}H_3$

此外，必须注意，位置传感器定转子与电动机本体定转子的相对位置不同，则换相控制逻辑也不同，位置传感器的安装位置应保证电动机正反转运行时都能产生最大转矩，并对称运行。

图 2-36 和图 2-37 中给出的位置是每个状态的开始位置。在图 2-36a 中，U 相刚刚导通；经过 60°电角度，到达图 2-36b 位置，U 相轴线与主磁场轴线垂直，U 相电动势最大；再经过 60°电角度，到图 2-36c 位置，U 相关断。可见，U 相绕组在其反电动势达到最大之前 60°电角度时导通，在其反电动势达到最大之后 60°电角度时关断。分析其他状态可以发现，各相绕组的导通区间总是在其反电动势最大之前 60°电角度至之后 60°电角度范围内。因此，图 2-36 所示的位置传感器决定的换相点满足两相导通星形三相六状态方式的要求。

如果保持位置传感器转子与主磁极的相对位置不变，则 3 个霍尔开关与三相绕组的轴线的夹角应分别为 $k×60°$电角度（k 为自然数）。请读者自行分析将 3 个霍尔开关在空间分别转过 60°电角度时的换相逻辑。

2.7　无刷直流电动机的无位置传感器控制

无机械式位置传感器控制时，可通过检测和计算与转子位置有关的物理量间接地获得转子位置信息，主要有反电动势过零检测法、续流二极管工作状态检测法、三次谐波检测法和瞬时电压方程法等，本节主要介绍反电动势过零检测法与三次谐波检测法。

2.7.1　反电动势过零检测法

对于最常见的两相导通星形三相六状态工作方式，除了换相的瞬间之外，在任意时刻，电动机总有一相绕组处于断电状态。由图 2-12 可见，当断电相绕组的反电动势过零点之后，再经过 30°电角度，就是该相的换相点。因此，只要检测到各相绕组反电动势的过零点，就可确定电动机的转子位置和下次换相的时间。

1. 用端电压法检测反电动势过零点

两相导通星形三相六状态无刷直流电动机的主电路原理如图 2-38 所示，根据电路图，可以列写出电动机三相绕组输出端对直流电源地的电压方程组为

$$\begin{cases} u_{U0}=i_U r+L_M\dfrac{di_U}{dt}+e_U+u_N \\[2mm] u_{V0}=i_V r+L_M\dfrac{di_V}{dt}+e_V+u_N \\[2mm] u_{W0}=i_W r+L_M\dfrac{di_W}{dt}+e_W+u_N \end{cases} \tag{2-66}$$

式中，u_{U0}、u_{V0}、u_{W0}分别为三相绕组输出端对直流电源地的电压；u_N为三相绕组中性点 N 对电源地的电压。

由于电动机的一个通电周期有 6 种工作状态，且每种状态呈现一定的对称性或重复性，因此我们只需对一种状态进行分析。如图 2-38 所示，设 VT₁ 和 VT₆ 导通，即 U、V 相通电，W 相关断，则 U、V 两相电流大小相等、方向相反，而 W 相电流为零。

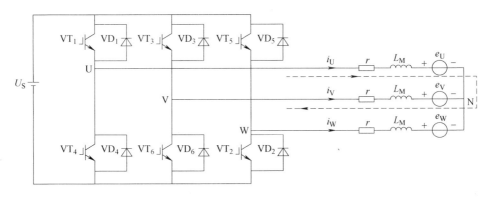

图 2-38　U_1、V_1 相导通时的电流回路图

由于 W 相电流为零，则式(2-66)中第 3 式可化简为

$$u_{W0} = e_W + u_N \tag{2-67}$$

由于 $i_U = -i_V$，且在 e_W 过零点处 $e_U + e_V + e_W = 0$，将式(2-66)中 3 式相加，可得中性点电压

$$u_N = \frac{1}{3}(u_{U0} + u_{V0} + u_{W0}) \tag{2-68}$$

所以，W 相反电动势过零检测方程为

$$e_W = u_{W0} - u_N = u_{W0} - \frac{1}{3}(u_{U0} + u_{V0} + u_{W0}) \tag{2-69}$$

同理可得 U、V 两相的反电动势过零检测方程，则反电动势过零检测方程组为

$$\begin{cases} e_U = u_{U0} - \dfrac{1}{3}(u_{U0} + u_{V0} + u_{W0}) \\[2mm] e_V = u_{V0} - \dfrac{1}{3}(u_{U0} + u_{V0} + u_{W0}) \\[2mm] e_W = u_{W0} - \dfrac{1}{3}(u_{U0} + u_{V0} + u_{W0}) \end{cases} \tag{2-70}$$

实际检测电路中，需要将端电压 u_{U0}、u_{V0}、u_{W0}分压后，经滤波得到检测信号 U_{U0}、U_{V0}、U_{W0}，如图 2-39 所示。图示电路是通过检测三相绕组输出端对电源负极的电压来检测反电动势过零点的，通常称之为基于端电压的反电动势检测或"端电压法"。

"端电压法"的反电动势过零检测方程还有其他形式，在此做一个简单介绍。

由于在 W 相绕组的反电动势过零时，$i_U = -i_V$，$e_U = -e_V$，将式(2-66)中第 1、2 式相加得到 u_N 的另一种表达式为

$$u_N = \frac{1}{2}(u_{U0} + u_{V0}) \tag{2-71}$$

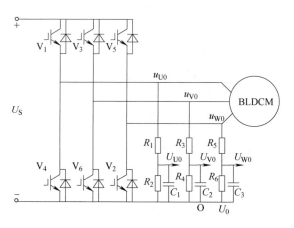

图 2-39　端电压法的检测电路

据此可以得到三相绕组反电动势过零点检测方程组的第 2 种形式为

$$\begin{cases} e_U = u_{U0} - \dfrac{1}{2}(u_{V0} + u_{W0}) \\[2mm] e_V = u_{V0} - \dfrac{1}{2}(u_{U0} + u_{W0}) \\[2mm] e_W = u_{W0} - \dfrac{1}{2}(u_{U0} + u_{V0}) \end{cases} \tag{2-72}$$

可以证明，检测方程组式(2-70)和式(2-72)是完全等价的，但式(2-70)中的中性点电压计算具有普遍性，因此应用最广。

另外，当 U、V 相导通，W 相关断时，根据图 2-38 可以列出下列方程组：

$$\begin{cases} u_N = U_S - u_U = U_S - \left(i_U r + L_M \dfrac{di_U}{dt} + e_U \right) \\[3mm] u_N = U_S - u_V = U_S - \left(i_V r + L_M \dfrac{di_V}{dt} + e_V \right) \end{cases} \tag{2-73}$$

由于在 W 相绕组的反电动势过零时，$i_U = -i_V$，$e_U = -e_V$，故将式(2-73)中两式相加可得

$$u_N = \frac{1}{2}U_S \tag{2-74}$$

根据式(2-67)可知，当不导通相(W 相)的反电动势过零时，$u_{W0} - \dfrac{U_S}{2} = 0$，因此可得反电动势过零检测方程组的又一种形式为

$$\begin{cases} e_U = u_{U0} - \dfrac{1}{2}U_S \\[2mm] e_V = u_{V0} - \dfrac{1}{2}U_S \\[2mm] e_W = u_{W0} - \dfrac{1}{2}U_S \end{cases} \tag{2-75}$$

检测式(2-79)虽然比较简单，但检测的正确性受 PWM 控制方式的影响很大，在一些 PWM 控制方式下并不适用，使用时必须加以注意。

2. 用相电压法检测反电动势过零点

如果将图 2-39 中检测电阻的中性点 O 与电源的负极断开，就得到如图 2-40 所示的检测电路。根据电路的对称性原理，$u_O \approx u_N$，所以图 2-40 中的检测信号 U_U、U_V、U_W 实际上反映了相电压 u_U、u_V、u_W 的大小。将图 2-40 所示的检测电路称为基于相电压的反电动势检测电路，将这种检测方法叫作"相电压法"。

由于某相绕组断电时，该相绕组的相电压大小等于其反电动势，所以，采用图 2-40 所示的电路检测时，反电动势的检测方程组为

$$\begin{cases} e_U = u_U \\ e_V = u_V \\ e_W = u_W \end{cases} \qquad (2\text{-}76)$$

也就是说，当采用图 2-40 所示的电路检测反电动势时，直接检测到物理量是相电压，因此不需要计算电动机的中性点电压。

3. 换相点的确定

检测到反电动势过零点后，再延迟 30° 电角度即为无刷直流电动机的换相点。换相原理如图 2-41 所示，相应的功率开关切换顺序见表 2-5。

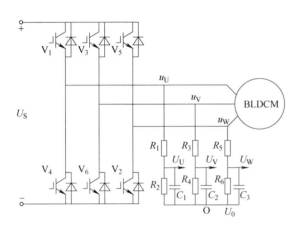

图 2-40　相电压的检测电路

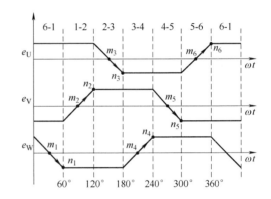

图 2-41　延迟 30° 换相原理图

表 2-5　功率开关切换顺序

过零点	延时角度	换相点	切换开关
m_1	30°	n_1	$VT_6 \rightarrow VT_2$
m_2	30°	n_2	$VT_1 \rightarrow VT_3$
m_3	30°	n_3	$VT_2 \rightarrow VT_4$
m_4	30°	n_4	$VT_3 \rightarrow VT_5$
m_5	30°	n_5	$VT_4 \rightarrow VT_6$
m_6	30°	n_6	$VT_5 \rightarrow VT_1$

反电动势过零检测方法简单、灵活。但实际的位置检测信号通常是经过阻容滤波后得到

的，其零点必然会产生相移，使位置检测不准确，在应用中必须加以适当的相位修正。

2.7.2 三次谐波检测法的辨析

对于无刷直流电动机，绕组反电动势为梯形波，经过傅里叶级数分解，可以发现除了基波分量以外，还含有较大的三次谐波分量。三次谐波分量的一个周期对应基波分量的120°电角度，其相邻两次过零点间隔60°电角度，正好与电动机相邻两次换相的时间间隔相同，只是相位相差90°电角度，因此，将反电动势的三次谐波分量移相90°电角度以后，得到的信号就可以作为转子位置信号，其每一个过零点均对应着一个电流的换相点。

反电动势三次谐波的检测方法如下：在星形联结的绕组三端并联一组星形联结的电阻，两个中性点 s、N 之间的电压即为三次谐波。当 VT_1、VT_2 导通时，三相无刷直流电动机的等效电路如图 2-42 所示。不妨设想电动势中只有基波和三次谐波，即

$$\begin{cases} e_U = E_1\sin\omega t + E_3\sin3\omega t \\ e_V = E_1\sin(\omega t - 120°) + E_3\sin3\omega t \\ e_W = E_1\sin(\omega t - 240°) + E_3\sin3\omega t \end{cases} \tag{2-77}$$

经过推导，得

$$u_{Ns} = E_3\sin3\omega t \tag{2-78}$$

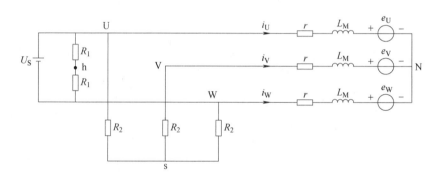

图 2-42　VT_1、VT_2 导通时无刷直流电动机的等效电路

当电动机的中性点没有引出线或不便引出时，有人提出了另一种检测方法——通过星形联结电阻的中性点 s 与直流侧中点 h 之间电压来获取三次谐波分量，经过推导，得 VT_1、VT_2 导通状态下 u_{hs} 的表达式为

$$u_{hs} = \frac{-R_2}{R_2+r}\frac{E_1\sin(\omega t - 120°)}{2} \tag{2-79}$$

可见，其中并无三次谐波电动势，其他状态下的 u_{hs} 表达式中也不含三次谐波电动势。u_{hs} 的实测波形如图 2-43 所示，它是由截取基波电动势的局部拼接而成的，看似三次谐波，其实与三次谐波电动势无关。

如果利用 u_{hs} 的过零点，将其移相30°（相当于文中所说的三次谐波90°）作为换相信号，电动机是可以运行的，但这与是否存在电动势三次谐波无关。因此，所谓的"三次谐波检测法"实际上是"基波电动势换相法"。

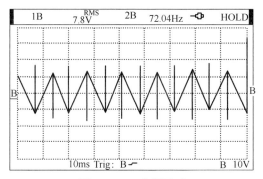

图 2-43　u_{hs} 实测波形

2.7.3　无位置传感器控制中无刷直流电动机的起动

反电动势过零检测法的缺陷是当电动机在静止或低速运行时，反电动势为零或太小，因而无法利用。一般采用专门的起动电路，使电动机以他控变频方式起动，当电动机具有一定的初速度和电动势后，再切换到自控变频状态。这个过程称为三段式起动，包括转子定位、加速和运行状态切换三个阶段。

1. 无位置传感器控制中无刷直流电动机的定位

在无刷直流电动机中，定子绕组中的感应电动势与转子位置保持着确定的关系，根据反电动势过零检测法换相的无刷直流电动机正是基于这一原理工作的。而感应电动势的幅值与电动机的转速成正比。当电动机静止或转速很低时，感应电动势幅值为零或很小，不足以用来确定转子磁极当前的位置，所以在无刷直流电动机起动时不能根据反电动势进行换相。

为了保证无刷直流电动机能够正常起动，首先需要确定转子的当前位置，在轻载条件下，对于具有梯形反电动势波形的无刷直流电动机来说，一般采用磁制动式电动机转子定位方式。系统开始上电时，任意给定一组触发脉冲，在气隙中形成一个幅值恒定、方向不变的磁通，只要保证其幅值足够大，那么这一磁通就能在一定时间内将电动机转子强行定位于这个方向上。图 2-44a 表示当 VT_1 和 VT_6 导通时电动机转子的定位过程示意图。定位后电动机转子 d 轴与定子绕组磁通方向重合。这样就确定了电动机转子的初始位置。

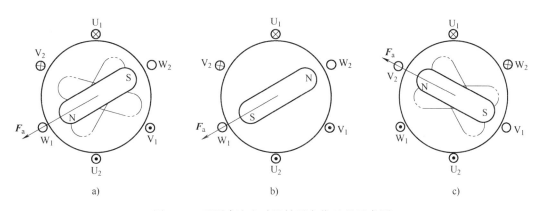

图 2-44　无刷直流电动机转子定位过程示意图

但是，由于静止时电动机转子位置的不确定性，如果在定位之前其位置恰好处于图 2-44b

的位置，导通 VT_1 和 VT_6 后，定子绕组合成磁通 $\boldsymbol{F}_a$ 与转子磁极轴线夹角为 180°，此时转子不会旋转到如图 2-44a 所示的位置，定位失败。为了解决这一问题，可采用"连续二次"定位的方法。如图 2-44c 所示，在第一次定位的基础上，接着导通下一个状态，例如导通 VT_1 和 VT_2，这样不论第一次定位成功或失败，第二次定位一定是成功的。

2. 电动机的起动——三段式起动法

确定了电动机转子的初始位置后，由于此时定子绕组中的反电动势仍为零，所以必须人为地给电动机施加一个由低频到高频不断加速的他控同步切换信号，在此期间，施加到定子绕组的电压也随着频率升高而增加，使电动机由静止逐步加速，这一过程称为他控同步运行阶段。当电动机反电动势的幅值随着转速的升高达到一定值，通过端电压或相电压检测已能够确知转子的位置时，将电动机由他控同步运行切换到自控式运行，如图 2-45 所示。

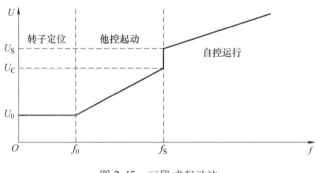

图 2-45 三段式起动法

2.7.4 无位置传感器控制系统实现

以高性能微控制器（MCU）为控制核心构建的无刷直流电动机的无位置传感器控制系统硬件结构如图 2-46 所示，为了提高系统的抗干扰性能，一般通过光电隔离电路将功率电路与控制电路隔离。

由 MCU 输出 6 路 PWM 信号来控制逆变器的开关管通断。PWM 波的输出受换相信号和转速调节器的控制。

电流信号检测的是逆变器的直流母线电流，可通过串联在主回路中的采样电阻获得，此时须经隔离运放进行信号调理；也可通过电流传感器获得。电流信号输入到 MCU 的 ADC 引脚，通过 A/D 转换单元将其转换为数字信号，用于电流的闭环调节；同时，电流信号也用于过电流检测与保护。

母线电压可以通过电阻分压的方式来检测，也可通过电压传感器来检测，母线电压信号主要用于过电压和欠电压保护。

采用"端电压法"或"相电压法"检测反电动势过零点，得到三路位置信号，构成位置闭环来控制电枢绕组的换相。同时，通过记录两次换相的时间间隔可计算电动机的转速。

采用"端电压法"时，反电动势过零点是通过端电压与中性点电压比较得到的；采用"相电压法"时，相电压的过零点即为反电动势的过零点。过零比较可以通过软件实现，此时，只需将电压信号输入到 MCU 的 ADC 引脚；过零比较也可以通过硬件电路实现，过零比较电路输出的位置信号输入到 MCU 的 CAP（输入捕获）引脚，用于换相和测速。不同的方法使用 MCU 的不同端口。下面对两种方法分别进行介绍。

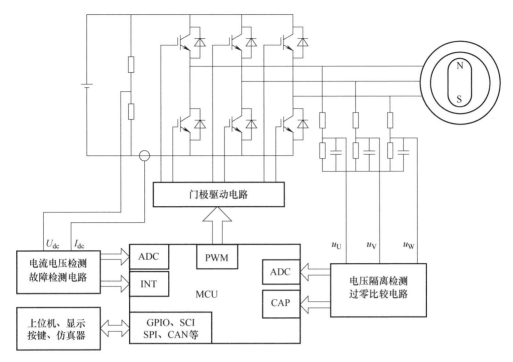

图 2-46　基于 MCU 的无位置传感器控制系统硬件结构

1. 利用硬件电压比较器检测反电动势过零点

反电动势过零检测电路主要由一个三相无源滤波器和三个电压比较器以及光电隔离与电平转换电路组成，如图 2-47 所示。无源滤波器主要起滤除高次谐波的作用。采用"相电压法"时，用于检测相电压的三相对称星形联结的电阻电路的中点 GND0 与功率电路的地彼此隔离，各相检测电压分别进行过零比较（见图 2-47a）。采用"端电压法"时，三相星形电阻分压电路的中性点与逆变器功率地相连（见图 2-47b）。GND2 表示功率电路的地，GND 为控制电路的地，后续章节中 GND 和 GND2 表示的意义相同，以后不再赘述。

由于三相电压的对称性，检测电路的三路输出信号 S_1、S_2、S_3 为高低电平各占 180° 电角度、彼此相差 120° 电角度的方波。

理论上，反电动势过零检测电路得到的过零点再经 30° 电角度移相，就是无刷直流电动机三相绕组的换相点。但由于检测电路使用了电阻分压和低通滤波，会造成一定的相移，在转速较高时，相移的影响不能忽略，应在软件中加以补偿。其相移角为

$$\gamma = \arctan\left(\frac{\omega R_1 R_2 C_1}{R_1 + R_2}\right) = \arctan\left[\frac{\pi n p R_1 R_2 C_1}{30(R_1 + R_2)}\right] \qquad (2\text{-}80)$$

式中，n 为电动机转速；p 为极对数；R_1 和 R_2 为分压电路电阻；C_1 为滤波电容。

"端电压法"检测电路的一种改进电路如图 2-48 所示。图中，C_1 的作用是隔直，即滤去检测电压中的直流分量，以消除三相电压不对称引起的过零点漂移，同时，滤除端电压信号的直流分量，可避免比较器因承受过大的共模电压而损坏；R_2、R_3、C_2、C_3 组成一个深度滤波电路；R_4、R_6 的作用是分压，将检测信号的幅值降到合适的范围；3 个 R_5 构成了中性点引出电路；反串联稳压管保护的作用是保护比较器；4N25 快速光电耦合器组成隔离电路，并实现电平转换。

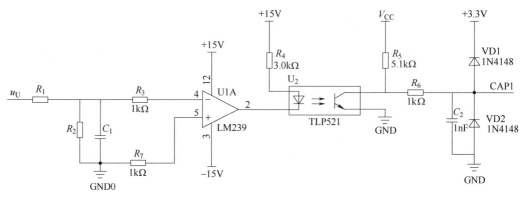

a) 相电压法一相反电动势过零比较电路

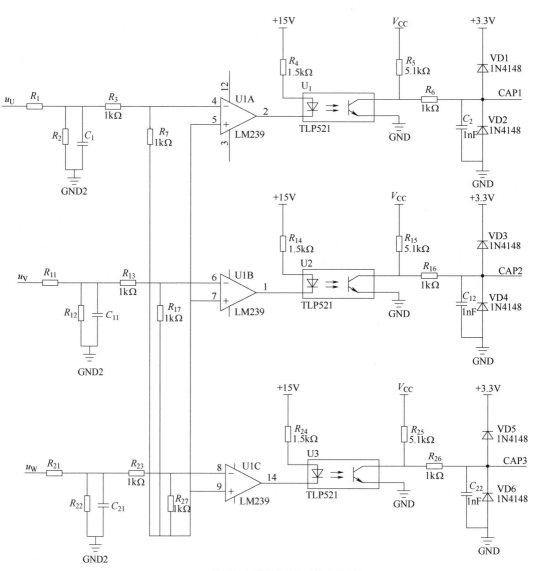

b) 端电压法反电动势过零比较电路

图 2-47　反电动势过零检测电路

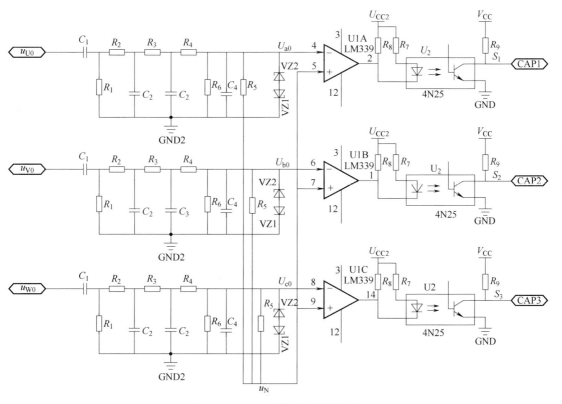

图 2-48　反电动势过零检测电路

三相无源滤波器不仅起到了滤除高次谐波和直流分量的作用，还使输出信号滞后于输入信号一个相位角。由于反电动势过零点并不是电枢绕组的换相点，而需再过30°电角度才是换相点，因此，如果三相端电压经滤波后相位滞后90°电角度，则检测电路的输出信号 S_1、S_2、S_3 相当于位置传感器产生的位置信号，可以作为功率开关管的驱动信号，如图 2-49 所示。

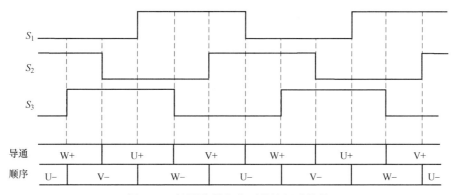

图 2-49　检测信号作为开关管驱动信号

由于端电压信号的频率本身是随电动机的转速而变化的，在设计滤波器时，首先要考虑其幅频特性，即在整个频率区间信号衰减较小，而在区间外则衰减越大越好；其次还要保证滤波器的相频特性，即在有效区间内信号相位滞后角尽可能接近90°。如果滤波器的实际相移为90°-γ，则电动机为超前换相运行，超前换相角为γ。

将位置检测器的输出信号 S_1、S_2、S_3 输入到 MCU 的三个捕获单元 CAP1~CAP3。捕获单元不仅可以记录引脚上电平的跳变，还可以记录电平跳变发生的时刻。因此，不仅可以将捕获单元的电平跳变时刻作为换相时刻，将电平跳变信息作为判断换相的依据，见表 2-6；还可以记录两次换相发生的时刻，由此来计算电动机的转速。

表 2-6　换相控制电平与换相关系

换相控制电平			触发中断的电平跳变沿	开关管工作状态					
CAP3	CAP2	CAP1		VT_1	VT_2	VT_3	VT_4	VT_5	VT_6
1	0	1	S_1 上升沿	PWM	PWM	OFF	OFF	OFF	OFF
1	0	0	S_3 下降沿	OFF	PWM	PWM	OFF	OFF	OFF
1	1	0	S_2 上升沿	OFF	OFF	PWM	PWM	OFF	OFF
0	1	0	S_1 下降沿	OFF	OFF	OFF	PWM	PWM	OFF
0	1	1	S_3 上升沿	OFF	OFF	OFF	OFF	PWM	OFF
0	0	1	S_2 下降沿	OFF	OFF	OFF	OFF	OFF	PWM

位置信号的检测是无刷直流电动机控制的关键。得到正确的位置信号之后，可以利用 MCU 强大的数字处理能力，构成图 2-50 所示的双闭环控制系统。

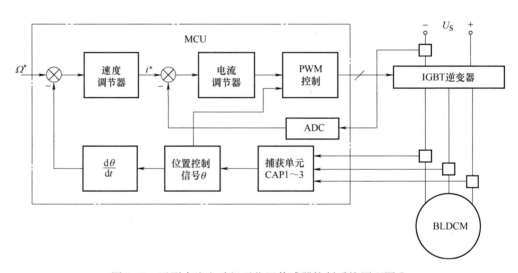

图 2-50　无刷直流电动机无位置传感器控制系统原理图 I

在程序中使能捕获单元，并指定捕获单元所检测的电平为上升沿和下降沿，则捕获单元输入引脚上每次电平跳变都导致捕获中断的发生。在捕获中断处理子程序中，根据换相控制电平（CAP1、CAP2、CAP3 引脚的电平）得到正确的换相信息（见表 2-6）。通过记录两次换相的时间间隔，即两次捕获中断发生的时间间隔 Δt，就可以计算电动机的转速。

电枢绕组每隔 60°电角度换相一次，如果电动机的极对数为 p，则电动机的机械角速度为

$$\Omega = \frac{\pi}{3p\Delta t} \tag{2-81}$$

电动机的转速为

$$n = 60 \times \frac{60°}{360°} \frac{1}{p\Delta t} = \frac{10}{p\Delta t} \tag{2-82}$$

每隔一定的时间对转速给定与所测转速进行比较，如果转速误差超过允许值，则通过数字 PID 算法对转速进行调节。将转速调节器的输出作为电流调节器的给定，将它与所测的实际电流进行比较，通过数字 PID 算法进行电流调节，用电流调节器的输出控制 PWM 波的占空比，从而控制功率开关的通断。

2. 基于软件比较的检测方法

采用硬件电压比较器检定反电动势过零点需要对无源低通滤波器的相移进行补偿，做到精确补偿比较困难。利用 MCU 强大的运算处理能力，在程序中采用软件滤波的方法，同时反电动势过零点的检定及过零点相移 30°换相等处理都可由软件实现。

如图 2-51 所示，采用分压电阻 R_1、R_2 检测三相绕组端电压，检测到的电压信号经过滤波、隔离放大后分别送到 MCU 的 ADC 通道。图中，HCPL7800 为高共模抑制比隔离运算放大器，双电源供电，具有良好的线性度，在高噪声环境下也能保证较高的精度和稳定性。MCU 的工作电压为 3.3V，采用运算放大器 LF353 构成差动放大器将电压信号转换为 0～3.3V 的单极性电压信号。

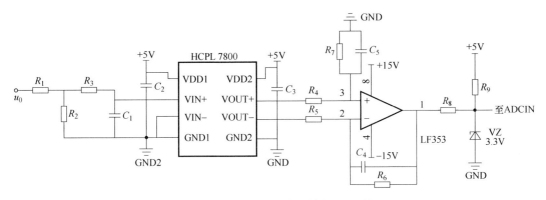

图 2-51　端电压检测电路及其与 MCU 接口

三个电压信号转换为数字量后，根据式（2-70）通过软件检定反电动势过零点，并经 30°移相确定换相点（换相控制逻辑见表 2-5），可构成图 2-52 所示的双闭环控制系统。

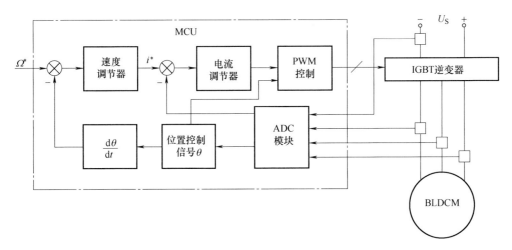

图 2-52　无刷直流电动机无位置传感器控制系统原理图 Ⅱ

30°移相的估计与转速计算的原理相同。因为电动机每隔 60°电角度换相一次，则两次换相发生的时间间隔的一半 $\Delta t/2$ 就是 30°移相对应的延迟时间。

3. 控制软件设计

以高性能 MCU 为核心的无刷直流电动机无位置传感器控制软件框图如图 2-53 所示。

系统软件主要由以下模块组成：

（1）初始化模块

主要完成系统时钟、看门狗、I/O 端口、系统中断、事件管理器的各个控制寄存器及其中断等的设置，以及软件中各变量的初始化和辅助寄存器的设置等功能。

（2）起动控制模块

完成转子预定位、开环起动等功能。

（3）A/D 转换模块

利用 DSP 内部 A/D 转换单元完成相电流和端电压的 A/D 转换。

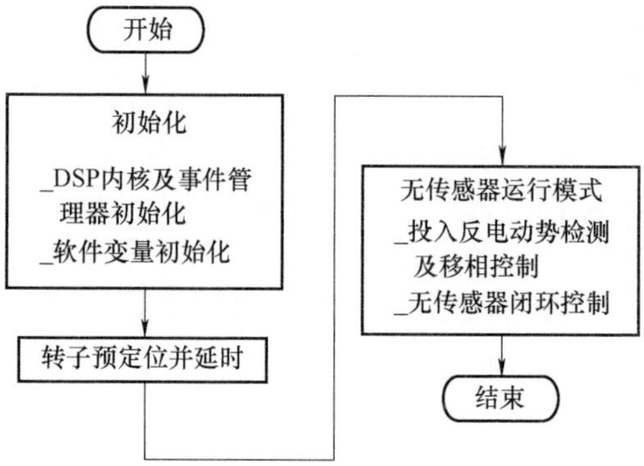

图 2-53　控制软件框图

（4）转子位置估算模块

根据端电压的值检测非导通相的反电动势过零点。由于反电动势过零点并不是换相点，因此还需要根据记录的上一个 60°区间对应的时间间隔完成 30°移相功能。

同时，如同在有位置传感器控制中捕获位置信号的上升沿、下降沿一样，在软件中也可以根据非导通相端电压与中性点电压的比较值的符号（大于 0 或小于 0），确定反电动势过零点在图 2-44 中的具体位置，从而确定换相逻辑。

（5）换相控制模块

根据表 2-5 所示的换相逻辑控制功率开关管的换相。

（6）PWM 波形发生模块

电动机控制专用 MCU 均有不同方式的 PWM 生成，可根据实际情况设定。

（7）数字 PID 模块

根据式 PID 算法对转速误差和电流误差进行调节，调节 PWM 占空比。

（8）系统故障保护模块

当系统出现故障时，一方面由硬件立刻封锁主开关的驱动信号，另一方面，故障信号输入 MCU 的 I/O 口或中断口，MCU 进入故障处理程序，首先经过一定的延时以防止误报警，如果延时时间到，系统还有报警信号，则通过 I/O 口控制继电器，切断主电路并显示故障类型。

2.8　无刷直流电动机控制专用集成电路

随着集成电路技术的进步，国际著名的半导体厂商推出了多种不同规格和用途的无刷直流电动机专用集成电路，这些功能齐全、性能优异、价格低廉的专用集成电路的出现，极大地促进了无刷直流电动机的推广应用。表 2-7 列出了部分无刷直流电动机专用集成电路。

表 2-7　部分无刷直流电动机专用集成电路

厂商	型号	电压/V	电流/A	特点	封装
Motorola	MC33033	30		三相控制器，霍尔，全波，PWM，正反转，制动，二、四相可用	DIP20
	MC33034	30			DIP20
	MC33035	30			DIP24
NS	LM621	45		3/4 相控制器，全波，半波	DIP18
LSI Computer	LS2760	28		3/4 相控制器，PWM，正反转，制动，限流	DIP20
	LS2761	28			DIP20
	LS2762	28			DIP20
	LS2763	28		3/4 相，速度控制器	DIP18
	LS2764	28			DIP20
	LS7362	28		3/4 相控制器	DIP20
Philips	TDA5140	12	0.6	三相全波驱动器，无位置传感器，反电动势检测，测速输出	DIP18
	TDA5141	12	1.5		DIP18
	TDA5142	14.5		三相全波控制器，无位置传感器，反电动势检测，测速输出	SO24
	TDA5143	18	1	三相全波驱动器，无位置传感器，反电动势检测，测速输出	SO20
	TDA5144	14.5	1.8		SO20
	TDA5145	14.5	2.0		DIP28
Micro Linear	ML4411	12		三相全波控制器，无位置传感器，反电动势检测，转速频率反馈	SO28
	ML4412	12			SO28
	ML4420	12			SO28
	ML4425	12		三相全波控制器，无位置传感器反电动势检测，转速频率反馈，PWM 电流控制	DIP28
	ML4428	12			DIP28
Allegro	A8901	7	0.9	三相全波驱动器，无位置传感器，反电动势检测，可编程电流控制	DIP24
	A8902	14	0.9	三相全波驱动器，无位置传感器，反电动势检测，锁相环速度控制	DIP24

这些专用集成电路有以下特点：

1）专用集成电路可分为两大类：带有功率驱动的专用集成电路和须使用外接逆变器的控制器专用集成电路。前者属于小功率范围，而后者可用于较大功率电动机的控制。

2）专用集成电路大多数是为三相电动机设计的，少数是两相、四相的。

3）专用集成电路内均含有一个转子位置译码器电路，接收转子位置信号，给予放大和译码，有的还可向转子位置传感器送出激励电流。尽管无刷直流电动机的位置传感器有多种，但专用集成电路中绝大部分是为霍尔开关式转子位置传感器设计的。

4）大多数专用集成电路的功率控制采用 PWM 方式。电路内含频率可设定的锯齿波振荡器、误差放大器、PWM 比较器和温度补偿基准电源等。对于桥式驱动电路，常只对下桥臂开关进行脉宽调制。

5）闭环速度控制采用模拟量控制方式或数字锁相环工作方式。如 MC33035 控制器利用转子位置信号综合出与速度频率成正比的脉冲，经 MC33039 电子测速器进行 F/V 变换，得到速度电压信号。在误差放大器中，速度反馈信号和设定速度比较，其误差送到 PWM 发生器中，实现速度闭环调节。又如 A8902 控制器内部设有锁相环电路，具有频率锁定速度控制功能。

6）专用集成电路具有正反转控制、起停控制、制动控制等功能。

7）专用集成电路内都设有一些保护电路，包括输出限流、过电流延时关断、控制电压欠电压关断、结温过热报警和关断、向微处理器主控系统发出故障信号。对桥式逆变器，电路上有交叉保护功能，防止上、下桥臂出现直通。

近年来，无位置传感器的无刷直流电动机驱动系统受到人们越来越多的重视。在无位置传感器无刷直流电动机驱动系统中，转子位置的判别、电动机的平滑起动及电流换相均由系统控制器完成，这使得系统功能复杂，因而控制装置的硬件与软件设计十分烦琐，且开发周期较长。为了解决上述问题，许多厂商都推出了利用反电动势检测转子位置的无转子位置传感器无刷直流电动机专用集成电路，如 Micro Linear 公司的 ML4425、ML4428，Philips 公司的 TDA5140、TDA5141，Allegro 公司的 A8901、A8902 等。

采用专用集成电路芯片为核心构成无刷直流电动机调速系统，具有构成简单、调试方便、开发周期短、性能稳定和运行速度快等优点。但专用集成电路以硬件方式完成对无刷直流电动机的控制，不具有用户可编程的特点，也难以做到升级换代。因此，基于专用集成电路的控制系统适用于一些要求简单、性能不高、实时性要求高的场合。

限于篇幅，本书不再介绍这些专用集成电路的具体应用，有兴趣的读者可以查阅相关数据手册。

2.9 无刷直流电动机的单片机控制实例

由于高性能微控制器的应用，控制系统的设计变得简单，复杂的控制算法也得以实现。设计基于微控制器的无刷直流电动机控制系统，主要解决以下问题：

1）位置检测电路及其与微控制器的接口。

2）相电流检测电路及其与微控制器的接口。

3）微控制器的 PWM 信号的产生及其与逆变器门极驱动电路的接口。

4）过电压、欠电压、过电流、短路等故障检测与保护的实现。

5）控制软件的编写，包括换相逻辑的设计，速度的测量、计算与速度调节器设计，电流调节器设计等。

基于 AVR 单片机的电动车用无刷直流电动机控制例程

下面以一个实例说明无刷直流电机控制系统的实现方法和过程，控制软件源代码可以通过扫描二维码获取。

2.9.1 基于 AVR 单片机的电动车用无刷直流电动机控制系统

控制系统的基本要求如下：

1）无刷直流电动机的额定功率为 300W，额定电压为 DC 48V，额定转速为 350r/min，额定效率为 86%。

2）位置传感器空间间隔 120°电角度。

3）调速手把电压：1.1~4.2V。

4）制动方式：低电平有效。

5）欠电压保护：42~44V。

6）刹车制动。

7）定速巡航。

8）堵转断流。

根据电动车控制的低成本、高性能要求，选 ATMEL 公司生产的 ATmega48 单片机为主控芯片，选 IR 公司的 MOS 管专用驱动器 IR2103 驱动逆变桥功率 MOS 管。

ATmega48 单片机是 AVR 系列中一款低成本、高性能的 8 位单片机，内部集成了较大容量的存储器和丰富的外设模块，在省电性、稳定性、抗干扰性及灵活性方面具有突出的优点，可用于电动机控制的外设有：

1）6 个 PWM 通道，可实现任意小于 16 位、相位和频率可调的 PWM 输出。

2）6 通道 10 位 AD(DIP28 封装)/8 通道 10 位 AD(TQFP32 和/MLF32 封装)。

3）用于测速的输入捕获(ICP)功能。同时，ATmega48 单片机还有引脚电平变化中断功能，即引脚上的电平变化会引起中断，同样可以用于电动机的测速。

基于 ATmega48 单片机的电动车用无刷直流电动机控制系统电路如图 2-54 所示，主要包括单片机最小系统电路、位置传感器接口电路、转速给定接口电路、电流检测与保护以及接口电路、蓄电池电压检测与接口电路、逆变器与驱动电路、电源转换电路以及 ISP 程序下载电路等。

下面首先介绍控制电路的设计。

1. ATmega48 单片机设置

ATmega48 单片机的基本配置如下：

在单片机的 XTLA1 和 XTLA2 之间接 8MHz 晶振 Y1，并通过两个 22pF 电容 C_6 和 C_7 接地，为单片机提供工作时钟；在 $\overline{RESET}$ 引脚加低电平复位电路；并为单片机提供+5V 电源，就构成了单片机的最小系统。

由于 ATmega48 单片机采用小引脚封装(DIP28 和 TQFP32/MLF32)，如配置 6 路 PWM 输出，则会引起引脚资源紧张，故只使用一路 PWM 输出，即将 PortB 端口的 PB3 配置为 PWM 输出。

使用 PortB 端口的 PB0、PB1、PB2 引脚作为位置信号的输入，同时，PB0 配置为定时器/计数器 T/C1 的输入捕捉引脚(ICP)。

PortD 端口的 PD0、PD1、PD4、PD5、PD6、PD7 引脚用作控制开关管的换相信号。将 PWM 输出与换相信号相"与"后作为 IR2013 的高端驱动输入，从而实现对上桥臂功率开关管的 PWM 调制。

PortC 的 PC0、PC1、PC2 配置为 ADC 引脚，分别为调速给定电压的输入、用于蓄电池电压采样输入和主电路电流的检测输入。此处以 V_{CC}(+5V)作为 A/D 转换的基准电压，并在 AREF 脚与地(Gnd)之间接一只 100nF 的解耦电容(C_4)，以更好地抑制噪声。

2. 位置信号检测电路

本设计中，无刷直流电动机的 3 个霍尔器件依次相差 120°电角度安装在定子上，分别位于三相绕组的轴线上。H_1、H_2、H_3 组成的位置信号可构成 8 组状态(000~111)，其中

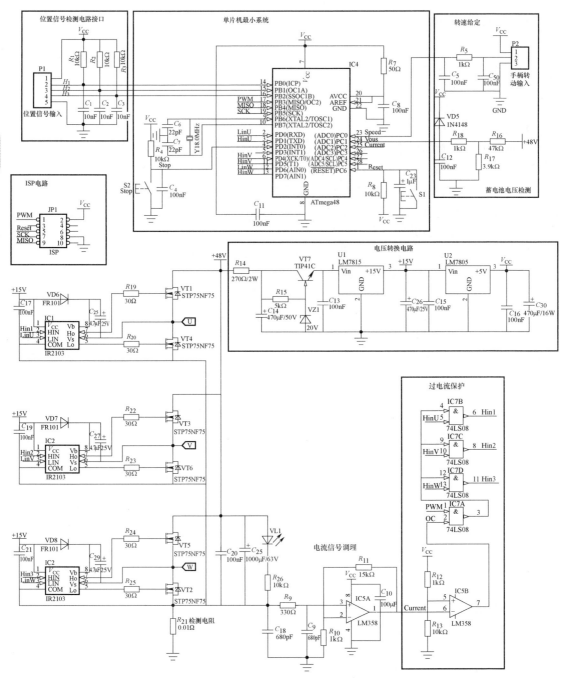

图 2-54 基于 ATmega48 单片机的电动车用无刷直流电动机控制系统电路

H_1、H_2、H_3 同为高电平或同为低电平的状态是不存在的，所以位置信号的实际状态共有 6 组（001～110），分别对应转子的 6 个位置。

将 H_1、H_2、H_3 经 3 个 10kΩ 的电阻上拉，然后连接到 ATmega48 单片机 PortB 端口的 PB0、PB1、PB2 引脚上，通过对 PortB 寄存器中的数据与 0x03 进行"按位与运算"，可得到 6 个不同的结果，有了这 6 个值，就可以给定各个开关管的触发信号，根据需要控制其通断。

3. 电流检测与保护电路

无刷直流电动机的额定电流为

$$I_N = \frac{P_N}{U_N \eta_N} = \frac{300}{48 \times 0.86} A = 7.27A$$

考虑电动车的负载变化很大，经常出现短时过载，过载倍数设定为 3.85 倍，则电动机允许的最大电流为 $I_m = 3.85 I_N = 3.85 \times 7.27A = 28A$。

在图 2-54 中，$R_{21} = 0.01\Omega$ 为主电路的电流采样电阻，其两端的电压经过 C_{18}、R_9、C_9 组成的阻容滤波器滤波后，送入放大器进行放大。LM358 是一个单电源供电的双集成运算放大器。此处，其中一个运算放大器（IC5A）被用作同相放大器，另一个运算放大器（IC5B）被用作比较器。IC5A 把电流采样值放大后，得到电流检测值 Current，Current 信号一方面被输入到单片机的 ADC2 口，进行电流闭环控制；另一方面被送到由 IC5B 构成的比较器的反相端，当 Current 的值大于设定的保护值时，比较器输出一个低电平的保护信号 OC，OC 和 PWM 信号经"与"运算后，使每相功率开关管的控制信号 HIN 都为 0，关闭所有的上桥臂功率管，起到硬件保护的作用。

IC5A 的放大倍数为 $1 + R_{11}/R_{10} = 1 + 15/1 = 16$，当主电路电流达到 28A 时，Current $= 28 \times 0.01 \times 16V = 4.48V$，将这个电压送入 ATmega48 的 ADC2 引脚，转换为数字量后的大小为 0x394。在程序中设置 0x394 为保护值，如检测电流的数字量大于该值，则使 PWM 的占空比为 0，实现"软件保护"。

同时，IC5B 的同相端的电压为 $V_{ref} = 5V \times R_{13}/(R_{12} + R_{13}) = 5 \times 10/(10+1)V = 4.545V$，当 Current>4.545V 时，硬件保护动作，此时实际电流为 $V_{ref}/R_{21}/16 = 28.4A$。

4. 逆变器及其驱动电路

电动机的最大电流为 28A，考虑 2 倍以上的安全余量，开关管选用电压定额为 75V、电流定额为 70A 的 N 沟道功率 MOSFET 管 STP75NF75。

IR2103 驱动器的输入输出关系见表 2-8。如用 IR2103 的输出端 Ho 和 Lo 分别用于驱动一个桥臂的两个 N 沟道 MOSFET 管 VT$_1$ 和 VT$_4$，当 IR2103 的输入端 HIN 和 $\overline{LIN}$ 同为低电平时，Ho 为低电平，Lo 为高电平，使 VT$_4$ 导通、VT$_1$ 关断，同时，+15V 电源通过 VD6 和 VT$_4$ 给 C_{25} 充电。当 HIN 和 $\overline{LIN}$ 同为高电平时，Ho 输出高电平，Lo 输出高电平，VT$_4$ 关断，C_{25} 的负极电位被抬升，VD6 截止，C_{25} 储存的电能为高端驱动提供电源，使 VT$_1$ 导通。

表 2-8　IR2103 驱动器的输入输出关系

HIN	0	0	1	1
$\overline{LIN}$	0	1	0	1
Ho	0	0	0	1
Lo	1	0	0	0

5. 电源转换与电压采样电路

电动车的电源全部来自车载蓄电池，蓄电池提供的是一个 48V 的直流电压，而在控制电路中，单片机和运算放大器需要 5V 的供电电压，IR2103 驱动器则需要 15V 的电源供电，因此需要进行电压变换。

电压转换电路的核心器件是两个三端稳压器 LM7815 和 LM7805。由于三端稳压器的输入输出压差不能太高，所以使用分压电阻 R_{14} 和晶体管放大电路进行降压。使晶体管 TIP41C 工作于放大状态，它和稳压管 VZ1（20V）一起，将三端稳压器 LM7815 的输入端电压维持在 19V 左右，使 LM7815 工作于较理想的状态，输出稳定的 15V 电压。LM7815 的输出的 15V 电压作为 LM7805 的输入电压，通过 LM7805 转换，得到稳定的 5V 电压。

在电动车控制中还需要实时监控蓄电池电压的大小，防止蓄电池深度放电而降低其使用寿命。对于 48V 的蓄电池，当电池电压低于 45V 时，欠电压保护就需动作。本设计采用软件保护的方法进行保护。

选择合适的分压电阻 R_{16} 和 R_{17}，将检测电压降低到 $0\sim5$V 范围内，通过 R_{18}、C_{12} 组成的阻容滤波电路，将电压检测值送入单片机的 ADC1 口。

取 $R_{16}=47$kΩ、$R_{17}=3.9$kΩ，当蓄电池电压为 45V 时，检测值 $V_{bus}=45\times3.9/(47+3.9)$V = 3.44V；当蓄电池充满时，最大电压约为 61V，此时检测值 $V_{bus}=61\times3.9/(47+3.9)$V = 4.67V。可见最大检测值<5V，合乎要求。

2.9.2 基于 AVR 单片机的电动车用无刷直流电动机控制软件设计

一个控制系统要正常工作，仅有硬件是不够的，还需要软件的配合，软件使硬件电路的功能得到充分的发挥，并实现一些硬件电路所不能实现的功能。

控制软件采用模块化编程方法，主要包括以下几个子程序：主程序、初始化子程序、换相子程序、制动中断服务子程序、事件捕捉中断服务子程序和 ADC 转换结束中断服务子程序。按需要实现的功能分，该软件部分可分为以下几个模块：位置检测模块、换相控制模块、AD 采样模块、双闭环控制模块、制动控制模块、过电流保护模块、欠电压保护模块和定速巡航模块。这些功能模块都是通过中断服务程序来实现的。

1. 主程序

主程序是控制软件的入口，其流程图如图 2-55 所示。程序开始运行时，先对单片机里的硬件进行初始化，初始化完成后单片机才会根据要求来进行工作。当转动手柄的时候，单片机通过 ADC 采样信号获得给定速度，从而进行电动车控制操作，同时根据位置信号的电平给出换相信号。

为了防止中断运行时间过长，把速度环和电流环放到了主程序中运行。将主程序设置为一个无限循环，当中断事件发生的时候，程序会根据中断向量的请求运行中断服务程序。

在主程序中，先要判断位置信号变化标志位，为 1，则表示电动机转动了，位置信号发生了变化，这时把标志位清 0 并将计数器清 0；为 0，则表示电动机没有转动，计数器计数，当计数到达约 2s 的时候认为电动机堵转，看门狗复位。这里的位置信号变化标志位是在换相控制中断服务子程序中置 1 的。当有位置信号电平变化的时候运行该中断服务子程序。

2. 初始化子程序

硬件系统的初始化包括引脚的初始化、定时器/计数器 T/C1 的初始化、定时器/计数器 T/C2 的初始化、ADC 的初始化和看门狗初始化等。

PWM 由 T/C2 产生，由单片机的 PB3 引脚输出，使用相位修正 PWM 模式（WGM02：

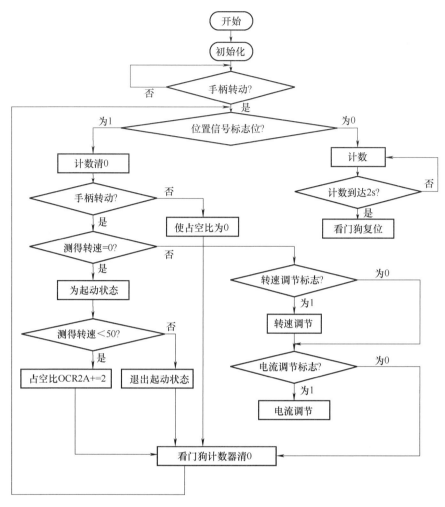

图 2-55 主程序流程图

0 = 1 或 5），该模式为用户提供了一个获得高精度相位修正 PWM 波形的方法。此模式基于双斜坡操作。计时器重复地从 BOTTOM 计到 TOP，然后又从 TOP 倒退回到 BOTTOM。在一般的比较输出模式下，当计时器往 TOP 计数时若发生了 TCNT2 与 OCR2A 的匹配，PB3 将清 0 为低电平；而在计时器往 BOTTOM 计数时若发生了 TCNT2 与 OCR2A 的匹配，PB3 将置位为高电平。工作于反向输出比较时，则正好相反。与单斜坡操作相比，双斜坡操作可获得的最大频率要小。但由于其对称的特性，十分适合于电动机控制。

3. 位置检测模块

位置检测模块是通过 AVR 单片机的输入捕捉单元（ICP）来实现的。AVR 有一个 16 位的定时器/计数器 T/C1，T/C1 的输入捕捉单元可用来捕获外部事件，并为其赋予时间标记以说明此时间的发生时刻。外部事件发生的触发信号由引脚 ICP1 输入，也可通过模拟比较器单元来实现，这里应用的是 ICP1 触发。时间标记可用来计算频率、占空比及信号的其他特征，以及为事件创建日志。我们利用两次捕获信号的间隔来计算电动车的速度。

输入捕捉单元功能框图如图 2-56 所示。当引脚 ICP1 上的逻辑电平（事件）发生了变化，并且这个电平变化为边沿检测器所证实，输入捕捉即被激发：16 位的 TCNT1 数据被复制到输入捕捉寄存器 ICR1，同时输入捕捉标志位 ICF1 置位。如果此时 ICIF1 = 1，输入捕捉标志将产生输入捕捉中断。中断执行时 ICF1 自动清 0，或者也可通过软件在其对应的 I/O 位置写入逻辑"1"清 0。

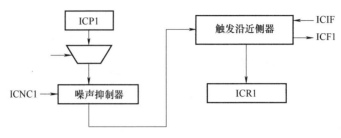

图 2-56　输入捕捉单元功能框图

设置 ICNC1 = 1 将使能噪声抑制器，噪声抑制器通过一个简单的数字滤波方案提高系统抗噪性。它对输入触发信号进行 4 次采样。只有当 4 次采样值相等时，其输出才会送入边沿检测器。使能噪声抑制器后，在输入发生变化到 ICR1 得到更新之间将会有额外的 4 个系统时钟周期的延时。

使用输入捕捉单元的最大问题就是分配足够的处理器资源来处理输入事件。事件的时间间隔是关键。如果处理器在下一次事件出现之前没有读取 ICR1 的数据，ICR1 就会被新值覆盖，从而无法得到正确的捕捉结果。

使用输入捕捉中断时，中断程序应尽可能早地读取 ICR1 寄存器。尽管输入捕捉中断优先级相对较高，但最大中断响应时间与其他正在运行的中断程序所需的时间相关。所以将速度环的控制程序写到主程序中，这样每次处理中断的时间很短，在这个中断服务程序中只要将输入捕捉寄存器 ICR1 中的数据读出并将计数器 TCNT1 清 0 以便计数下次捕捉中断的时刻，这样 ICR1 中的数就代表两次捕捉中断的间隔时间，无须再进行减运算。由于测定速度必须使用最新时刻的值，所以计算速度的程序需要在中断中处理。在该中断中还需要给定一个标志位，这样在主程序中就可依据该标志位适时地进行速度控制。

由于系统频率是 8MHz，如果 T/C1 的时钟源选择不分频，那么每 0.125μs 计数器 TCNT1 加 1，按最快速度值 500r/min 计，每两个捕捉时刻之间 TCNT1 要计算到 160000，而 T/C1 为 16 位计数器，所以 TCNT1 每次计算到 65535，便从 0 开始重新计数，在下次捕捉中断前计数器都要转好几圈，不利于计算电动机速度；如果将 T/C1 设置为 256 分频，那么每 32μs 计数器 TCNT1 加 1，计数器计到 65535 时电动机的转速为 4.76 r/min，而电动车驱动电动机的转速不可能这么低，这样在 ICP 中断的时候直接将 TCNT1 清 0，以后每次只使用 ICR1 中的值计算速度，而无须再存储上一次捕捉时刻，也省略了两次捕捉时间间隔的计算。电动机的转速的计算式为

$$n = \frac{8 \times 10^6 \times 60}{ICR1 \times 256 \times 6p}(\text{r/min}) = \frac{312500}{ICR1 \times p}(\text{r/min})$$

4. 换相控制模块

ATmega48 单片机有引脚电平变化中断功能，即引脚上的任何电平变化都会引起中断。本系统使用的电动机是三相，有 3 个位置信号，将它们接在具有此功能的 I/O 引脚上，并将其设置为引脚电平变化中断的功能模式。这样，只要电动机转动，一相位置信号发生变化，系统就会触发中断，该服务中断程序根据位置信号电平的值给各相对应的功率 MOSFET 导

通信号。电动机的换相逻辑见表2-9。

表 2-9 电动机的换相逻辑

H_1、H_2、H_3	PD7~PD0	导通 MOSFET
001	1011xx00	VT_3、VT_4
010	0010xx11	VT_1、VT_2
011	0011xx10	VT_3、VT_2
100	1100xx10	VT_5、VT_6
101	1110xx00	VT_5、VT_4
110	1000xx11	VT_1、VT_6

5. 双闭环调节模块

对于无刷直流电动机调速控制系统，转速调节器是整个系统的外环，它使电动机转速随给定转速变化，静态无误差，并且其输出限幅为允许的最大限幅，对负载的变化起抗干扰作用。在数字控制中，转速的给定值由微机的 A/D 转换单元得到或由 I/O 口输入。速度反馈信号与给定的速度信号相减得到速度误差 e_k，由于无刷直流电动动机具有较好的动态性能，一般只需要通过 PI 算法得到新的电流参考值：

$$i_k^* = i_{k-1}^* + K_{PS}(e_k - e_{k-1}) + K_{IS} T e_k \qquad (2-83)$$

式中，K_{PS} 为转速环比例系数；K_{IS} 为转速环积分系数。

要想获得良好的动态性能，必须适当地选择比例系数 K_{PS}、积分系数 K_{IS} 和采样周期 T 三个参数的值。速度采样周期 T 可以根据实际需要改变。

电流调节器使电流在速度调节中跟随给定转速变化，起动时获得最大的允许电流，过载时限制电枢电流最大值，同时对电网电压波动起抗干扰作用。其实整个电流调整过程也就是PWM 输出信号的变化过程。通过调整 PWM 信号的占空比就可以调整电流的平均值。PWM波的占空比 D 由参考电流与检测电流之间的误差 i_{err} 决定，通常采用 PI 调节器实现：

$$D_k = D_{k-1} + K_{PC}(i_{errk} - i_{errk-1}) + K_{IC} T i_{errk} \qquad (2-84)$$

式中，D_k 为第 k 个采样时刻的 PWM 波占空比；D_{k-1} 为第 $k-1$ 个采样时刻的 PWM 波占空比；i_{errk} 为第 k 个采样时刻的电流误差；i_{errk-1} 为第 $k-1$ 个采样时刻的电流误差；K_{PC} 为电流环比例系数；K_{IC} 为电流环积分系数。

注意，电流环与转速环的传递函数是不同的，因此式（2-90）的比例系数、积分系数以及采样周期 T 的值与式（2-89）中的值是不同的。

6. AD 采样模块

ATmega48 单片机有一个 10 位逐次逼近型 ADC。ADC 与一个 6 通道的模拟多路复用器连接，能对来自 PortA 端口的 6 路单端输入电压进行采样。它有以下几个特点：

1）10 位精度。

2）±2LSB 的绝对精度。

3）65~260μs 的转换时间。

4）6 路复用的单端输入通道。

5）0~V_{cc}的 ADC 输入电压范围。

6）连续转换或单次转换模式。

7）ADC 转换结束中断。

8）基于睡眠模式的噪声抑制器。

ADC 由 AVCC 引脚单独提供电源。ADC 包括一个采样保持电路，以确保在转换过程中输入到 ADC 的电压保持恒定。

在本系统中有 3 个量需要 AD 采样：电流、电源电压、手柄电压。每次 A/D 转换结束触发中断，通过写 ADMUX 寄存器的 MUX 位来选择模拟输入通道。

在调节速度过程中，电流调节必须及时、迅速，因此每当有了新的电流采样值，电流环就进行调节，这样其采样频率必须要高，而手柄电压和电源电压的采样频率要求比较低。所以在程序设计时对其采样通道的选择很重要，本模块的设计是：先采样手柄电压，给系统一个给定速度值，然后进行电流采样，电流采样满 500 次后再采样手柄电压值，之后接着采样电流，500 次后采样手柄电压，如此循环，当手柄电压采样次数到达 20 次的时候采样一次电源电压值，所有计数器清 0，重新开始采样电流。这样大约每 0.05s 采样一次手柄电压，每 1s 采样一次电源电压，具体流程图如图 2-57 所示。

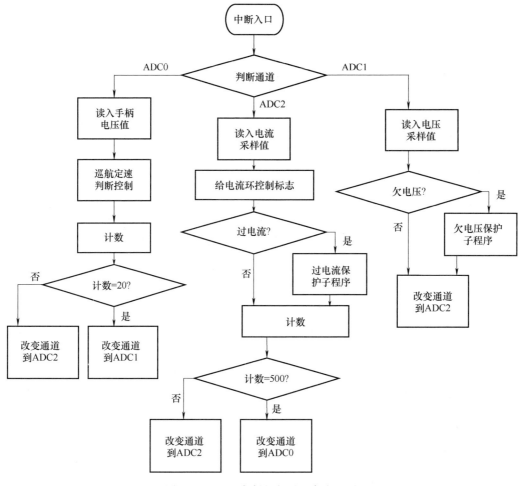

图 2-57　ADC 中断服务子程序流程图

7. 制动控制模块

电动车都有制动断电功能，即夹紧刹把的同时也关断电动机的供电电源。但电动车的车速最高可达 20km/h，这是个比较高的速度，仅靠机械制动不够安全，而且噪声很大，因此，还必须有电子制动功能。

对于星形联结的三相无刷直流电动机来说，若让逆变桥上桥开关管全部导通而下桥功率管全部关闭，则可起到能耗制动的作用。利用这个原理，在接到制动信号以后，只要将寄存器 PortD 的 PD7、PD6、PD5、PD4、PD1、PD0 全部置 1，就可以实现电子制动。

8. 过电流保护模块

为了避免过大的电流损坏电动机和控制器，电动车控制器都设计了过电流保护模块，即一旦电流超过一定值，就立即关断 PWM，使电动机停止工作。本设计中采用的是两级软件过电流保护：当电流超过 25A 时，允许电动车行驶一段时间（如 5min），如超过规定时间，电流仍然大于 25A，则保护动作，关闭 PWM；如电流达到 28A，立即关闭 PWM。同时，控制器还设计了硬件了过电流保护电路，所以控制器采用的是软硬结合的双重过电流保护。

过电流保护子程序流程图如图 2-58 所示。过电流保护模块插入在 ADC 中断模块中，每次采样完电流后判断是否过电流，如过电流则运行过电流保护程序，否则继续下一次采样。

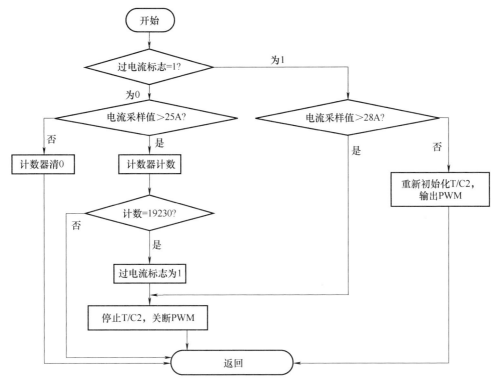

图 2-58　过电流保护子程序流程图

9. 欠电压保护模块

现有的电动车一般都有欠电压保护，当蓄电池电压降至额定值的 90% 左右时，电池停止供电，从而防止蓄电池过度放电。对于 48V 的蓄电池，当电池降到 42V 时视为欠电压。但这种欠电压保护存在的问题是，电池电压降到保护值时，供电停止了，但稍过一会儿，电池电压会自己恢复一些，于是又开始供电，造成反复地停电、供电，形成所谓的"欠电压振荡"，给蓄电池造成损伤。利用软件可实现更灵活的电压保护，如果出现连续 3 次电压检测都是欠电压的情况，软件才确认蓄电池为欠电压状态，欠电压保护动作，停止 T/C1、T/C2和引脚电平变化中断，只保留 ADC。一旦欠电压保护动作后，电压必须恢复到 45V 以上才能解除故障状态，这样可消除"欠电压振荡"现象。

软件欠电压保护模块和过电流保护模块一样是插入在 ADC 中断子程序中的，在每次采样完电源电压后判断、运行的。其流程图如图 2-59 所示。

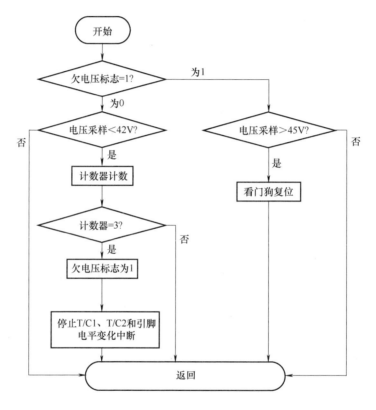

图 2-59 欠电压保护子程序流程图

10. 定速巡航模块

电动车在行驶过程中，在比较平稳的地段如果想保持一个速度前进就必须一直拧动手柄在同一个位置。如果加上定速巡航模块，就不需要那么费力地由人工操作来实现了，只需要行驶者保持手柄在固定位置上达 6s，就可以实现定速行驶。

在电动车的行驶过程中，手柄不可能在完全相同的位置上保持不变，所以在判断是否定速的过程中，应判断手柄电压数字量与上一次的差值的绝对值是否在 10 以内，如果是，计数器计数，当计数到 120 时，约为 6s，则进入定速状态，在此过程中如出现手柄电压与上一次的差值得绝对值在 10 以外，则计数器清 0，系统按新采得的值进行调速。

通过图 2-60 可将电动车设为巡航定速状态，当手柄返回初始位置之后再次拧动或制动的时候可以退出定速巡航状态。流程图中的计数到 30，根据每次 A/D 转换的时间和 AVR 单片机的频率计算大约为 6s。

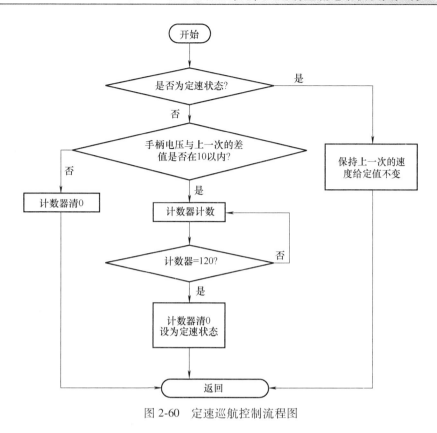

图 2-60　定速巡航控制流程图

练习与思考

1. 试比较无刷直流电动机与普通永磁直流电动机。

2. 位置传感器在无刷直流电动机中起什么作用？如果电动机转子是多极时，如何设计位置传感器结构？

3. 试分析利用位置传感器进行反转控制的原理。

4. 比较三相星形联结二二导通方式与三相三角形联结三三导通方式有何不同。

5. 比较三相星形联结三三导通方式与三相三角形联结二二导通方式有何不同。

6. 分析图 2-54 所示电路采用三三导通方式时位置传感器与电动机本体的相对位置。

7. 分析图 2-54 所示电路采用三三导通方式时的控制逻辑。

8. 针对图 2-54 所示单片机控制电路，试编写无位置传感器控制程序。

9. 图 2-54 中的电压转换电路效率较低，试设计一个基于 DC-DC 控制的转换电路。

技 能 扩 展

1. MATLAB 是国际通用的一种工程分析工具，试用 MATLAB 建立 2.9 节中无刷直流电动机系统的数学模型，并进行动态仿真。

2. 用电路分析的方法，对比 on_PWM 和 PWM_on 两种 PWM 控制方式对无刷直流电动机的换相转矩脉动和对反电动势过零检测准确性的影响。

3. 试设计一个基于 16 位/32 位微控制器的有位置传感器无刷直流电动机控制系统，画出完整的电路原理图和 PCB 图，并编写控制程序。

4. 试设计一个基于 16 位/32 位微控制器的无位置传感器无刷直流电动机控制系统，画出完整的电路原理图和 PCB 图，并编写控制程序。

5. 试设计一个基于专用集成电路和单片机相结合的无刷直流电动机控制系统。

第 3 章

永磁同步电机及其控制

3.1 永磁同步电机的数学模型

3.1.1 永磁同步电机的基本结构

永磁同步电机主要由定子和转子两大部分构成。其中，定子主要包括电枢铁心和三相对称的电枢绕组，转子主要包括转子铁心和永磁体等。

为了获得正弦波电动势，永磁同步电机的定子绕组一般为短距分布绕组，有时也采用分数槽绕组。

永磁同步电机的转子可采用图 1-31 中任意一种结构，与无刷直流电机不同，为获得正弦分布气隙磁场，永磁同步电机转子的极弧系数一般在 0.6~0.8 之间，且为了改善气隙磁场分布，还可采用不等气隙磁极结构，如图 3-1 所示。

根据转子结构的不同，永磁同步电机可分为两大类：表贴式磁极结构和内置式磁极结构。表贴式磁极结构的直、交轴磁路的磁阻相等，故表贴式永磁同步电机不产生磁阻转矩，而内置式永磁同步电机的转矩中则含有磁阻转矩分量。

内置式永磁同步电机的直轴（d 轴）的有效气隙大于交轴（q 轴）的有效气隙，且 $L_d < L_q$，电机具有明显的凸极效应。应当注意，在电励磁凸极同步电动机中 $L_d > L_q$。磁阻转矩的存在，有助于提高电机的过载

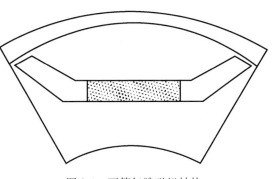

图 3-1 不等气隙磁极结构

能力和功率密度。此外，与表贴式结构相比，内置式永磁同步电机的有效气隙小，电枢反应作用强，易于实现弱磁运行，扩大调速范围。

为了充分利用电机的磁阻转矩，可采用图 1-31h 所示的多层磁障式结构。如果磁阻转矩占电机总转矩的 60% 以上，永磁同步电机就变为永磁辅助同步磁阻电机。永磁辅助同步磁阻电机的永磁材料可以采用廉价的铁氧体，也可以采用稀土永磁。使用铁氧体时，永磁材料需填满整个磁障；使用稀土永磁时，只需在磁障中插入少量永磁体。

3.1.2　永磁同步电机在 *ABC* 坐标系下的数学模型

为建立永磁同步电机的数学模型，做出如下的假设：

1）忽略铁心损耗和磁路饱和。

2）忽略永磁体的阻尼作用。

3）定子三相绕组在空间对称分布，气隙磁场为正弦分布。

4）忽略高次谐波的影响，定子绕组的感应电动势按照正弦规律变化。

基于以上假设，电机在相坐标系即在 *A*、*B*、*C* 三相坐标系下的数学模型如图 3-2 所示。

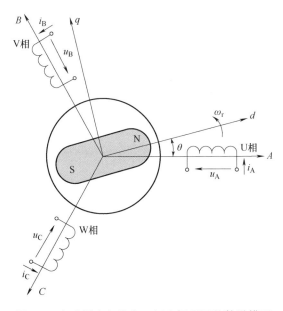

图 3-2　永磁同步电机在三相坐标系下的数学模型

定子绕组的电压方程为

$$\begin{cases} u_A = R_1 i_A + \dfrac{\mathrm{d}\psi_A}{\mathrm{d}t} \\[2mm] u_B = R_1 i_B + \dfrac{\mathrm{d}\psi_B}{\mathrm{d}t} \\[2mm] u_C = R_1 i_C + \dfrac{\mathrm{d}\psi_C}{\mathrm{d}t} \end{cases} \tag{3-1}$$

式中，u_A、u_B、u_C 分别为定子绕组三相电压的瞬时值；i_A、i_B、i_C 分别为三相电流的瞬时值；ψ_A、ψ_B、ψ_C 分别为三相绕组的磁链；R_1 为定子绕组的相电阻。

磁链方程为

$$\begin{cases} \psi_A = L_A i_A + M_{AB} i_B + M_{AC} i_C + \psi_f \cos\theta \\[2mm] \psi_B = L_B i_B + M_{BA} i_A + M_{BC} i_C + \psi_f \cos\left(\theta - \dfrac{2\pi}{3}\right) \\[2mm] \psi_C = L_C i_C + M_{CA} i_A + M_{CB} i_B + \psi_f \cos\left(\theta + \dfrac{2\pi}{3}\right) \end{cases} \tag{3-2}$$

式中，L_A、L_B、L_C 分别为电机定子绕组的自感；$M_{AB}=M_{BA}$、$M_{BC}=M_{CB}$、$M_{AC}=M_{CA}$ 为三相绕组间的互感；ψ_f 为永磁体产生的磁链；θ 为转子磁极轴线（直轴，即 d 轴）超前 A 轴的电角度。

定子绕组的自感和互感都是转子位置角 θ 的函数，为

$$\begin{cases} L_A = L_{S0}+L_{S2}\cos2\theta \\ L_B = L_{S0}+L_{S2}\cos2(\theta-2\pi/3) \\ L_C = L_{S0}+L_{S2}\cos2(\theta-4\pi/3) \\ M_{AB}=M_{BA}=-M_{S0}-M_{S2}\cos2(\theta+\pi/6) \\ M_{BC}=M_{CB}=-M_{S0}-M_{S2}\cos2(\theta-\pi/2) \\ M_{CA}=M_{AC}=-M_{S0}-M_{S2}\cos2(\theta+5\pi/6) \end{cases} \tag{3-3}$$

对于理想电机，$L_{S2}=M_{S2}$，对互感进行变换可得

$$\begin{cases} M_{AB}=M_{BA}=-M_{S0}-L_{S2}\cos2(\theta-4\pi/3) \\ M_{BC}=M_{CB}=-M_{S0}-L_{S2}\cos2\theta \\ M_{CA}=M_{AC}=-M_{S0}-L_{S2}\cos2(\theta-2\pi/3) \end{cases} \tag{3-4}$$

可将磁链方程写为矩阵形式如下：

$$\begin{bmatrix} \psi_A \\ \psi_B \\ \psi_C \end{bmatrix} = \boldsymbol{L}_{ABC}\begin{bmatrix} i_A \\ i_B \\ i_C \end{bmatrix} + \begin{bmatrix} \psi_f\cos\theta \\ \psi_f\cos(\theta-2\pi/3) \\ \psi_f\cos(\theta+2\pi/3) \end{bmatrix} \tag{3-5}$$

其中，永磁同步电机的电感矩阵为

$$\boldsymbol{L}_{ABC} = \begin{bmatrix} L_{S0} & -M_{S0} & -M_{S0} \\ -M_{S0} & L_{S0} & -M_{S0} \\ -M_{S0} & -M_{S0} & L_{S0} \end{bmatrix} + \begin{bmatrix} L_{S2}\cos2\theta & L_{S2}\cos2(\theta-4\pi/3) & L_{S2}\cos2(\theta-2\pi/3) \\ L_{S2}\cos2(\theta-4\pi/3) & L_{S2}\cos2(\theta-2\pi/3) & L_{S2}\cos2\theta \\ L_{S2}\cos2(\theta-2\pi/3) & L_{S2}\cos2\theta & L_{S2}\cos2(\theta-4\pi/3) \end{bmatrix} \tag{3-6}$$

由以上公式可见，永磁同步电机在 ABC 坐标系下是一个时变的非线性系统，利用此模型对电机进行分析和控制是非常困难的，需要寻求其他简单有效的等效模型来解决这一问题。

3.1.3 电机控制中常用的坐标系及其坐标变换

1. 三种常用的坐标系

在矢量控制中，电机的电压、电流、电动势、磁链等物理量均可用空间矢量来描述，并常在不同的坐标系中进行变换和计算。如图 3-3 所示，电机控制中的常用的坐标系有 ABC 坐标系、$\alpha\beta$ 两相静止坐标系和 dq 旋转坐标系三种。

1）ABC 坐标系。交流电机的三相绕组轴线 A、B、C 在空间彼此互差 120°电角度，构成了一个三相静止坐标系。

2）$\alpha\beta$ 两相静止坐标系。两相对称绕组通以两相对称电流也能产生圆形旋转磁场。对于任一空间矢量，数学描述时习惯采用两相直角坐标系来描述，所以定义一个两相静止坐标系，即 $\alpha\beta$ 坐标系，它的 α 轴和三相定子坐标系的 A 轴重合，β 轴逆时针超前 α 轴 90°。α 轴固定在定子 U 相绕组轴线（A 轴）上，$\alpha\beta$ 坐标系也是静止坐标系。

3）dq 旋转坐标系。d 轴位于转子磁极轴线上，q 轴逆时针超前 d 轴 90°电角度，该坐标

系和转子一起在空间上以电角速度 ω_r 旋转，故称为同步旋转坐标系。θ 为 d 轴与 A 轴的夹角，称为转子位置角。

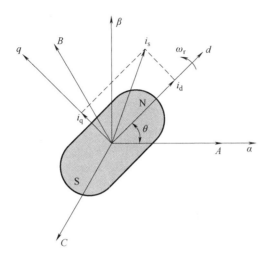

图 3-3　三种坐标系的关系

2. ABC 坐标系与 dq 坐标系的变换

将永磁同步电机在 ABC 坐标系中的电压、电流、电感、磁链等物理量，变换到 dq 旋转坐标系，可将它们转化为用 dq 轴分量表示的非时变量，实现电机数学模型的解耦。

保持各物理量的幅值不变，将其从 ABC 坐标系变换到 dq 坐标系的变换矩阵 $\boldsymbol{C}_{3s/2r}$ 和逆矩阵 $\boldsymbol{C}_{3s/2r}^{-1}$ 分别为

$$\boldsymbol{C}_{3s/2r}=\frac{2}{3}\begin{bmatrix} \cos\theta & \cos(\theta-2\pi/3) & \cos(\theta+2\pi/3) \\ -\sin\theta & -\sin(\theta-2\pi/3) & -\sin(\theta+2\pi/3) \\ 1 & 1 & 1 \end{bmatrix} \tag{3-7}$$

$$\boldsymbol{C}_{3s/2r}^{-1}=\begin{bmatrix} \cos\theta & -\sin\theta & 1 \\ \cos(\theta-2\pi/3) & -\sin(\theta-2\pi/3) & 1 \\ \cos(\theta+2\pi/3) & -\sin(\theta+2\pi/3) & 1 \end{bmatrix} \tag{3-8}$$

采用这种变换矩阵使变换前后物理量的幅值保持不变，故称为恒相幅值变换，它是一种"非恒功率变换"。**实现"恒功率变换"的条件是变换矩阵的逆等于变换矩阵的转置**，因为此时 $\boldsymbol{C}_{3s/2r}^{-1}\neq\boldsymbol{C}_{3s/2r}^{\mathrm{T}}$，所以恒相幅值变换属于"非功率恒定变换"。

下面以磁链和电感的变换为例，来说明这种变换的特点。

$$\begin{bmatrix} \psi_d \\ \psi_q \\ \psi_0 \end{bmatrix}=\boldsymbol{C}_{3s/2r}\begin{bmatrix} \psi_A \\ \psi_B \\ \psi_C \end{bmatrix}=\boldsymbol{C}_{3s/2r}\boldsymbol{L}_{ABC}\begin{bmatrix} i_A \\ i_B \\ i_C \end{bmatrix}+\boldsymbol{C}_{3s/2r}\begin{bmatrix} \psi_f\cos\theta \\ \psi_f\cos\left(\theta-\dfrac{2}{3}\pi\right) \\ \psi_f\cos\left(\theta+\dfrac{2}{3}\pi\right) \end{bmatrix}$$

$$=\boldsymbol{C}_{3s/2r}\boldsymbol{L}_{ABC}\boldsymbol{C}_{3s/2r}^{-1}\begin{bmatrix} i_d \\ i_q \\ i_0 \end{bmatrix}+\begin{bmatrix} \psi_f \\ 0 \\ 0 \end{bmatrix}=\boldsymbol{L}_{dq}\begin{bmatrix} i_d \\ i_q \\ i_0 \end{bmatrix}+\begin{bmatrix} \psi_f \\ 0 \\ 0 \end{bmatrix} \tag{3-9}$$

式中，变换到 dq 坐标系后永磁同步电机的电感矩阵为

$$L_{dq} = \begin{bmatrix} L_{S0} - M_{S0} + \dfrac{3}{2}L_{S2} & 0 & 0 \\[4mm] 0 & L_{S0} - M_{S0} - \dfrac{3}{2}L_{S2} & 0 \\[4mm] 0 & 0 & L_{S0} + 2M_{S0} \end{bmatrix} \qquad (3\text{-}10)$$

可见，**变换后电感矩阵中只有对角线元素，且均为恒定值，定子侧正弦交变的物理量变换到 dq 坐标系后，成为非时变量。**

将永磁同步电机的各物理量从 ABC 坐标系变换到 dq 坐标系，实际上是将静止的三相对称绕组变换为以同步转速旋转的两相对称绕组，在 $dq0$ 坐标系中，定、转子所有的自感、互感都成为固定的常数，不再与 θ 角有关；而且 d 轴绕组和 q 轴绕组间的互感都变为 0，dq 轴因为相互垂直而解耦。零轴则是一个孤立系统，零轴电流（零序电流）不产生气隙磁场，而仅有漏磁，零轴绕组与 dq 轴绕组之间也没有互感。由于电机绕组的中性点一般不接地，零序电流等于零。这样就可以用 d、q 两个同步旋转的绕组取代原先的三相静止绕组。

对各物理量进行 ABC 坐标系和 dq 坐标系变换时，还可以采用恒功率变换，此时变换矩阵和变换的逆矩阵分别为

$$C_{3s/2r} = \sqrt{\dfrac{2}{3}} \begin{bmatrix} \cos\theta & \cos(\theta - 2\pi/3) & \cos(\theta + 2\pi/3) \\[2mm] -\sin\theta & -\sin(\theta - 2\pi/3) & -\sin(\theta + 2\pi/3) \\[2mm] \sqrt{1/2} & \sqrt{1/2} & \sqrt{1/2} \end{bmatrix} \qquad (3\text{-}11)$$

$$C_{3s/2r}^{-1} = \sqrt{\dfrac{2}{3}} \begin{bmatrix} \cos\theta & -\sin\theta & \sqrt{1/2} \\[2mm] \cos(\theta - 2\pi/3) & -\sin(\theta - 2\pi/3) & \sqrt{1/2} \\[2mm] \cos(\theta + 2\pi/3) & -\sin(\theta + 2\pi/3) & \sqrt{1/2} \end{bmatrix} \qquad (3\text{-}12)$$

可以证明，**将永磁同步电机从 ABC 坐标系变换到 dq 坐标系，无论是采用恒相幅值变换，还是采用恒功率变换，变换后的电压方程、磁链方程和电感矩阵均相同**，只不过变换后的物理量与原 ABC 坐标系中物理量的关系有所不同。

恒功率变换后，dq 坐标系中电流、电压、电动势等矢量的大小是 ABC 坐标系中对应物理量的有效值的 $\sqrt{3}$ 倍；而恒相幅值变换后，dq 坐标系中各矢量的大小是 ABC 坐标系中对应物理量有效值的 $\sqrt{2}$ 倍。

为了简便起见，以后本书采用恒相幅值变换进行分析。

3. Park 变换和 Clark 变换

将永磁同步电机从 ABC 坐标系变换到 $\alpha\beta$ 坐标系，实际上就是把三相静止绕组变换为两相静止绕组，这种变换叫作 Clark 变换，其恒相幅值变换的变换矩阵为

$$C_{3s/2s} = \dfrac{2}{3} \begin{bmatrix} 1 & -\dfrac{1}{2} & -\dfrac{1}{2} \\[3mm] 0 & \dfrac{\sqrt{3}}{2} & -\dfrac{\sqrt{3}}{2} \\[3mm] \dfrac{1}{2} & \dfrac{1}{2} & \dfrac{1}{2} \end{bmatrix} \qquad (3\text{-}13)$$

Clark 变换的逆变换习惯上称为 iClark 变换，其变换矩阵为

$$C_{3s/2s}^{-1} = \begin{bmatrix} 1 & 0 & 1 \\ -\dfrac{1}{2} & \dfrac{\sqrt{3}}{2} & 1 \\ \dfrac{1}{2} & -\dfrac{\sqrt{3}}{2} & 1 \end{bmatrix} \tag{3-14}$$

Park 变换将永磁同步电机从两相静止坐标系（$\alpha\beta$ 坐标系）变换到两相同步旋转坐标系（dq 坐标系），其变换矩阵为

$$C_{2s/2r} = \begin{bmatrix} \cos\theta & \sin\theta \\ -\sin\theta & \cos\theta \end{bmatrix} \tag{3-15}$$

Park 变换的逆变换称为 iPark 变换，其变换矩阵为

$$C_{2s/2r}^{-1} = \begin{bmatrix} \cos\theta & -\sin\theta \\ \sin\theta & \cos\theta \end{bmatrix} \tag{3-16}$$

3.1.4 永磁同步电机在 dq 坐标系中的数学模型

用以同步转速旋转的两相对称绕组代替静止的三相对称绕组，得到永磁同步电机在 dq 坐标系下的数学模型，其磁链方程为

$$\begin{bmatrix} \psi_d \\ \psi_q \end{bmatrix} = \begin{bmatrix} L_d & 0 \\ 0 & L_q \end{bmatrix} \begin{bmatrix} i_d \\ i_q \end{bmatrix} + \begin{bmatrix} \psi_f \\ 0 \end{bmatrix} \tag{3-17}$$

式中，ψ_d 和 ψ_q 分别为永磁同步电机 d 轴和 q 轴等效绕组的磁链；L_d 和 L_q 分别为永磁同步电机的 d 轴和 q 轴同步电感，其中，$L_d = L_{S0} - M_{S0} + \dfrac{3}{2}L_{S2}$，$L_q = L_{S0} - M_{S0} - \dfrac{3}{2}L_{S2}$。需要指出的是，此处的 L_d 和 L_q 也就是电机学中同步电机的直轴同步电感和交轴同步电感，分别等于直、交轴电枢反应电感 L_{ad} 和 L_{aq} 与漏电感 L_σ 之和，即：$L_d = L_\sigma + L_{ad}$，$L_q = L_\sigma + L_{aq}$。

其电压方程为

$$\begin{bmatrix} u_d \\ u_q \end{bmatrix} = \begin{bmatrix} R_1 & -L_q\omega_r \\ L_d\omega_r & R_1 \end{bmatrix} \begin{bmatrix} i_d \\ i_q \end{bmatrix} + \begin{bmatrix} L_d & 0 \\ 0 & L_q \end{bmatrix} \frac{d}{dt}\begin{bmatrix} i_d \\ i_q \end{bmatrix} + \begin{bmatrix} 0 \\ \omega_r\psi_f \end{bmatrix} \tag{3-18}$$

电磁转矩为

$$T_e = \frac{3}{2}p(\psi_d i_q - \psi_q i_d) = \frac{3}{2}p\left[\psi_f i_q + (L_d - L_q) i_d i_q\right] \tag{3-19}$$

式中，T_e 为电磁转矩；p 为电机的磁极对数。注意，采用恒功率变换时，转矩公式中没有系数 $\dfrac{3}{2}$。式（3-19）中，前半部分是电机的定子电流与永磁体磁场相互作用而产生的电磁转矩，后半部分是由于电机的凸极效应而产生的磁阻转矩。

对于表贴式永磁同步电机，由于其交、直轴电感相等，即 $L_d = L_q$，其电磁转矩中没有磁阻分量，计算公式简化为

$$T_e = \frac{3}{2}p\psi_f i_q \tag{3-20}$$

永磁同步电机的运动方程为

$$T_e = T_L + \frac{J}{p}\frac{d\omega_r}{dt} \tag{3-21}$$

115

3.1.5 永磁同步电机在 $\alpha\beta$ 坐标系中的数学模型

$\alpha\beta$ 坐标系是一种静止的坐标系，在这个坐标系下，很多参数是可以直接测量的。因此，在研究电机的控制策略时，往往采用这种坐标系。永磁同步电机在 $\alpha\beta$ 坐标系中的磁链方程为

$$\begin{cases} \psi_\alpha = L_\alpha i_\alpha + L_{\alpha\beta} i_\beta + \psi_f \sin\theta \\ \psi_\beta = L_{\alpha\beta} i_\alpha + L_\beta i_\beta + \psi_f \cos\theta \end{cases} \tag{3-22}$$

其电感为

$$L_\alpha = \frac{L_d + L_q}{2} + \frac{L_d - L_q}{2}\cos 2\theta = L_1 + L_2\cos 2\theta$$

$$L_\beta = \frac{L_d + L_q}{2} - \frac{L_d - L_q}{2}\cos 2\theta = L_1 - L_2\cos 2\theta \tag{3-23}$$

$$L_{\alpha\beta} = L_{\beta\alpha} = \frac{L_d - L_q}{2}\cos 2\theta = L_2\sin 2\theta$$

$$\begin{bmatrix} u_\alpha \\ u_\beta \end{bmatrix} = R_1 \begin{bmatrix} i_\alpha \\ i_\beta \end{bmatrix} + \begin{bmatrix} L_1 + L_2\cos 2\theta & L_2\sin 2\theta \\ L_2\sin 2\theta & L_1 - L_2\cos 2\theta \end{bmatrix} \frac{\mathrm{d}}{\mathrm{d}t}\begin{bmatrix} i_\alpha \\ i_\beta \end{bmatrix} +$$

$$2\omega_r L_2 \begin{bmatrix} -\sin 2\theta & \cos 2\theta \\ \cos 2\theta & \sin 2\theta \end{bmatrix}\begin{bmatrix} i_\alpha \\ i_\beta \end{bmatrix} + \omega_r \psi_f \begin{bmatrix} -\sin\theta \\ \cos\theta \end{bmatrix} \tag{3-24}$$

其采用恒功率变换时的电磁转矩公式为

$$T_e = \psi_\alpha i_\beta - \psi_\beta i_\alpha \tag{3-25}$$

可见，在两相静止坐标系中，永磁同步电机的模型并未得到简化。对于内置式永磁同步电机，由于凸极效应的存在，其直、交轴电感并不相等，变换后的方程仍然是非线性方程组。因此，在分析内置式电机时，一般也不采用这种模型。

3.2 永磁同步电机的矢量控制

3.2.1 矢量控制的原理

矢量控制的基本思想是在普通的三相交流电动机上设法模拟直流电动机转矩控制的规律，将电流矢量分解成产生磁通的励磁电流分量和产生转矩的转矩电流分量，并使两分量互相垂直，彼此独立，然后分别进行调节。在转子磁场定向的 dq 坐标系中，对永磁同步电机转矩的控制，最终可归结为对直轴电流和交轴电流的控制。对于给定的电磁转矩，有多个直、交轴电流的控制组合，不同的组合将影响系统的效率、功率因数、电机的端电压、响应速度和控制精度，由此形成了不同的控制策略。

将永磁同步电机的电流、电压和磁链均表示成矢量形式，为

$$\begin{cases} \boldsymbol{i}_s = i_d + \mathrm{j}i_q \\ \boldsymbol{u}_s = u_d + \mathrm{j}u_q \\ \boldsymbol{\psi}_s = \psi_d + \mathrm{j}\psi_q \end{cases} \tag{3-26}$$

矢量形式的电机电压方程和电磁转矩分别为

$$\boldsymbol{u}_s = R_1\boldsymbol{i}_s + \frac{\mathrm{d}\boldsymbol{\psi}_s}{\mathrm{d}t} + \mathrm{j}\omega_r\boldsymbol{\psi}_s \qquad (3\text{-}27)$$

$$T_e = \frac{3}{2}p\boldsymbol{\psi}_s \times \boldsymbol{i}_s \qquad (3\text{-}28)$$

永磁同步电机的矢量图如图3-4所示。其中，δ、β、φ分别为电机的功率角、内功率因数角和功率因数角。由矢量图可见，定子电压矢量的d、q分量为

$$\begin{cases} u_d = R_1 i_d - \omega_r L_q i_q \\ u_q = R_1 i_q + \omega_r L_q i_q + \omega_r \psi_f = R_1 i_q + \omega_r L_d i_d + e_0 \end{cases} \qquad (3\text{-}29)$$

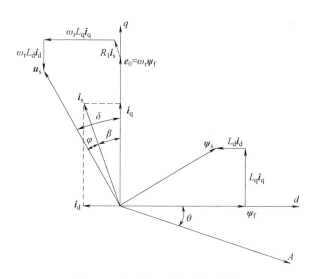

图3-4 永磁同步电机的矢量图

定子电流矢量的d、q分量为

$$\begin{cases} i_d = -i_s \sin\beta \\ i_q = i_s \cos\beta \end{cases} \qquad (3\text{-}30)$$

在矢量控制系统中，逆变器提供的电流和电压都是有限的，因此，电机的电流矢量和电压矢量的幅值应满足以下约束条件：

$$\begin{cases} i_s \leqslant I_{smax} \\ u_s \leqslant U_{smax} \end{cases} \qquad (3\text{-}31)$$

式中，I_{smax}为最大允许的电流矢量幅值；U_{smax}为最大允许的电压矢量幅值。

对电压矢量，有

$$u_s^2 = u_d^2 + u_q^2 \leqslant U_{smax}^2 \qquad (3\text{-}32)$$

忽略定子电阻压降，并将式（3-29）代入式（3-32），可得

$$\frac{(i_d + i_f')^2}{(U_{smax}/\omega_r L_d)^2} + \frac{i_q^2}{(U_{smax}/\omega_r L_q)^2} \leqslant 1 \qquad (3\text{-}33)$$

式中，i_f'是一个虚拟励磁电流，$i_f' = \dfrac{\psi_f}{L_d}$，它与永磁体的等效励磁电流$i_f = \dfrac{\psi_f}{L_{ad}}$接近。

可见，满足电压约束时，电流矢量的轨迹落在一个以$(-i_f', 0)$为圆心的椭圆内，这个椭

117

圆称为电压极限椭圆。对于表贴式电机，$L_d = L_q$，电压极限椭圆变成圆。电压极限圆表示控制系统中逆变器的电压约束，即在逆变器提供最大电压的条件下，定子电流矢量不能超出个椭圆的范围。从方程中可以看出，电压极限椭圆的两轴长度与角速度 ω_r 成反比，即随着速度的增大，形成了逐渐变小的一簇椭圆。

电流极限圆与电压极限椭圆相对应，表示逆变器的电流约束，其方程为

$$i_s^2 = i_d^2 + i_q^2 \leq I_{smax}^2 \tag{3-34}$$

从式(3-34)可以看出，定子电流是以圆点为圆心，半径为 I_{smax} 的圆轨迹，这也是空间矢量调制的理论依据之一。电机正常运行时，定子电流矢量既不能超出电压极限椭圆，也不能超出电流极限圆，而是落在而二者的交集之内，如图 3-5 所示。

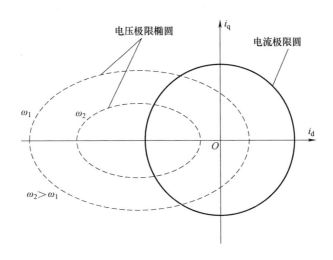

图 3-5　电流极限圆和电压极限椭圆

3.2.2　$i_d = 0$ 控制

在矢量控制系统中，只要检测到转子磁极的位置(d 轴)，使电流矢量始终位于 q 轴上，即可实现 $i_d = 0$ 控制。

此时，电枢电流中不含直轴分量，即 $i_s = i_q$，其定子磁动势矢量与永磁体磁动势矢量正交，电磁转矩计算公式见式(3-35)。由于 ψ_f 恒定，电磁转矩与定子电流的幅值成正比，控制定子电流的幅值就能很好地控制电磁转矩，和直流电机转矩控制相似。

$$T_e = \frac{3}{2} p \psi_f i_s \tag{3-35}$$

$i_d = 0$ 控制时，永磁同步电机的矢量图如图 3-6 所示。由于直轴电流 $i_d = 0$，电机的电枢电流不存在去磁作用。

由矢量图可见，内功率因数角 $\beta = 0°$，定子电压的 d、q 分量为

$$\begin{cases} u_d = -\omega_r L_q i_s \\ u_q = R_1 i_s + \omega_r \psi_f \end{cases}$$

电机的端电压为

$$u_s = \sqrt{(\omega_r \psi_f + R_1 i_s)^2 + (\omega_r L_q i_s)^2} \approx \omega_r \sqrt{(\psi_f)^2 + (L_q i_s)^2} \tag{3-36}$$

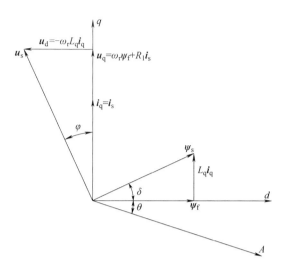

图 3-6 $i_d=0$ 控制时永磁同步电机的矢量图

功率角为

$$\delta = \arctan \frac{\omega_r L_q i_s}{\omega_r \psi_f + R_1 i_s} \approx \arctan \frac{L_q i_s}{\psi_f} \tag{3-37}$$

功率因数为

$$\cos\varphi = \cos\delta = \cos\left(\arctan \frac{L_q i_s}{\psi_f}\right) \tag{3-38}$$

在一定负载下,采用 $i_d=0$ 控制所需电压矢量 $\boldsymbol{u}_s$ 的幅值随着转速升高而成比例地增加,当转速升高到一定值, $i_d=0$ 控制所需电压 u_s 将达到逆变器输出电压最大值 U_{smax},如果转速继续升高,由于逆变器输出电压的限制,将无法产生矢量控制所需的电流,矢量控制失效。因此,**永磁同步电动机的 $i_d=0$ 矢量控制仅在恒转矩区有效。**

随着负载增加,电机端电压增加,系统所需逆变器容量增大;功角增加,电机的功率因数降低。电机的最高转速受逆变器可提供的最高电压和电机的负载大小两方面的影响。$i_d=0$ 控制时,电机可以达到的最高电角速度为

$$\omega_{max} = \frac{U_{smax}}{\sqrt{\psi_f^2 + (L_q i_s)^2}} \tag{3-39}$$

$i_d=0$ 矢量控制实现简单,电磁转矩与定子电流幅值成正比。对于表贴式永磁同步电机,由于 $L_d = L_q$,其不会产生磁阻转矩,i_d 的大小与电磁转矩无关,$i_d=0$ 可以使产生给定转矩所需的定子电流最小,从而减少损耗、提高效率。因此表贴式永磁同步电机通常采用 $i_d=0$ 控制。

对于内置式永磁同步电机,$i_d=0$ 使磁阻转矩也变为零,电机的转矩能力不能得到充分利用。

采用 $i_d=0$ 控制时,电机的功率因数总是滞后的,而且随着负载增加,电压矢量与电流矢量夹角增大,功率因数进一步降低;同时,随着负载增加,所需的定子电压幅值也相应增大,因此对变频器的容量要求较高。

对于表贴式电机，由于有效气隙大，电感 $L_d = L_q$ 的值很小，因此 φ 角始终较小，上述问题并不严重。但内置式永磁同步电机的 q 轴电感 L_q 较大，负载增加引起功率因数明显降低，且需要的电枢电压较高，导致恒转矩调速范围减小。因此，$i_d = 0$ 对于内置式永磁同步电机并不是最佳的控制策略。

3.2.3　MTPA 控制

内置式永磁同步电机常采用最大转矩/电流控制（MTPA）。由于 $L_d < L_q$，内置式永磁同步电机会产生磁阻转矩。由转矩公式可知，对于每一个给定的转矩值 T_e^*，都有无数多对 i_d、i_q 值，即无数个定子电流矢量 i_s 与之对应，如果选择其中电流矢量幅值最小的一个用于控制，则产生给定转矩所需的定子电流最小，这就是所谓的最大转矩/电流控制。

在图 3-6 的矢量图中，考虑到 $i_d = -i_s \sin\beta$，$i_q = i_s \cos\beta$，则电磁转矩公式变为

$$T_e = \frac{3}{2}p\left[\psi_f i_s \cos\beta + \frac{1}{2}(L_q - L_d)i_s^2 \sin 2\beta\right] \tag{3-40}$$

在电流大小一定时，改变内功率因数角 β，可以获得最大转矩。因此采用 MTPA 控制时，应满足

$$\frac{\partial T_e}{\partial \beta} = \frac{3}{2}p\left[-\psi_f i_s \sin\beta + (L_q - L_d)i_s^2 \cos 2\beta\right] = 0$$

求解可得满足 MTPA 控制的内功率因数角为

$$\beta = \arcsin\left[\frac{-\psi_f + \sqrt{\psi_f^2 + 8(L_d - L_q)^2 i_s^2}}{4(L_d - L_q)i_s}\cos 2\beta\right] \tag{3-41}$$

因此，MTPA 控制下永磁同步电机的直、交轴电流应满足

$$\begin{cases} i_d = \dfrac{1}{4(L_q - L_d)}\left(\psi_f - \sqrt{\psi_f^2 + 8i_s^2(L_q - L_d)^2}\right) \\ i_q = \sqrt{i_s^2 - i_d^2} \end{cases} \tag{3-42}$$

定义永磁同步电机的凸极率为

$$\rho = \frac{L_q}{L_d} \tag{3-43}$$

则有

$$i_d = \frac{1}{4L_d(\rho - 1)}\left(\psi_f - \sqrt{\psi_f^2 + 8i_s^2(\rho - 1)^2 L_d^2}\right) \tag{3-44}$$

注意，对于表贴式永磁同步电动机，$i_d = 0$ 控制就是其 MTPA 控制。

一台内置式永磁同步电机的 MTPA 控制轨迹如图 3-7 所示。MTPA 控制是内置式永磁同步电机普遍采用的控制方式，但需注意，MTPA 控制有一定的适用范围，即当电机超过一定转速时，MTPA 轨迹就会超出电压极限圆的范围，MTPA 控制不再成立。

当电动机的电流和端电压均达到极限时，由式（3-29）和式（3-44）可以导出 MTPA 控制成立的最高转速，为

$$\omega_b = \frac{U_{smax}}{\sqrt{\psi_f^2 + (L_q i_{smax})^2 + \dfrac{(L_d - L_q)C^2 + 8C\psi_f L_d}{16(L_d - L_q)}}} \tag{3-45}$$

式中，$C = -\psi_f + \sqrt{\psi_f^2 + (L_d - L_q)^2 i_{smax}^2}$。

3.2.4　$\cos\varphi = 1$ 控制

根据永磁同步电机的矢量图，可得其功率角和内功率因数角分别为

$$\delta = \arctan\left(\frac{-u_d}{u_q}\right) = \arctan\left(\frac{\omega_r L_q i_q}{\omega_r \psi_f + \omega_r L_d i_d}\right) = \arctan\left(\frac{L_q i_q}{L_d i_f' + L_d i_d}\right) \tag{3-46}$$

$$\beta = \arctan\left(\frac{-i_d}{i_q}\right) \tag{3-47}$$

当 $\cos\varphi = 1$ 时，$\varphi = 0°$，$\beta = \delta$，故有

$$\frac{\rho i_q}{i_f' + i_d} = \frac{-i_d}{i_q} \tag{3-48}$$

整理上式，可得 $\cos\varphi = 1$ 控制时电流矢量的轨迹方程，为

$$\frac{(i_d + 0.5 i_f')^2}{(0.5 i_f')^2} + \frac{i_q^2}{(0.5 i_f'/\sqrt{\rho})^2} = 1 \tag{3-49}$$

可见，满足 $\cos\varphi = 1$ 的电流矢量的轨迹是一个以 $(-0.5 i_f', 0)$ 为圆心、以 $0.5 i_f'$ 为长轴、以 $0.5 i_f'/\sqrt{\rho}$ 为短轴的椭圆，如图 3-7 所示。

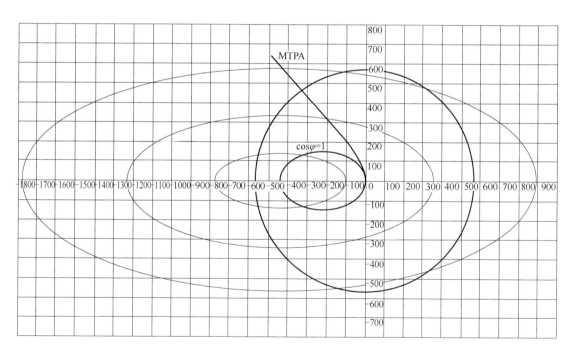

图 3-7　70kW 永磁同步电机的 MTPA 和 $\cos\varphi = 1$ 控制

显然，当定子电流矢量的幅值 $i_s > i_f'$ 时，$\cos\varphi = 1$ 控制不能成立。

$\cos\varphi = 1$ 控制时，电机的功率因数为 1，逆变器的容量能够得到充分利用，但是只能在定子电流较小时成立。

表 3-1 给出了一台 70kW 轻型客车驱动用永磁同步电机的技术数据，可以算出虚拟励磁

电流 $i'_f = \dfrac{\psi_f}{L_d} = 438.75\text{A}$，可以实现 $\cos\varphi = 1$ 的定子电流有效值应小于或等于 310A。图 3-7 给出了这台电机的电压极限圆、电流极限圆、MTPA 控制轨迹和 $\cos\varphi = 1$ 控制轨迹。

表 3-1 70kW 永磁同步电机技术数据

额定功率	70kW
额定转速	2000r/min
最低转速	200r/min
最高转速	4800r/min
磁极对数	12
最大电流有效值	400A
母线电压	DC 500V
永磁磁链	0.1259Wb
直轴电感	2.869×10^{-4}H
交轴电感	6.628×10^{-4}H

3.2.5 弱磁控制

弱磁控制的思想借鉴于直流电机的控制策略：当他励直流电机的电枢电压达到最大值时，通过减少励磁电流就可以改变励磁磁通，从而获得更高的转速。对于永磁同步电机，虽然无法调节励磁电流，但可以调节定子电流的直轴去磁分量，减弱电机的气隙磁通，从而达到高速运行时候的电压平衡。

忽略定子的电阻压降，永磁同步电机的端电压大小为

$$u_s = \omega_r \sqrt{(\psi_f + L_d i_d)^2 + (L_q i_q)^2} \tag{3-50}$$

从式(3-50)可以看出，当电机的电压达到逆变器所能输出的电压极限后，要想继续升高转速，只有通过调节 i_d、i_q 来实现。增加直轴去磁电流分量和减小交轴电流，都可以达到"弱磁"效果。在增加直轴去磁电流分量的同时，须保证电流不超过极限值。

永磁同步电机的弱磁升速可用图 3-8 所示的电流矢量轨迹加以阐述。当电机从转速为 ω_1、转矩为 T_1 的 A 点升高速至 ω_2 时，定子电流沿着 MTPA 轨迹移动到 B 点，此时输出的转矩 $T_3 < T_1$。由于此时定子电流并未达到极限，为了增大输出转矩，可使电流矢量沿着电流极限圆轨迹移动到电流极限圆与对应 ω_2 的电压极限圆的交点 C 点，使电机的转矩由 T_3 升高到 T_2。定子电流矢量从 B 点移动到 C 点，增加了直轴去磁分量，削弱了气隙磁场，达到了弱磁扩速的目的。在电机的升速过程中，逆变器的容量并没有改变，交轴去磁电流 i_d 在不断增大。这样，使气隙中总磁通减小，提高了转速，但降低了转矩。这就是弱磁控制的基本思想。

当速度继续增大时，如电流矢量沿着电流极限圆移动到 D 点，则定子电流全部变为直轴去磁电流。此时的转速即为电机可以达到理想最高转速，为

$$\omega_{\max} = \frac{U_{s\max}}{\psi_f - L_d I_{s\max}} \tag{3-51}$$

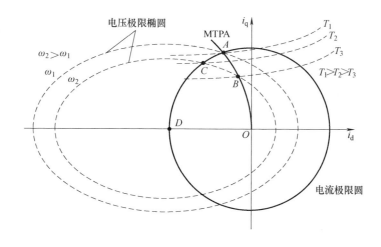

图 3-8　电流矢量的控制轨迹

定义永磁同步电机的弱磁系数为

$$\zeta = \frac{L_{\mathrm{d}} i_{\mathrm{s}}}{\psi_{\mathrm{f}}} \tag{3-52}$$

可见，当弱磁系数 $\zeta = 1$ 时，电机的最高转速可以到无穷大。对于表贴式永磁同步电机，由于其有效气隙大，L_{d} 较小，其弱磁扩速的效果有限；而对于内置式永磁同步电机，由于其 L_{d} 较大，可以达到理想的弱磁扩速效果。

3.3　永磁同步电机控制系统

3.3.1　控制系统的构成

典型的永磁同步电机矢量控制系统原理如图 3-9 所示，一般采用速度外环和电流内环的双闭环控制结构。速度外环通过对速度指令的追踪可以消除外界因素的干扰，使速度最终稳定在期望值上；电流内环是实现对转矩精准控制的关键部分，制约着系统的性能。

速度环的输出为给定转矩，通过预设的电流-转矩关系，得到交、直轴电流的给定值。利用检测到的转子位置信号，将采集的三相电流值通过 Clark 变换和 Park 变换分别得到直轴电流 i_{d} 和交轴电流 i_{q}，分别与给定值作差，并经过 PI 调节，得到 u_{d}、u_{q}，再经过逆 Park 变换得到 u_{α}、u_{β}，将其作为空间矢量脉宽调制（SVPWM）模块的输入，进而控制逆变器 IGBT 的通断，最后利用产生的圆形旋转磁场驱动电机运行，完成矢量控制。

从控制系统的硬件构成来说，永磁同步电机的控制系统与图 1-37 所示无刷直流电机的控制系统相似，主要区别体现在以下几个方面：

1）永磁同步电机控制需要精确的转子位置，因此位置传感器一般采用高精度的编码器或旋转变压器。

2）位置检测电路一般是解码电路，应与 MCU 的正交编码模块（QEP）接口。

3）永磁同步电机需要检测三相绕组的电流，因此，电流信号调理电路需要加直流偏置，将检测到的双向的电流信号抬升至 0V 以上。

123

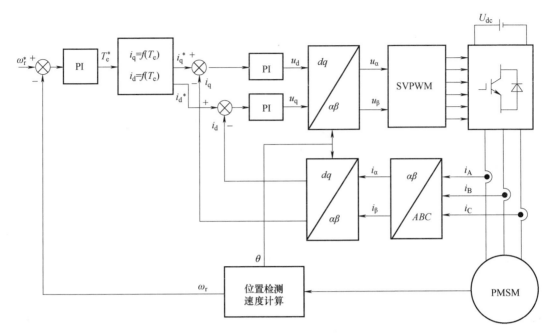

图 3-9　永磁同步电机矢量控制系统原理图

3.3.2　空间矢量脉宽调制技术

空间矢量脉宽调制(SVPWM)的基本思路是通过逆变器的电压空间矢量的组合和切换，以获得准圆形的旋转磁场，从而在不提高开关频率的基础上，使电机获得比正弦波调制(SPWM)更好的性能。SVPWM 技术有很多优点：电机的磁链非常接近圆形，不仅使电流的谐波减少，转矩的脉动降低，而且使电机的动态响应性能得到了提高。此外，SVPWM 算法简单，便于数字化实现。

若用 U_{m} 表示相电压的幅值，那么逆变器输出的对称三相电压可以表示为

$$\begin{cases} u_{\mathrm{A}} = U_{\mathrm{m}}\cos\omega t \\ u_{\mathrm{B}} = U_{\mathrm{m}}\cos\left(\omega t - \dfrac{2}{3}\pi\right) \\ u_{\mathrm{C}} = U_{\mathrm{m}}\cos\left(\omega t + \dfrac{2}{3}\pi\right) \end{cases} \tag{3-53}$$

采用恒相幅值变换，电压空间合成矢量 $\boldsymbol{u}_{\mathrm{s}}$ 可以表示为

$$\boldsymbol{u}_{\mathrm{s}} = \frac{2}{3}(\boldsymbol{u}_{\mathrm{A}} + \boldsymbol{u}_{\mathrm{B}} + \boldsymbol{u}_{\mathrm{C}}) = \frac{2}{3}(u_{\mathrm{A}} + u_{\mathrm{B}}\mathrm{e}^{\mathrm{j}\frac{2}{3}\pi} + u_{\mathrm{C}}\mathrm{e}^{\mathrm{j}\frac{4}{3}\pi}) = U_{\mathrm{m}}\mathrm{e}^{\mathrm{j}\omega t} \tag{3-54}$$

由式(3-54)可知，电压空间合成矢量 $\boldsymbol{u}_{\mathrm{s}}$ 的模与相电压幅值相等，即

$$|\boldsymbol{u}_{\mathrm{s}}| = U_{\mathrm{m}} \tag{3-55}$$

三相电压型逆变器电路如图 3-10 所示。将每个桥臂看作一个开关函数 S，S_{A}、S_{B}、S_{C} 表示三个桥臂的开关状态，用"1"表示上桥臂开通、下桥臂关断，用"0"表示上桥臂关断、下桥臂开通，逆变器输出的电压矢量可表示为

$$\boldsymbol{u}_{\mathrm{s}} = \frac{2}{3}(\boldsymbol{u}_{\mathrm{A}} + \boldsymbol{u}_{\mathrm{B}} + \boldsymbol{u}_{\mathrm{C}}) = \frac{2}{3}U_{\mathrm{dc}}(S_{1} + S_{2}\mathrm{e}^{\mathrm{j}\frac{2}{3}\pi} + S_{3}\mathrm{e}^{\mathrm{j}\frac{4}{3}\pi}) \tag{3-56}$$

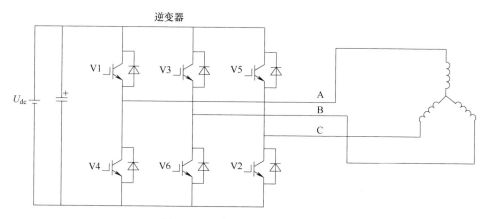

图 3-10　三相电压型逆变器电路

由于 3 个开关信号共有 8 种组合，因此，逆变器的输出电压矢量也有 8 种状态，见表 3-2。

表 3-2　开关状态与基本电压矢量

$S_A S_B S_C$	基本电压矢量	u_A	u_B	u_C	u_s
000	u_0	0	0	0	0
001	u_5	$-\dfrac{1}{3}U_{dc}$	$-\dfrac{1}{3}U_{dc}$	$\dfrac{2}{3}U_{dc}$	$\dfrac{2}{3}U_{dc}e^{j\frac{4\pi}{3}}$
010	u_3	$-\dfrac{1}{3}U_{dc}$	$\dfrac{2}{3}U_{dc}$	$-\dfrac{1}{3}U_{dc}$	$\dfrac{2}{3}U_{dc}e^{j\frac{2\pi}{3}}$
011	u_4	$-\dfrac{2}{3}U_{dc}$	$\dfrac{1}{3}U_{dc}$	$\dfrac{1}{3}U_{dc}$	$\dfrac{2}{3}U_{dc}e^{j\pi}$
100	u_1	$\dfrac{2}{3}U_{dc}$	$-\dfrac{1}{3}U_{dc}$	$-\dfrac{1}{3}U_{dc}$	$\dfrac{2}{3}U_{dc}e^{j0}$
101	u_6	$\dfrac{1}{3}U_{dc}$	$-\dfrac{2}{3}U_{dc}$	$\dfrac{1}{3}U_{dc}$	$\dfrac{2}{3}U_{dc}e^{j\frac{5\pi}{3}}$
110	u_2	$\dfrac{1}{3}U_{dc}$	$\dfrac{1}{3}U_{dc}$	$-\dfrac{2}{3}U_{dc}$	$\dfrac{2}{3}U_{dc}e^{j\frac{\pi}{3}}$
111	u_7	0	0	0	0

由表 3-2 可知，逆变器输出的 8 种开关状态产生 8 个基本电压矢量，其中零电压矢量共 2 个，分别为 u_0、u_7；非零电压矢量有 6 个，分别为 u_1、u_2、u_3、u_4、u_5、u_6。6 个非零矢量的幅值相等，用 u_1 的模表示非零矢量的幅值，其大小为

$$|u_1| = \frac{2}{3}U_{dc} \tag{3-57}$$

8 个基本电压矢量把空间分成 6 个区域 I、II、III、IV、V、VI，各矢量的顶点组成正六边形，如图 3-11 所示。任意电压空间合成矢量 u_s 均可由某区域的两个基本电压矢量及零矢量合成。为了保证逆变器输出的空间旋转电压（也就是空间旋转磁场）不失真，u_s 的最

大幅值为正六边形的内切圆半径，即

$$|\boldsymbol{u}_s| \le \frac{\sqrt{3}}{2}|\boldsymbol{u}_1| \tag{3-58}$$

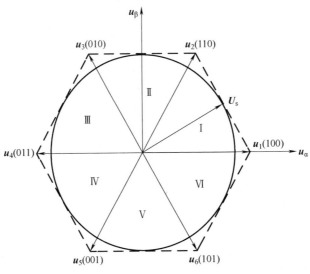

图 3-11　电压空间矢量

设 PWM 的开关周期为 T，t_x、t_y、t_0、t_7 分别为基本电压矢量 $\boldsymbol{u}_x$、$\boldsymbol{u}_y$、$\boldsymbol{u}_0$、$\boldsymbol{u}_7$ 的作用时间，U_α、U_β 分别为合成空间电压矢量 $\boldsymbol{u}_s$ 在 α、β 轴的分量，如图 3-12 所示。根据伏秒平衡原则有

$$\begin{cases} U_\alpha = |\boldsymbol{u}_s|\cos\theta_v = \dfrac{t_x}{T}|\boldsymbol{u}_x| + \dfrac{t_y}{T}|\boldsymbol{u}_y|\cos\dfrac{\pi}{3} \\[3mm] U_\beta = |\boldsymbol{u}_s|\sin\theta_v = \dfrac{t_y}{T}|\boldsymbol{u}_y|\sin\dfrac{\pi}{3} \end{cases} \tag{3-59}$$

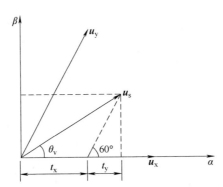

图 3-12　电压空间矢量合成示意图

解方程组可得

$$\begin{cases} t_x = mT\sin\left(\dfrac{\pi}{3}-\theta_v\right) \\[3mm] t_y = mT\sin\theta_v \end{cases} \tag{3-60}$$

式中，m 为 SVPWM 的调制系数，且

$$m = \frac{\sqrt{3}\,|u_s|}{U_{dc}} \tag{3-61}$$

零矢量的作用时间的目的只是补足其他两个矢量作用时间以外的时间，故

$$t_0 = t_7 = \frac{1}{2}(T - t_x - t_y) \tag{3-62}$$

需要指出的是，这里的调制系数与 SPWM 中的调制度不是一个概念。在 SPWM 中，当调制度为 1 时，逆变器输出相电压幅值可达 $U_{dc}/2$，那么线电压幅值就是 $\sqrt{3}\,U_{dc}/2$，因此 SPWM 的母线电压利用率就为 0.866；而 SVPMW 调制时，$m \leq 1$，$U_m \leq U_{dc}/\sqrt{3}$，也就是说，SVPWM 输出相电压幅值可达 $U_{dc}/\sqrt{3}$，那么线电压幅值就是 U_{dc}，因此 SVPWM 的母线电压利用率为 1，是 SPWM 的 1.1547 倍，相应地就可以认为 SVPWM 满调制时的调制度为 1.1547。

为使波形对称，将每个矢量的作用时间两等分，因此 SVPWM 所产生的开关顺序为

$$\frac{t_0}{2} \rightarrow \frac{t_x}{2} \rightarrow \frac{t_y}{2} \rightarrow t_7 \rightarrow \frac{t_y}{2} \rightarrow \frac{t_x}{2} \rightarrow \frac{t_0}{2}$$

通过合成矢量 u_s 在 α、β 轴上的分量，可以判断其所在的扇区。定义 $U_1 = U_\beta$、$U_2 = \frac{\sqrt{3}}{2} U_\alpha - \frac{1}{2} U_\beta$、$U_3 = -\frac{\sqrt{3}}{2} U_\alpha - \frac{1}{2} U_\beta$，且定义 A、B、C 三个变量，其值为

若 $U_1 > 0$，则 $A = 1$，反之，$A = 0$；

若 $U_2 > 0$，则 $B = 1$，反之，$B = 0$；

若 $U_3 > 0$，则 $C = 1$，反之，$C = 0$。

则每个扇区的特征值为 $N = A + 2B + 4C$。

根据前述电压基本矢量作用时间的求解方法，将 U_1、U_2、U_3 代入公式化简，得各扇区基本矢量作用时间为

$$\begin{cases} t_k = \dfrac{\sqrt{3}\,T}{U_{dc}} U_2 \\[2mm] t_{k+1} = \dfrac{\sqrt{3}\,T}{U_{dc}} U_1 \\[2mm] t_0 = t_7 = \dfrac{1}{2}(T - t_k - t_{k+1}) \end{cases} \tag{3-63}$$

式中，t_k 和 t_{k+1} 分别为第 k 个和第 $k+1$ 个基本空间矢量 u_k 和 u_{k+1} 的作用时间，且 u_{k+1} 超前 u_k。

若 $t_k + t_{k+1} > T$，那么需要对 t_k 和 t_{k+1} 做如下修正：

$$\begin{cases} t_k' = \dfrac{t_k}{t_k + t_{k+1}} T \\[2mm] t_{k+1}' = \dfrac{t_{k+1}}{t_k + t_{k+1}} T \\[2mm] t_0 = t_7 = 0 \end{cases} \tag{3-64}$$

由此可以推导出各扇区基本电压矢量作用时间见表 3-3。

表 3-3　扇区判断与基本电压矢量作用时间

扇区	N	基本电压矢量作用时间
I	3	$t_1 = \dfrac{\sqrt{3}\,T}{U_{dc}}U_2$，$t_2 = \dfrac{\sqrt{3}\,T}{U_{dc}}U_1$
II	1	$t_2 = -\dfrac{\sqrt{3}\,T}{U_{dc}}U_2$，$t_3 = -\dfrac{\sqrt{3}\,T}{U_{dc}}U_3$
III	5	$t_3 = \dfrac{\sqrt{3}\,T}{U_{dc}}U_1$，$t_4 = \dfrac{\sqrt{3}\,T}{U_{dc}}U_3$
IV	4	$t_4 = -\dfrac{\sqrt{3}\,T}{U_{dc}}U_1$，$t_5 = -\dfrac{\sqrt{3}\,T}{U_{dc}}U_2$
V	6	$t_5 = \dfrac{\sqrt{3}\,T}{U_{dc}}U_3$，$t_6 = \dfrac{\sqrt{3}\,T}{U_{dc}}U_2$
VI	2	$t_6 = -\dfrac{\sqrt{3}\,T}{U_{dc}}U_3$，$t_1 = -\dfrac{\sqrt{3}\,T}{U_{dc}}U_1$

3.3.3　永磁同步电机的无传感器控制策略

1. 无传感器控制概述

在矢量控制系统中，永磁同步电机的转子位置和速度信号是必不可少的，传统的矢量控制需要利用各种传感器来获得它们的数值。为了提高系统的可靠性，无传感器控制方法成为一个研究的重点。目前，主要有以下几种方法：

1）模型参考自适应法（MRAS）。通过电机的基本参数建立两个不同的动态模型，即不含参数的理想模型和含有控制参数的实际模型，并令二者输出具有相同物理含义的参数，通过自适应控制方法调整二者之间的误差，使得实际控制模型无限逼近理想模型，这样可以近似认为估算值就是实际值。这种方法的缺点在于控制精度受到电机参数精度的限制，且计算量很大。

2）高频信号注入法。这种方法的原理是在定子绕组中施加一个对称的高频旋转电压作为激励，电压的频率要远高于转子角频率。旋转的电压矢量会产生旋转磁场和高频电流，与电机凸极反应发生作用，就会使得定子电流包含转子位置信息。因此，只需要将这个电子电流信号解调，就能得到这个信息，从而实现无传感器控制。其缺点在于对凸极特性要求较高，不适于表贴式电机。

3）直接计算法。这种方法直接检测定子的三相电压和电流计算角度和速度信息，从电机的数学模型入手，用电压电流方程反解出。直接计算法在低速过程中会产生很大的积分误差，导致低速时必须采用其他方法解决。另外，这个方法比模型参考自适应法对电机参数的精度要求更高，需要配合参数在线辨识算法来提高精度。

4）扩展卡尔曼滤波器法。这种方法实际上是线性估计方法在非线性控制系统的扩展应用，即把转速作为未知参数建立电机参数方程，采用递推方法来估算转子的位置和速度。此方法的优点是考虑到了系统模型误差和测量系统中的噪声，并可以提供在线的参数监测。但此方法算法非常复杂，计算量也十分大，对控制核心 MCU 和算法复杂度都有很高要求。

5）滑模观测器法。此方法的目的建立一个稳定的控制平面，在平面上控制并观测的电流值和实际电流值之间的误差。如果误差过大，则通过开关函数使系统做滑模运动，最终稳定在观测平面上。此方法有很好的鲁棒性及较低的参数依赖性。

6）基于神经网络的人工智能法。人工智能一直是非常热的研究课题，具有较广的应用前景。应用到永磁电机上，可以利用神经网络学习能力强的特点，不断输入、输出数据，得到一个非线性关系，当真实模型和非线性模型的误差很小时，从而得到位置和速度信息。这种方法还存在很多问题待研究，目前还不适用于实际工业生产。

2. 基于滑模观测器的永磁同步电机无传感器矢量控制

滑模控制（sliding mode control，SMC）也称为滑模变结构控制，是由苏联学者 Emelyanov 在 20 世纪 50 年代末提出，后经 60 多年的研究，滑模控制已经成了控制理论的重要课题之一。作为一种特殊的非线性控制系统，其主要控制特点主要表现在其控制的不连续性上。在动态响应过程中，可以根据当前系统的状态变化有目的地进行控制，强迫系统按照预定的状态轨迹运行。由于这种控制模态不受参数及外界干扰的影响，所以采用滑模控制的系统具有响应速度快、鲁棒性好、易于实现等优点。

滑模控制的基本理论是根据系统所期望的动态特性来设计系统的切换面。利用滑模控制器使系统从超平面之外的空间不断地向超平面靠拢，最后达到稳定输出状态。在此进程中滑模变结构的控制状态并不是连续的，开关的切换一直存在于系统的整个动态响应过程中。滑模变结构开关动作示意图如图 3-13 所示。

其中 $u(x)$ 是与系统的状态变量有关的控制函数，通过切换函数 $s(x)$ 使得控制函数 $u(x)$ 在不同的情况下工作在 $u^+(x)$ 和 $u^-(x)$ 这两种状态中。

通过分析可知，切换函数的选取在滑模控制中起到了至关重要的作用。设系统为

$$\dot{x} = f(x, u, t) \tag{3-65}$$

$x \in \mathbf{R}^n$，$u \in \mathbf{R}^n$，$t \in \mathbf{R}^n$ 中，在该系统状态空间里，切换函数 $s(x)$ 将整个空间分成三部分 $s(x) < 0$，$s(x) = 0$ 和 $s(x) > 0$，则系统在此切换函数下就有 3 种运动状态，如图 3-14 所示。

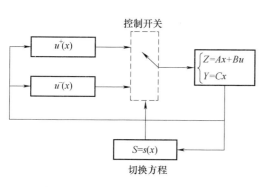

图 3-13　滑模变结构开关动作示意图

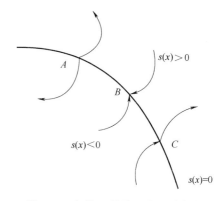

图 3-14　切换函数的 3 种运动状态

A 点：当系统运动到切换函数时，运动轨迹在 $s(x) = 0$ 上由 A 点向两侧分开，则 A 点称为起始点。

B 点：当系统运动到切换函数时，运动轨迹在 $s(x) = 0$ 上由两侧向 B 点靠拢，则 B 点称为终止点。

C 点：当系统运行到切换函数时，运动轨迹穿过 $s(x) = 0$ 离开了切换面，此时 C 点称为通常点。

通过分析以上运动情况，当运动点位于切换面的某一区域内时，都会被约束在这一区域内，即在这一区域内的所有运动点最终都成为终止点，这一区域为滑模制区。图 3-15 为滑模变结构的系统运行轨迹图。

滑模观测器源于滑模变结构控制。滑模变结构控制最显著的优势为其对外部干扰以及系统自身参数发生变化的情况具有很强的自适应性和鲁棒性。因此，滑模变结构控制在非线性及不确定性系统中得到了较为广泛的使用。

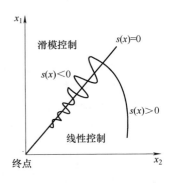

图 3-15　滑模变结构的系统
运行轨迹图

滑模变结构控制实质是根据系统情况实时改变系统的结构，使系统变量的运动轨迹中心落在构建的滑模面上，运动的特点是幅度较小、频率较高。因为滑模变结构控制不依赖系统模型的在线识别，并且便于数字化实现，这种方法在复杂的工程控制中得到了广泛的应用。

下面以表贴式永磁同步电机为例，说明滑模观测器的设计。

滑模观测器模型的主体是建立在两相静止 $\alpha\beta$ 坐标系下的，带有电流跟踪功能的电流观测器。根据永磁同步电机在三相静止坐标系下的数学模型和 Clark 变换，可以得出表贴式永磁同步电机在 $\alpha\beta$ 坐标系的定子电压方程为

$$\begin{bmatrix} u_\alpha \\ u_\beta \end{bmatrix} = R_1 \begin{bmatrix} i_\alpha \\ i_\beta \end{bmatrix} + \begin{bmatrix} L_s & 0 \\ 0 & L_s \end{bmatrix} \frac{\mathrm{d}}{\mathrm{d}t} \begin{bmatrix} i_\alpha \\ i_\beta \end{bmatrix} + \begin{bmatrix} e_\alpha \\ e_\beta \end{bmatrix} \tag{3-66}$$

式中，L_s 为表贴式永磁同步电机的同步电感。

将式(3-66)改写成状态方程形式，为

$$\begin{cases} \dfrac{\mathrm{d}i_\alpha}{\mathrm{d}t} = -\dfrac{R_1}{L_s}i_\alpha - \dfrac{e_\alpha}{L_s} + \dfrac{u_\alpha}{L_s} \\ \dfrac{\mathrm{d}i_\beta}{\mathrm{d}t} = -\dfrac{R_1}{L_s}i_\beta - \dfrac{e_\beta}{L_s} + \dfrac{u_\beta}{L_s} \end{cases} \tag{3-67}$$

由式(3-67)可以根据滑模控制理论来建立永磁同步电机的电流观测模型如下：

$$\begin{cases} \dfrac{\mathrm{d}\hat{i}_\alpha}{\mathrm{d}t} = -\dfrac{R_1}{L_s}\hat{i}_\alpha + \dfrac{1}{L_s}\big[u_\alpha - k\mathrm{sgn}(\hat{i}_\alpha - i_\alpha)\big] \\ \dfrac{\mathrm{d}\hat{i}_\beta}{\mathrm{d}t} = -\dfrac{R_1}{L_s}\hat{i}_\beta + \dfrac{1}{L_s}\big[u_\beta - k\mathrm{sgn}(\hat{i}_\beta - i_\beta)\big] \end{cases} \tag{3-68}$$

式中，$\hat{i}_\alpha$、$\hat{i}_\beta$ 为两相静止坐标系下 α 轴和 β 轴电流的估算值；k 为滑模观测器的增益系数；sgn( ) 为开关函数，被用作为滑模观测器的切换函数，其表达式为

$$\mathrm{sgn}(\hat{i}_\alpha - i_\alpha) = \begin{cases} 1 & \hat{i}_\alpha - i_\alpha > 0 \\ -1 & \hat{i}_\alpha - i_\alpha < 0 \end{cases} \tag{3-69}$$

滑模面 $s(x)$ 是由状态变量实现的，选取

$$s(x) = \begin{cases} \hat{i}_\alpha - i_\alpha \\ \hat{i}_\beta - i_\beta \end{cases} \tag{3-70}$$

根据滑模变结构控制理论，$s(x) = 0$ 即为滑模面。可以证明，当 k 满足 $k > \max(|e_\alpha|, |e_\beta|)$ 的条件时，滑模观测器渐近收敛。

当算法收敛时，估算电流与实际电流相等，控制函数临近实际反电动势，即

$$\begin{cases} e_\alpha = k\,\mathrm{sgn}(\hat{i}_\alpha - i_\alpha) \\ e_\beta = k\,\mathrm{sgn}(\hat{i}_\beta - i_\beta) \end{cases} \tag{3-71}$$

但由于控制过程中存在高频的开关切换，必须通过低通滤波才能有效得到反电动势的值，令 $\begin{cases} z_\alpha = k\,\mathrm{sgn}(\hat{i}_\alpha - i_\alpha) \\ z_\beta = k\,\mathrm{sgn}(\hat{i}_\beta - i_\beta) \end{cases}$，得到

$$\begin{cases} \hat{e}_\alpha = \dfrac{\omega_c}{s+\omega_c} z_\alpha \\[2mm] \hat{e}_\beta = \dfrac{\omega_c}{s+\omega_c} z_\beta \end{cases} \tag{3-72}$$

式中，ω_c 为滤波器的截止频率。可求得转子位置和速度估计值为

$$\begin{cases} \hat{\theta} = -\arctan \dfrac{e_\alpha}{e_\beta} \\[3mm] \hat{\omega} = \dfrac{\sqrt{e_\alpha^2 + e_\beta^2}}{\psi_f} \end{cases} \tag{3-73}$$

滑模观测器结构如图 3-16 所示，利用滑模观测器来代替机械传感器，永磁同步电机的无位置传感器矢量控制系统结构如图 3-17 所示。

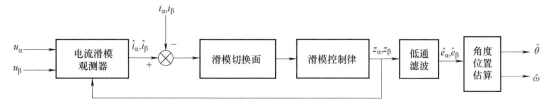

图 3-16 滑模观测器结构图

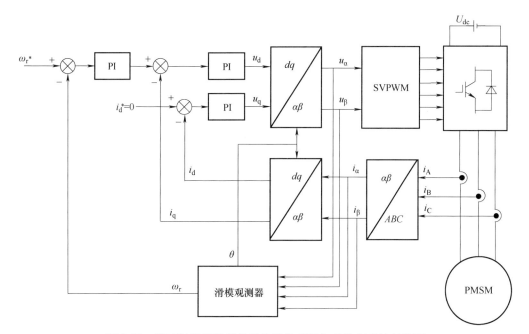

图 3-17 基于滑模观测器的无位置传感器矢量控制系统结构图

3.4 永磁辅助同步磁阻电机在电动车中的应用

作为电动汽车的核心部件，驱动电机应满足以下要求：高转矩密度和高功率密度，在起动、低速和爬坡时高转矩，高速巡航时有高功率；宽调速范围，短时过载能力强；宽转速、转矩范围内具有较高的效率；高可靠性，高安全系数；造价合理。下面通过介绍电动大客车驱动用永磁同步电机的设计，说明永磁同步电机的设计方法。

3.4.1 电机与控制器的技术要求

电动大客车驱动用永磁同步电机与控制器技术要求见表 3-4。

表 3-4　80kW 永磁同步电机与控制器技术要求

项目	要求	项目	要求
1. 电机			
电机类型	永磁同步电动机	冷却方式	液冷
持续功率	80 kW	峰值功率	140 kW
持续转矩	≥493N·m	峰值转矩	≥2100N·m
额定转速	1700r/min	最高工作转速	2080r/min
额定电压	≤AC 380V		
相数	3	绕组联结方式	Y
噪声等级	≤80dBA	工作制	S9
绝缘等级	H(温升按 B 级考核)	防护等级	IP67
效率	≥97%	振动限制	≤1.8mm/s²
定子冲片外径	368mm		
外形尺寸(参考)	617.5mm×491mm×423mm	质量	约265kg
2. 电机控制器			
额定容量	95kV·A	峰值容量	210kV·A
额定输入电压	DC 600V	额定输入电流	DC 354A
输入电压范围	DC 300~750V	额定输出电压	AC 380V
持续工作电流	AC 250A	短时工作电流	AC 360A
最大工作电流	AC 380A	控制电源	24V
最高输出频率	230Hz	冷却方式	液冷
转速/转矩控制	转矩控制	过电压保护	750V
欠电压保护	300V	过热保护	75℃
防护等级	IP6K9K(样机按 IP65)	效率	≥98%

(续)

项目	要求	项目	要求
2. 电机控制器			
转速/转矩控制精度	≤0.8%@500r/min	转速/转矩响应时间	≤1s@500N·m
质量	约15kg	外形尺寸	416mm×300mm×110mm
3. 系统			
电动状态最高效率	≥95%	馈电状态最高效率	≥95%
电动状态高效率百分比	≥86%	馈电状态高效率百分比	≥81%
4. 运行环境			
工作环境温度	−30~+65℃	储存温度	−40~+85℃
相对湿度	90%~95%	污秽等级	Ⅳ级

3.4.2 永磁同步电机的设计及其与控制器的配合

现代电机设计是一个团队协作的设计过程，需要进行电、磁、热、流体、强度耦合物理场分析。仅从电机的电磁设计来说，需要以电磁场分析为基础，考虑控制系统的影响，进行场、路和系统的耦合分析，为此，开发了一套永磁同步电机集成设计软件，如图3-18所示。采用这个集成设计软件，设计了电动大客车驱动用永磁同步电机。主要流程是：在确定电机的初步方案之后，通过电磁场有限元分析，计算电机的准确参数，包括直、交轴电枢反应电抗、空载气隙磁感应强度、励磁电动势 E_0 等；然后根据电机的控制方式计算其工作特性。电动车驱动电机采用最大转矩/电流比（MTPA）+弱磁控制方式，在逆变器电压允许的情况下，采用MTPA控制，在一定的电流下获得最大的输出转矩；当电机所需电压超过逆变器的最大允许电压后，保持总电流不变，增大直轴去磁电流 i_d。

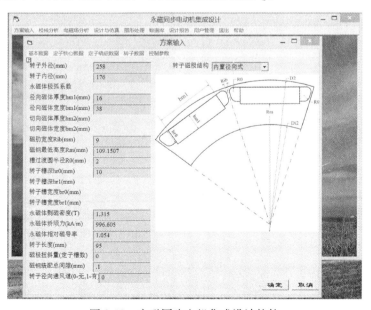

图3-18 永磁同步电机集成设计软件

所设计的 80kW 电动大客车驱动用永磁同步电机的技术数据见表 3-5，采用 8 极内置径向式磁极结构，其 FEMM 计算模型如图 3-19 所示。在 FEMM 模型中，考虑了磁钢的装配间隙和转子上开槽减重等影响，使磁场分布与实际情况接近。

表 3-5　80kW 电动大客车驱动用永磁同步电机技术数据

项目	数据	项目	数据
额定功率	80kW	定子外径	368mm
额定转速	1700r/min	定子内径	270mm
最低转速	200r/min	气隙长度	0.75mm
最高转速	4800r/min	铁心长度	235mm
磁极数	8	定子槽数	48
额定电压	315V	斜槽数	1
额定电流	150A	转子内径	190mm
最大电流有效值	390A	永磁体宽度	70mm
额定效率	>97%	永磁体厚度	12mm
额定功率因数	0.99	永磁材料	N 40U H

通过电磁场分析，可对永磁电机中的关键部位的磁感应强度分布合理性进行准确的评估。分析显示，磁桥的磁感应强度达到 2.1T，齿部磁密<1.6T，轭部磁感应强度小于 1.5T，各部分磁感应强度分布均符合设计要求，磁场云图如图 3-20 所示。

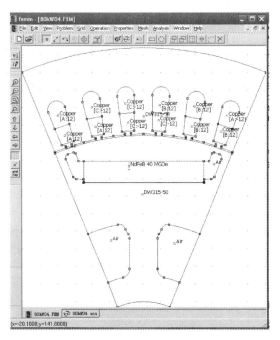

图 3-19　FEMM 计算模型

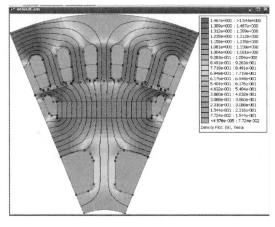

图 3-20　电机的磁感应强度分布云图

通过电磁场分析，还可对气隙磁感应强度分布进行分析，如图 3-21、图 3-22 所示。可见，永磁电机的气隙磁场谐波含量较大，因此在设计绕组时，尽量采用短距、分布、斜槽等措施，降低磁场分布中的高次谐波影响，通过斜槽削弱齿谐波、减小定位转矩。也可以考虑采用分数槽绕组，以获得更好的电动势波形。

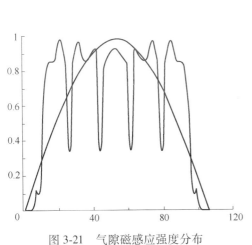

图 3-21　气隙磁感应强度分布

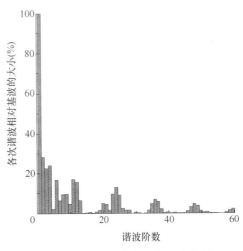

图 3-22　气隙磁感应强度谐波分析

根据永磁同步电机的基本理论，为了使恒功率范围扩展的无穷大，应使永磁同步电机的永磁磁链 ψ_f 与绕组的直轴同步电感 L_d 与最大定子电流矢量的幅值 I_{smax} 之间满足

$$\psi_f = L_d I_{smax}$$

但满足此条件时，永磁磁链较小，难以满足电机的过载要求。为此，在设计时，应综合考虑恒功率范围与过载的要求，在满足过载要求的前提下，尽量兼顾恒功率范围的要求。

在初步方案完成后，考虑与控制系统的配合问题，对电机进行持续改进。

第一个设计方案转子结构如图 3-23 所示，主要参数为：$X_{aq} = 1.0285\Omega$、$X_{ad} = 0.2364\Omega$、$E_0 = 180.21V$。由于极靴部分面积较小，交轴磁路在极靴部分饱和程度较高，导致交轴电抗较小；同时方案 1 的磁桥厚度为 5mm，漏磁较大。所以将永磁体沿轴心下移，同时将磁桥减小为 3mm，保持方案 1 中的永磁体的宽度 76mm 和充磁方向长度 10mm 不变，得到方案 2，如图 3-24 所示。

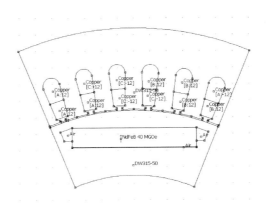

图 3-23　方案 1 的 FEMM 模型

方案 2 的主要参数为：$E_0 = 188.54V$，$X_{ad} = 0.2446\Omega$，$X_{aq} = 1.2270\Omega$，X_{aq} 有较大的提高，同时，由于减小了漏磁，方案 2 的空载电动势有所增大。

由于方案 2 的电动势 E_0 较高，为降低空载电动势，可将铁心长度从 235mm 减到

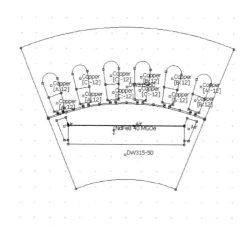

图 3-24　方案 2 的 FEMM 模型

220mm，但减铁心长度对于恒功率范围并无改善，因此提出如下改进措施，形成了最终的设计方案：将永磁体的宽度由 76mm 减小到 70mm，保持铁心长度 235mm 不变。同时，为了提高永磁体的抗去磁能力，将永磁体的厚度增加到 12mm。

最终方案的主要参数为：$E_0 = 175.68V$，$X_{ad} = 0.3001\Omega$，$X_{aq} = 1.4302\Omega$。根据电机参数画出电流极限圆和电压极限椭圆如图 3-25 所示。从图可见，最大电流极限圆与最高转速下电压极限椭圆有交点，说明在最大电流条件下，可以在最高转速下达到恒功率运行要求。同时最高转速下的电压极限椭圆虽然与额定电流极限圆无交点，但电流增加不多之后，就会出现交点，因此在最高转速下，略微增大电流，就可能达到恒功率要求。因此，设计方案可以较好地满足设计要求。

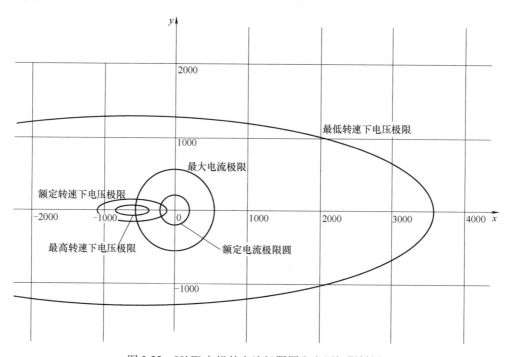

图 3-25　80kW 电机的电流极限圆和电压极限椭圆

图 3-26 和图 2-27 给出了电机的持续电动特性和峰值电动特性，可以看出，电机较好地满足设计要求。

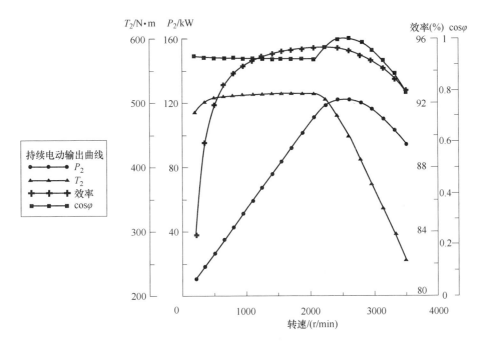

图 3-26　持续电动特性

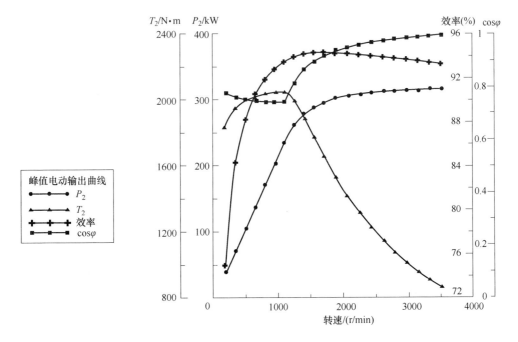

图 3-27　峰值电动特性

3.4.3 永磁辅助同步磁阻电机

永磁同步电机具有高效率、高功率因数、高过载倍数等优点，是电动车驱动电机较理想的选择。但是，永磁同步电机也存在一些不足，例如，其励磁不可调，如果按照高过载倍数进行设计，势必增大永磁磁链，使电机的反电动势过高，在电机高速运行时，过高的反电动势有损坏逆变器的危险；同时，反电动势过高，会影响电机的恒功率运行范围。此外，永磁同步电机需要消耗大量的稀土材料，造成电机的成本过高。

近年来，国际上电动车用永磁电机呈现出轻稀土、少稀土的趋势，电机消耗的永磁材料减少，磁阻转矩的分量提高。丰田普锐斯混合动力汽车的驱动电机磁极结构的变化，很好地体现了这种趋势。如图 3-28 所示，2004 年丰田普锐斯混合动力汽车驱动电机采用 V 形磁极结构，2017 年则采用了"V 一"形磁极结构，永磁材料的用量从 1.768kg 减少到 1.0472kg。

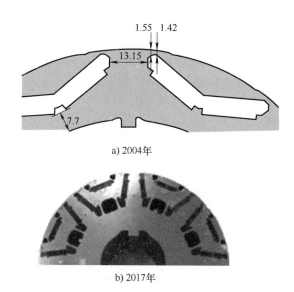

a) 2004年

b) 2017年

图 3-28 丰田普锐斯混合动力汽车驱动电机磁极结构

永磁辅助同步磁阻电机(PMA Syn)是电动车领域关注的又一热点。采用永磁辅助同步磁阻电机，永磁材料的用量只有原来的 1/3~1/2，磁阻转矩则占总转矩的 60% 以上。

将 80kW 电动大客车驱动电机改为永磁辅助同步磁阻电机，定子铁心和定子绕组保持不变，电机的铁心长度也保持 235mm 不变，仅将转子改为 3 层 U 形磁极结构，其 FEMM 模型如图 3-29 所示。自下而上，永磁体的宽度分别为 25mm、19mm、15mm，其厚度分别为 7mm、6mm、6mm。与原永磁同步电机方案相比，永磁体用量减少了 53.57%。

永磁辅助同步磁阻电机与永磁同步电机的转矩特性分别如图 3-30 和图 3-31 所示，可见，在最大电流 390A 的时候，两台电机的输出转矩均可达到 1140N·m，但永磁同步电机的转矩主要是励磁转矩，电磁转矩随直轴电流变化的幅度较小，而永磁辅助同步磁阻电机的电磁转矩随直轴电流变化而显著变化，因此永磁辅助同步磁阻电机的控制性能对电机参数变化更敏感。在两台电机的电流均为 150A 时，永磁辅助同步磁阻电机的转矩较小，说明永磁辅助同步磁阻电机需要较大的电流才能达到与永磁同步电机相同的输出，其额定功率因数较低。

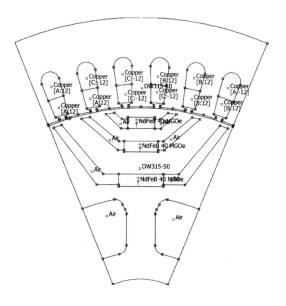

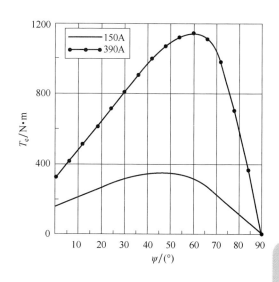

图 3-29   80kW 永磁辅助同步
磁阻电机 FEMM 模型

图 3-30   永磁辅助同步磁阻电机的转矩特性

图 3-32 给出了永磁辅助同步磁阻电机的磁链随电流变化规律，图 3-33 和图 3-34 分别给出了其直、交轴电枢反应电感随电流的变化规律。可见，由于永磁辅助同步磁阻电机空载磁路并不饱和，电枢反应对磁路饱和程度的影响很大，因此，其永磁磁链和直、交轴电枢反应电感都随电流变化而剧烈变化。在制定控制策略的时候，必须充分考虑这些因素。

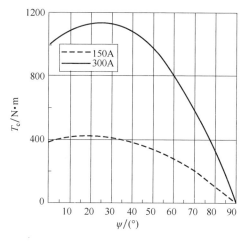

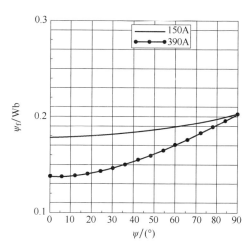

图 3-31   永磁同步电机的转矩特性

图 3-32   永磁辅助同步磁阻电机的永磁磁链

需要说明的是，永磁辅助同步磁阻电机设计中还需要考虑转子强度、转矩脉动抑制等问题，此处给出的永磁辅助同步磁阻电机方案并不是最终的设计方案。有兴趣的读者可以在此方案的基础上进行改进。

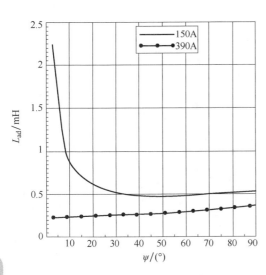

图 3-33　直轴电枢反应电感

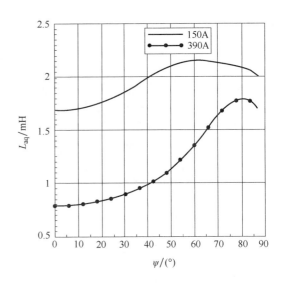

图 3-34　交轴电枢反应电感

3. 4. 4　永磁辅助同步磁阻电机的功率因数

永磁同步电机和永磁辅助同步磁阻电机的相量图如图 3-35 所示。由于永磁辅助同步磁阻电机的空载电动势较小，且电机的凸极率较大，因此直轴电压分量 $L_q I_q$ 远大于交轴电压分量 $E_0 - L_d I_d$，使其电压相量一般都超前电流相量，在空载电动势较低，且内功率因数角 ψ 较小的时候，电机的功率因数较低。忽略定子电阻的影响，有

$$(E_0 - X_d I_d)^2 + (X_q I_q)^2 = U_s^2 \tag{3-74}$$

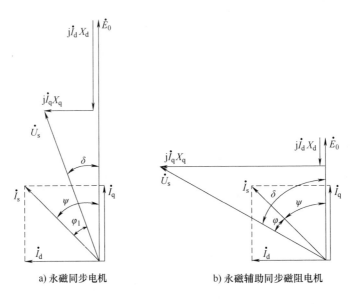

a) 永磁同步电机　　　　　　b) 永磁辅助同步磁阻电机

图 3-35　永磁同步电机和永磁辅助同步磁阻电机的相量图

当电机的相电流和相电压均达到额定时，用标幺值进行分析，取额定值为基值，此时相

电流和相电压的标幺值均为1，令 $X^* = X_d^* I_d^*$，则 $X_q^* I_q^* = \rho X_d^* \cot\psi I_d^* = kX^*$，将其代入式（3-74）的标幺值形式并化简，得

$$X^* = \frac{E_0^* + \sqrt{k^2 + 1 - k^2 E_0^{*2}}}{k^2 + 1} \tag{3-75}$$

由相量图可知，功率角为

$$\delta = \mathrm{asin}(kX^*) \tag{3-76}$$

功率因数角为

$$\varphi = \psi - \delta \tag{3-77}$$

改变内功率因数角 ψ 的大小，以改变直、交轴电流的比例，分析不同空载电动势大小对功率因数的影响，可得不同空载电动势下功率因数 PF 随凸极率的变化关系，如图 3-36 所示。

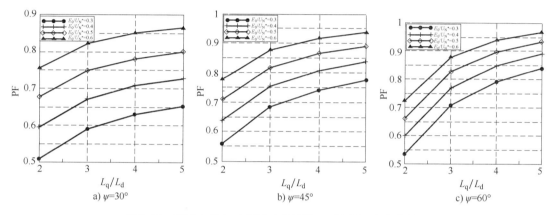

图 3-36　不同空载电动势下功率因数 PF 随凸极率变化关系

由图 3-36 可见：

1）在同样的凸极率和反电动势下，随着内功率因数角 ψ 增大，即直轴电流增大，功率因数也升高。

2）在内功率因数角 ψ 一定，即在直轴电流一定的条件下，凸极率越大，功率因数越高。

如果不考虑磁路的饱和与漏磁，凸极率近似等于直轴磁路的总有效气隙长度与交轴磁路总有效气隙长度之比。交轴磁路的总有效气隙长 = 等效气隙长度（气隙长×卡式系数），而直轴磁路的总有效气隙长度 = 等效气隙长度 + 三层磁障高。只要三层磁障高与等效气隙之比足够大，凸极率就足够大。但是由于磁桥引起漏磁，且铁心存在磁饱和等因素的影响，凸极率并不能达到理想值，一般三层磁障高与等效气隙之比为 15～20，凸极率达到最大，这个比值再提高，反而使交轴磁路面积减小。因此，实际电机的凸极率最大只能到 3 左右。

在凸极率为 3 时，如反电动势与额定电压的比为 0.3，当 $\psi = 30°$，功率因数为 0.59；当 $\psi = 45°$，功率因数为 0.68。

在凸极率为 3 时，如反电动势与额定电压的比为 0.4，当 $\psi = 30°$，功率因数为 0.67；当 $\psi = 45°$，功率因数为 0.75。

在凸极率为 3 时，如反电动势与额定电压的比为 0.5，当 $\psi = 30°$，功率因数为 0.74；当 $\psi = 45°$，功率因数为 0.817。

在凸极率为 3 时，如反电动势与额定电压的比为 0.6，当 $\psi = 30°$，功率因数为 0.82；当 $\psi = 45°$，功率因数为 0.876。

在 MTPA 控制下（或在最大转矩输出下），如内功率因数角 ψ 在 30°~40° 范围内，电机的凸极率为 3 左右，如果线反电动势的大小是线电压的 30%，则功率因数只能到 0.68；如果线反电动势的大小是线电压的 40%，则功率因数只能到 0.75；如果线反电动势的大小是线电压的 50%，则功率因数能到 0.81；如果线反电动势的大小是线电压的 60%，则功率因数可达到 0.87。

所以，如果需要增大永磁辅助同步磁阻电机的功率因数，那么其空载电动势不能太小，比较好的比例是：在恒压点，空载电动势有效值是电压额定值的 60% 以上。

练习与思考

1. 试对无刷直流电动机和永磁同步电动机从结构、控制和性能等方面进行比较。

2. 什么是恒功率变换？永磁同步电机采用恒功率变换时，其矢量控制系统中的电流、电压、磁链等矢量与电机学中相应物理量在数量上有什么关系？

3. 什么是恒相幅值变换？永磁同步电机采用恒相幅值变换时，其矢量控制系统中的电流、电压、磁链等矢量与电机学中相应物理量在数量上有什么关系？

4. 比较表贴式和内置式永磁同步电机采用 $i_d = 0$ 矢量控制时，其特性有什么异同。

5. 比较表贴式和内置式永磁同步电机采用 MTPA 矢量控制时，其特性有什么异同。

6. 永磁同步电机采用 $\cos\varphi = 1$ 矢量控制有何限制？

7. 永磁同步电机采用无位置传感器控制时，如何定位？

8. 永磁辅助同步磁阻电机有哪些优缺点？

9. 永磁同步电机的矢量控制系统硬件与无刷直流电机控制系统有何异同？

技能扩展

1. 为防止逆变器发生桥臂短路直通，某个桥臂上的一个功率器件关断后，另一个功率器件应间隔一定时间才能导通，这个间隔时间叫作死区时间，试分析死区时间对 SVPMW 的影响。

2. 试编写 SVPWM 调制的实现软件。

3. 试完成基于 32 位 MCU 的永磁同步电机控制系统硬件，画出完整的电路原理图和 PCB 图，并编写控制程序。

4. 试根据表 3-4 和表 3-5 给出的数据，设计一台无稀土永磁辅助同步磁阻电动机。

第 **4** 章

开关磁阻电动机及其控制系统

4.1 开关磁阻电动机传动系统

4.1.1 开关磁阻电动机传动系统的组成

开关磁阻电动机传动(switched reluctance drive，SRD)系统是 20 世纪 80 年代中期发展起来的一种新型机电一体化交流调速系统，它主要由四部分组成：开关磁阻电动机(switched reluctance motor，简称 SRM 或 SR 电动机)、功率变换器、控制器和检测器(电流检测、位置检测)，如图 4-1 所示。

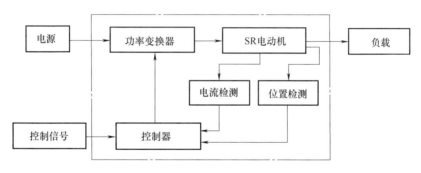

图 4-1 SRD 系统基本构成

SR 电动机是 SRD 系统中实现机电能量转换的部件，其结构和工作原理都与传统电机有较大的差别。如图 4-2 和图 4-3 所示，SR 电动机为双凸极结构，其定、转子均由普通硅钢片叠压而成。转子上既无绕组也无永磁体，定子齿极上绕有集中绕组，径向相对的两个绕组可串联或并联在一起，构成"一相"。

SR 电动机可以设计成单相、两相、三相、四相或更多相结构，且定、转子的极数有多种不同的搭配。相数增多，有利于减小转矩脉动，但导致结构复杂、主开关器件增多、成本增高。目前应用较多的是三相 6/4 极结构、三相 12/8 极结构和四相 8/6 极结构。

功率变换器是 SRD 系统能量传输的关键部分，是影响系统性能价格比的主要因素，起控制绕组电路开通与关断的作用。由于 SR 电动机绕组电流是单向的，使得功率变换器主电路不仅结构较简单，而且相绕组与主开关器件是串联的，可以避免直通短路危险。SRD 系统的功率变换器主电路结构形式与供电电压、电动机相数及主开关器件的种类有关。

图 4-2　SR 电动机定、转子实际结构

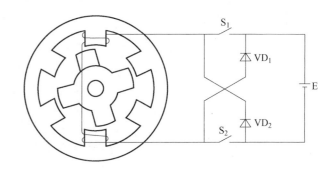

图 4-3　三相 6/4 极 SR 电动机结构原理图

控制器是 SRD 系统的核心部分，其作用是综合处理速度指令、速度反馈信号及电流传感器、位置传感器的反馈信息，控制功率变换器中主开关器件的通断，实现对 SR 电动机运行状态的控制。

检测器由位置检测和电流检测环节组成，提供转子的位置信息以决定各相绕组电路的开通与关断，提供电流信息来完成电流控制或采取相应的保护措施以防止过电流。

4.1.2　开关磁阻电动机的工作原理

SR 电动机的运行遵循"磁阻最小原理"——磁通总是沿磁阻最小的路径闭合。当定子某相绕组通电时，所产生的磁场由于磁力线扭曲而产生切向磁拉力，试图使相近的转子极旋转到其轴线与该定子极轴线对齐的位置，即磁阻最小位置。

下面以图 4-3 所示的三相 6/4 极 SR 电动机为例，说明 SR 电动机的工作原理。

当 U 相通电时的，因磁通总要沿着磁阻最小的路径闭合，扭曲磁力线产生的切向力带动转子转动，最终将使转子 1-3 极轴线与定子 U_1U_2 极轴线对齐，如图 4-4a 所示。U 相断电，W 相通电，则使转子顺时针旋转，最终使将转子 2-4 极轴线与定子 W_1W_2 极轴线对齐，转子顺时针转过 30°，如图 4-4b 所示。W 相断电，V 相通电，则使转子顺时针转过 30°，最终使转子 1-3 极轴线与定子 V_1V_2 极轴线对齐，如图 4-4c 所示。在一个通电周期内，转子在空间转过 3×30°，即一个转子齿极距(简称转子极距，用 τ_r 表示)。如此循环往复，定子按 U→W→V→U→…的顺序通电，电机便沿顺时针方向旋转。如定子按 U→V→W→U→…的顺序通电，电机便沿逆时针方向旋转。

综上所述，可以得出以下结论：SR 电动机的转动方向总是逆着磁场轴线的移动方向，改变 SR 电动机定子绕组的通电顺序，就可改变电机的转向；而改变通电相电流的方向，并不影响转子转动的方向。

对于 m 相 SR 电动机，如定子齿极数为 N_s，转子齿极数为 N_r，则转子极距角(简称为转子极距)为

$$\tau_r = \frac{2\pi}{N_r} \tag{4-1}$$

将每相绕组通电、断电一次转子转过的角度定义为步距角，则其值为

$$\alpha_p = \frac{\tau_r}{m} = \frac{2\pi}{mN_r} \tag{4-2}$$

144

a) U相绕组通电所产生的磁场力图使转子1-3极转向与U相轴线对齐位置

b) W相绕组通电所产生的磁场力图使转子2-4极转向与W相轴线对齐位置

c) V相绕组通电所产生的磁场力图使转子1-3极转向与V相轴线对齐位置

图 4-4 SR 电动机的工作原理

转子旋转一周转过 360°（或 2π 弧度），故每转步数为

$$N_{\mathrm{p}} = \frac{2\pi}{\alpha_{\mathrm{p}}} = mN_{\mathrm{r}} \tag{4-3}$$

由于转子旋转一周，定子 m 相绕组需要轮流通电 N_{r} 次，因此，SR 电动机的转速 $n(\mathrm{r/min})$ 与每相绕组的通电频率 f_{φ} 之间的关系为

$$n = \frac{60f_{\varphi}}{N_{\mathrm{r}}} \tag{4-4}$$

而功率变换器的开关频率为

$$f_{\mathrm{c}} = mf_{\varphi} = mN_{\mathrm{r}}\frac{n}{60} \tag{4-5}$$

4.1.3 开关磁阻电动机的相数与结构

1. 相数与极数关系

SR 电动机的转矩为磁阻性质，为了保证电动机能够连续旋转，当某一相定子齿极与转子齿极轴线重合时，相邻相的定、转子齿极轴线应错开 $1/m$ 个转子极距。同时为了避免单边磁拉力，电动机的结构必须对称，故定、转子齿极数应为偶数。通常，SR 电动机的相数与定、转子齿极数之间要满足如下约束关系：

$$\begin{cases} N_s = 2km \\ N_r = N_s \pm 2k \end{cases} \tag{4-6}$$

式中，k 为正整数，为了增大转矩、降低开关频率，一般在式中取"−"号，使定子齿极数多于转子齿极数。常用的相数与极数组合见表 4-1。

表 4-1 SR 电动机常用的相数与极数组合

m	N_s	N_r
2	4	2
	8	4
3	6	2
	6	4
	6	8
	12	8
	18	12
4	8	6
5	10	4

电动机的极数和相数与电动机的性能和成本密切相关，一般来说，极数和相数增多，电动机的转矩脉动减小，运行平稳，但增加了电动机的复杂性和功率电路的成本；相数减少，有利于降低成本，但转矩脉动增大，且两相以下的 SR 电动机没有自起动能力（指电动机转子在任意位置下，绕组通电起动的能力）。所以，最常用的是三相和四相 SR 电动机。下面介绍几种常用的结构形式。

2. 单相开关磁阻电动机

单相 SR 电动机的功率电路只需一个开关管和一个续流二极管，其功率变换器成本最低，且电动机的绕组数和引线最少。因此，作为小功率电动机在家用电器和轻工设备等应用中有很大的吸引力。

单相 SR 电动机一般定、转子采用相同的极数，常用的有 2/2 极、4/4 极、6/6 极、8/8 极等。

但值得注意的是，单相 SR 电动机不能自起动，需要采取一定的辅助起动措施。下面结合电动机的具体结构，举例说明单相 SR 电动机的特点。

图 4-5 是一种外转子结构的单相 SR 电动机，其内定子的绕组为环形线圈，绕制在定子铁心外圆的槽内，绕组通电后形成轴向和径向混合的磁通。当转子齿极接近定子齿极时，接通电源，转子转过一定角度后断开，避免产生制动转矩。转子可以靠惯性旋转，当转子齿极接近下一个定子齿极时再通电。

图 4-6 是一种利用永磁材料辅助起动的单相 SR 电动机，定子有 4 极，其中垂直方向的

两个磁极上有线圈，并串联成一"相"，在水平方向上分布一对永磁磁极；而转子沿圆周分布着长度不等的两对磁极。当定子绕组断电后，在永磁体的作用下，转子逐渐停止在图中长极轴线与永磁极轴线重合的位置；当定子绕组通电时，转子受到扭曲磁力线的切向磁拉力作用，而实现图示位置开始的自起动。

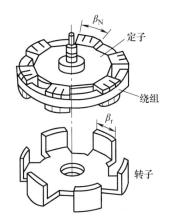

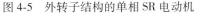

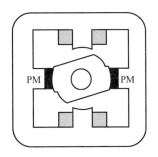

图 4-5　外转子结构的单相 SR 电动机　　　图 4-6　利用永磁材料辅助起动的单相 SR 电动机

单相 SR 电动机还有其他一些形式，如在转子极间嵌入铝块或铜块，利用涡流反应转矩辅助起动等。

3. 两相开关磁阻电动机

常规的两相 SR 电动机（见图 4-7）在定、转子磁极中心线对齐位置（对齐位置）和定子极中心与转子槽中心对齐位置（不对齐位置）也不具备自起动能力，而且还存在较大的转矩"死区"。为了可靠地自起动，两相 SR 电动机可采用不对称转子结构或不对称定子结构。

图 4-8 是一种定子磁极偏移的两相 SR 电动机结构，其中一相的磁极中心线偏离原来的对称线一定角度，使得转矩分布不再对称，保证转子在任何位置都可以自起动。

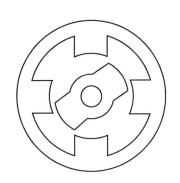

图 4-7　常规两相 SR 电动机（未画出绕组）　　　图 4-8　定子磁极偏移的两相 SR
　　　　　　　　　　　　　　　　　　　　　　　　　电动机结构（未画出绕组）

图 4-9、图 4-10 和图 4-11 给出了三种转子不对称设计的两相 SR 电动机结构（图中未画出绕组），图 4-9 中转子为凸轮结构，图 4-10 中采用阶梯气隙转子，图 4-11 中转子的作用与阶梯气隙转子相同，但在定、转子磁极重合时可以产生磁饱和，有助于获得更理想的转矩特性。这些结构由于磁路的不对称，避免了转矩"死区"，从而使电动机可以自起动。当然，

两相 SR 电动机只能单方向运转。

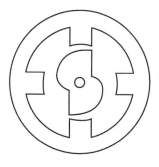 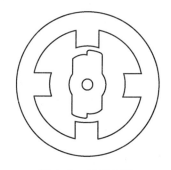 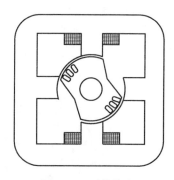

图 4-9　凸轮转子
两相 SR 电动机　　　　图 4-10　阶梯气隙
两相 SR 电动机　　　　图 4-11　可控饱和
两相 SR 电动机

　　两相 SR 电动机结构简单、电动机和控制器成本低、连接线少；槽空间大，为减小绕组铜耗提供了便利；大的铁心截面使定子具有较高的机械强度，有利于降低电动机的噪声；相对较低的换相频率，也降低了铁心损耗。此外，不对齐位置的大气隙提高了电感比值，有利于产生较大的转矩。因此，如果不要求同时具备正、反转向，可优先选择具有自起动能力的两相 SR 电动机。

4. 三相和四相开关磁阻电动机

　　三相以上 SR 电动机都具备正、反方向自起动能力。目前应用最多的 SR 电动机是三相 12/8 极、三相 6/4 极和四相 8/6 极结构。

　　四相 8/6 极 SR 电动机结构如图 4-12 所示（未画出绕组），这是国内绝大部分产品所采用的技术方案。其极数、相数适中，转矩脉动不大，特别是起动较平稳，经济性也较好。

　　三相 6/4 极 SR 电动机结构已在图 4-3 中给出，它是最少极数、最少相数的可双向自起动 SR 电动机，故经济性较好；与四相 8/6 极 SR 电动机（见图 4-12）相比，同样转速时要求功率电路的开关频率较低，因此适合于高速运行。但是其步距角较大（为 30°），转矩脉动也较大。

　　为了减小转矩脉动，可采用图 4-13 所示的三相 12/8 极 SR 电动机（未画出绕组），其相数虽然采用了可双向自起动的最小值，但由于齿极数为三相 6/4 极的两倍，使其步距角与四相 8/6 极相同（均为 15°）。此方案的另一个优点是每相由定子上相距 90° 的 4 个极上的线圈构成，产生的转矩在圆周上分布均匀，由磁路和电路造成的单边磁拉力小，因此电动机产生的噪声也比较低。

　　三相 6/2 极 SR 电动机结构如图 4-14 所示，为减少转矩"死区"，采用了阶梯气隙转子。

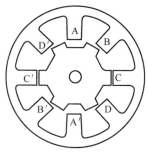 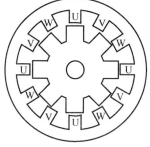 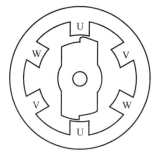

图 4-12　四相 8/6 极
SR 电动机结构　　　　图 4-13　三相 12/8 极
SR 电动机结构　　　　图 4-14　三相 6/2 极
SR 电动机结构

148

5. 五相及更多相开关磁阻电动机

采用五相以上 SR 电动机的目的多是获得平滑的电磁转矩，降低转矩脉动，另一个优点是在无位置传感器控制中，可获得稳定的开环工作状态。但其缺点也很明显，即电动机和控制器的成本和复杂性大大提高。

4.1.4 开关磁阻电动机传动系统的特点

SRD 系统的主要优点如下：

（1）电动机结构简单、成本低，适于高速运行

SR 电动机的突出优点是转子上没有任何形式的绕组，而定子上只有简单的集中绕组，因此绝缘结构简单、制造简便、成本低，并且发热大部分在定子部分，易于冷却；转子的机械强度高，电动机可高速运转而不致变形；转子转动惯量小，易于实现加、减速。

（2）功率电路简单可靠

因为电动机转矩方向与绕组电流方向无关，即只需单方向绕组电流，故功率电路可以做到每相一个功率开关，电路结构简单。另外，系统中每个功率开关器件均直接与电动机绕组相串联，避免了直通短路现象。因此，SRD 系统中功率变换器的保护电路可以简化，既降低了成本，又具有较高的可靠性。

（3）功耗小、效率高

SRD 系统在宽广的转速和功率范围内具有高输出和高效率。这是因为一方面电动机转子不存在绕组铜耗，另一方面电动机可控参数多、灵活方便，易于在宽转速范围和不同负载下实现高效优化控制。

（4）高起动转矩、低起动电流，适用于频繁起停和正反转运行

从电源侧吸收较小的电流，在电动机侧产生较大的起动转矩是 SRD 系统的一大特点。典型产品的数据是：当起动转矩达到额定转矩的 1.4 倍时，起动电流只有额定电流的 40%。

（5）可控参数多，调速性能好

控制开关磁阻电动机的主要运行参数和方法至少以下有 4 种：控制开通角、控制关断角、控制相电流幅值、控制相绕组电压。

可控参数多，意味着控制灵活方便，可以根据运行要求和电动机的实际情况，采用不同控制方法和参数值，使电动机运行于最佳状态（如出力最大、效率最高等），还可以使电动机实现各种不同的功能和特定的特性曲线。表 4-2 是 SRD 与其他调速系统性能的对比。

表 4-2 7.5kW 、1500r/min 几种调速系统性能比较

性能指标		滑差电动机调速	直流电动机调速	感应电动机变频调速	SRD
效率（%）	$100\%T$ 和 $100\%n$	75	76	77	83
	$100\%T$ 和 $50\%n$	38	65	65	80
价格[1]		0.8	1.0	1.5	1.0
单位体积功率[1]		0.8	1.0	0.9	>1.0
可控性[1]		0.3	1.0	0.5	0.9
控制复杂性[1]		0.2	1.0	1.8	1.2
可靠性与可维护性[1]		1.6	1.0	0.9	1.1
噪声/dB		69	65	74	74

[1] 这些性能指标均以直流电动机调速时为 1 作为比较基准。

当然，SRD 系统也存在着一些不足，主要为：

1）存在转矩脉动。SR 电动机转子上产生的转矩是由一系列脉冲转矩叠加而成的，且由于双凸极结构和磁路饱和的影响，合成转矩不是一个恒定值，而是存在一定的谐波分量，使电动机低速运行时转矩脉动较大。

2）振动和噪声比一般电动机大。

3）SR 电动机的出线较多，且相数越多，主接线数越多；此外还有位置传感器的出线。

4.1.5　开关磁阻电动机的应用

SRD 系统兼有直流传动和普通交流传动的优点，在各种需要调速和高效率的场合，均能提供所需的性能要求。一些成功的应用领域如下：

（1）电动车

SRD 系统可靠性高、效率高、起动转矩大、起动电流小，首先在电动车驱动领域得到应用，被认为是电动车驱动的最佳选择之一。

开关磁阻电机驱动装置有限公司（SRD Ltd）研制的 30kW SRD 用于驱动市内有轨电车，电车在包括重盐大气环境在内的各种恶劣条件下运行了 2 年，行程超过 24000km，体现了优良的工作性能，被认为是在同类电动车辆中操纵最方便、噪声最低的车辆。英国 Jeffrey Diamond 的刨煤电动车，滚齿刨煤机重达 10~30t，且要求整个传动和传输系统能精确控制和经久耐用。过去采用传统的传动系统，经常发生故障，改用 SRD 系统后得到根本改善。中国纺织机械研究所研制的 180kW SRD 已成功用于地铁轻轨车的驱动。目前，国际上众多的汽车厂商包括奔驰、沃尔沃、菲压特、通用（GE）汽车公司等都在大力研究采用 SR 电动机驱动的电动车，如在 2010 年 9 月的巴黎车展上，捷豹推出了使用开关磁阻电动机和微燃机技术的 C-X75 插电增程式超跑概念车。

（2）航空工业

1986—1988 年，美国 GE 公司根据国防部"未来先进控制技术规划"及美国空军 USAF 资助，从电源系统的可靠性、可维护性、余度性、容错性、环境适应性及容量、效率、功率密度等方面论证了 SR 电动机、SR 发电机所独有的优越性。1989 年，GE 公司研制了发电功率 30kW 并用于起动 1700hp（1hp = 745W）、4800r/min 飞机发动机的 SR 起动/发电机系统，其指标为：0~9000r/min 恒转矩 13N·m 起动，9000~26000r/min 恒功率 12.5kW 加速起动，26000~48000r/min 恒电压 DC 270V、30kW 发电；同年，美国空军 USAF 与 GE 公司、Sundstrand 公司签订 1990—1995 年合同；针对现役 F-16 战斗机，研制"高可靠性、内装式、三余度起动/发电机计划"，其技术指标为：0~13400r/min 恒转矩 177N·m 起动，13400~26000r/min 恒电压 DC 270V、3×125kW 发电，系统效率为 90%，功率/质量比为 2.5kW/kg，1993 年完成方案设计，1994 年完成样机制造和试验，1995—1998 年，该 SRS/GC 已装入 F-16 战斗机用发动机内进行飞行试验。

（3）家用电器

英国 SRD 公司已有洗衣机用 SRD 系统，功率为 700W，电动机与控制器的总价格为 15.7 英镑。该公司还生产食品加工机械、电动工具、吸尘器用的 SRD 系统。

国内小功率 SRD 系统也已在家用料理机、服装机械、食品机械、印刷烘干机、空调器生产线等传送机构或流水线上应用。

（4）工业传动

SR 电动机良好的起动性能使它特别适合于需要起动转矩大、低速性能好、频繁正反转等场合，如在龙门刨床、平网印花机、可逆轧机等应用中都取得了良好的效果。同时，在采煤机械、油田抽油机等领域有很好的应用前景，特别是应用于抽油机替代异步电动机，可取得 10%～30% 的节电效果。

SR 电动机还适用于高速传动机构、恶劣环境中的生产机械传动等应用。国内生产的用于吸尘泵、离心干燥机等装置的专用高速 SR 电动机转速最高达 30000r/min。

（5）精密伺服系统

SRD 系统作为机电一体化产品，有优良的控制性能，可以在许多需要具有伺服性能的精密传动机构中开发应用。如在电缆、纺织行业中做恒线速度或恒张力传动，在具有高精度控制性能的计算机控制工业缝纫机中做伺服传动，都有较成功的应用。可以预计，具有伺服性能的 SRD 系统将在各种精密机械和智能机械中得到广泛的应用。

4.2　开关磁阻电动机的基本方程与性能分析

SR 电动机的工作原理和结构都比较简单，但由于电动机的双凸极结构和磁路的饱和、涡流与磁滞效应所产生的非线性，加上电动机运行期间的开关性和可控性，使得电动机的各个物理量随转子位置周期性变化，定子绕组的电流和磁通波形极不规则，难以简单地用传统电动机的分析方法解析计算。

不过，SR 电动机内部的电磁过程仍然建立在电磁感应定律、全电流定律等基本的电磁定律之上，由此可以写出 SR 电动机的基本方程式。但基本方程式的求解是一项比较困难的工作。

对 SR 电动机基本方程的求解有线性模型、准线性模型和非线性模型三种方法。线性模型法是在一系列简化条件下导出的电动机转矩与电流的解析计算式，虽然精度较低，但可以通过解析式了解电动机工作的基本特性和各参数之间的相互关系，并可作为深入探讨各种控制方法的依据，故将对此做重点介绍。至于其他两种方法，只做一个简要介绍。

4.2.1　SR 电动机的基本方程

对于 m 相 SR 电动机，如忽略铁心损耗，并假设各相结构和参数对称，则可视为具有 m 对电端口（m 相）和一对机械端口的机电装置，如图 4-15 所示。

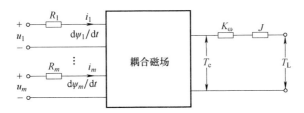

图 4-15　m 相 SR 电动机系统示意图

1. 电压方程

根据电路的基本定律，可以写出 SR 电动机第 k 相的电压平衡方程式为

$$u_k = R_k i_k + \frac{\mathrm{d}\psi_k}{\mathrm{d}t} \tag{4-7}$$

式中，u_k、i_k、R_k 和 ψ_k 分别为第 k 相绕组的端电压、电流、电阻和磁链。

2. 磁链方程

各相绕组的磁链为该相电流与自感、其余各相电流与互感以及转子位置角的函数，但由于 SR 电动机各相之间的互感相对自感来说甚小，为了便于分析，在 SR 电动机的计算中一般忽略相间互感。因此，磁链方程为

$$\psi_k = L_k(\theta_k, i_k) i_k \tag{4-8}$$

应当注意，每相电感 L_k 是相电流 i_k 和转子位置角 θ_k 的函数，电感之所以与电流有关是因为 SR 电动机磁路非线性的缘故，而电感随位置角变化正是 SR 电动机的特点，是产生转矩的先决条件。

将式(4-8)代入式(4-7)中得

$$u_k = R_k i_k + \frac{\partial \psi_k}{\partial i_k}\frac{\mathrm{d}i_k}{\mathrm{d}t} + \frac{\partial \psi_k}{\partial \theta}\frac{\mathrm{d}\theta}{\mathrm{d}t} = R_k i_k + \left(L_k + i_k\frac{\partial L_k}{\partial i_k}\right)\frac{\mathrm{d}i_k}{\mathrm{d}t} + i_k\frac{\partial L_k}{\partial \theta}\frac{\mathrm{d}\theta}{\mathrm{d}t} \tag{4-9}$$

式(4-9)表明，电源电压与电路中三部分压降相平衡。其中，等式右端第一项为第 k 相回路中的电阻压降；第二项是由电流变化引起磁链变化而感应的电动势，称为变压器电动势；第三项是由转子位置改变引起绕组中磁链变化而感应的电动势，称为运动电动势，它与 SR 电动机中能量转换有关。

3. 机械运动方程

根据力学原理，可以写出电动机在电磁转矩和负载转矩作用下，转子的机械运动方程为

$$T_e = J\frac{\mathrm{d}^2\theta}{\mathrm{d}t^2} + K_\omega\frac{\mathrm{d}\theta}{\mathrm{d}t} + T_L \tag{4-10}$$

式中，T_e 为电磁转矩；J 为系统的转动惯量；K_ω 为摩擦系数；T_L 为负载转矩。

4. 转矩公式

电机的磁场储能和磁共能如图 4-16 所示。SR 电动机的电磁转矩可以通过其磁场储能(W_m)或磁共能(W'_m)对转子位置角 θ 的偏导数求得，即

$$T_e(i,\theta) = \frac{\partial W'_m(i,\theta)}{\partial \theta}\bigg|_{i=\mathrm{Const}} \tag{4-11}$$

式中，$W'_m(i,\theta) = \int_0^i \psi(i,\theta)\,\mathrm{d}i$，为绕组的磁共能。

式(4-7)~式(4-11)一并构成 SR 电动机的数学模型。

应当指出，尽管上述 SR 电动机的数学模型从理论上完整、准确地描述了 SR 电动机中电磁及力学关系，但由于电路和磁路的非线性和开关性，上述模型计算十分困难。

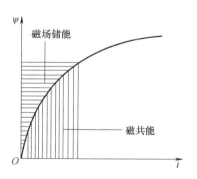

图 4-16　磁场储能与磁共能

4.2.2 基于理想线性模型的 SR 电动机分析

1. 理想线性模型

为了弄清 SR 电动机内部的基本电磁关系和基本特性，从理想的简化模型入手进行研究。为此，做如下假设：

152

1）不计磁路的饱和影响，绕组的电感与电流大小无关。

2）忽略磁通的边缘效应。

3）忽略所有的功率损耗。

4）功率管的开关动作是瞬时完成的。

5）电动机以恒转速运行。

在上述假设条件下的电动机模型就是理想线性模型。这时，相绕组电感 L 随转子位置角 θ 的变化关系如图 4-17 所示。图中横坐标为转子位置角（机械角），它的基准点即坐标原点（$\theta=0$）位置对应于定子磁极轴线（也是相绕组的中心）与转子凹槽中心重合的位置（把这个位置叫作不对齐位置），这时相电感为最小值 $L_{\min}$；当转子转过半个极距（$180°/N_{r}$）时，定子磁极轴线与转子凸极中心对齐（对齐位置），相电感为最大值 $L_{\max}$。随着定、转子磁极重叠的增加和减少，相电感在 $L_{\max}$ 和 $L_{\min}$ 之间线性地上升和下降，$L(\theta)$ 的变化频率正比于转子极数，变化周期为转子极距 τ_{r}。

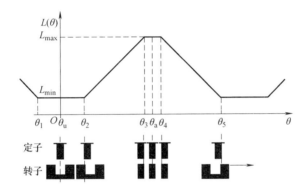

图 4-17　定、转子相对位置与相绕组电感曲线

图 4-17 中，θ_{u} 为不对齐位置；θ_{2} 为定子磁极与转子凸极开始发生重叠位置；θ_{3} 为定子磁极刚好与转子凸极完全重叠位置（一般转子磁极宽度大于或等于定子磁极的宽度）临界重叠位置；θ_{a} 为对齐位置或最大电感位置；θ_{4} 为定子磁极与转子凸极即将脱离完全重叠的位置；θ_{1} 和 θ_{5} 为定子磁极刚刚与转子凸极完全脱离的位置。由此，可以得到理想线性 SR 电动机模型中相绕组电感与转子位置角的关系为

$$L(\theta)=\begin{cases} L_{\min} & \theta_{1}\leqslant\theta<\theta_{2} \\ K(\theta-\theta_{2})+L_{\min} & \theta_{2}\leqslant\theta<\theta_{3} \\ L_{\max} & \theta_{3}\leqslant\theta<\theta_{4} \\ L_{\max}-K(\theta-\theta_{4}) & \theta_{4}\leqslant\theta<\theta_{5} \end{cases} \qquad (4\text{-}12)$$

式中，$K=(L_{\max}-L_{\min})/(\theta_{3}-\theta_{2})=(L_{\max}-L_{\min})/\beta_{s}$；$\beta_{s}$ 为定子磁极极弧宽（rad）；β_{r} 为转子磁极极弧宽（rad）。

如 $\theta_{u}=0$，则 $\theta_{1}=-\theta_{2}$，$\theta_{2}=\dfrac{1}{2}(\tau_{r}-\beta_{r}-\beta_{s})$，$\theta_{3}=\dfrac{1}{2}(\tau_{r}-\beta_{r}+\beta_{s})$，$\theta_{a}=\dfrac{1}{2}\tau_{r}$，$\theta_{4}=\dfrac{1}{2}(\tau_{r}+\beta_{r}-\beta_{s})$，$\theta_{5}=\tau_{r}-\theta_{2}$。

2. 相绕组磁链

SR 电动机一相绕组的主电路如图 4-18 所示，当电动机由恒定直流电源 U_{s} 供电时，一相

电路的电压方程为

$$\pm U_{\mathrm{S}} = iR + \frac{\mathrm{d}\Psi}{\mathrm{d}t}$$

式中，"+"号对应于绕组与电源接通时，"−"对应于电源关断后绕组续流期间。根据"忽略所有功率损耗"的假设，则上式可以简化为

$$\pm U_{\mathrm{S}} = \frac{\mathrm{d}\Psi}{\mathrm{d}t} = \frac{\mathrm{d}\Psi}{\mathrm{d}\theta}\frac{\mathrm{d}\theta}{\mathrm{d}t} = \Omega\frac{\mathrm{d}\Psi}{\mathrm{d}\theta} \tag{4-13}$$

或

$$\mathrm{d}\Psi = \pm\frac{U_{\mathrm{S}}}{\Omega}\mathrm{d}\theta \tag{4-14}$$

式中，Ω 为转子的角速度，$\Omega = \mathrm{d}\theta/\mathrm{d}t$。

开关管 S_1 和 S_2 的合闸瞬间（$t=0$）为电路的初始状态，此时，$\Psi_0 = 0$，$\theta = \theta_{\mathrm{on}}$，$\theta_{\mathrm{on}}$ 为定子绕组接通电源瞬间定、转子磁极的相对位置角，称为开通角。

将式（4-14）取"+"，积分并代入初始条件，得通电阶段的磁链表达式为

$$\Psi = \int_{\theta_{\mathrm{on}}}^{\theta}\frac{U_{\mathrm{S}}}{\Omega}\mathrm{d}\theta = \frac{U_{\mathrm{S}}}{\Omega}(\theta - \theta_{\mathrm{on}}) \tag{4-15}$$

当 $\theta = \theta_{\mathrm{off}}$ 时关断电源，此时磁链达到最大，其值为

$$\Psi = \Psi_{\max} = \frac{U_{\mathrm{S}}}{\Omega}(\theta_{\mathrm{off}} - \theta_{\mathrm{on}}) = \frac{U_{\mathrm{S}}}{\Omega}\theta_{\mathrm{c}} \tag{4-16}$$

式中，θ_{off} 为定子绕组断开电源瞬间定、转子磁极的相对位置角，称为关断角；θ_{c} 为定子一相绕组的导通角，$\theta_{\mathrm{c}} = \theta_{\mathrm{off}} - \theta_{\mathrm{on}}$。

式（4-16）为电源关断后绕组续流期间的磁链初始值，对式（4-14）取"−"，积分并代入初始条件，得到续流阶段的磁链解析式为

$$\Psi = \frac{U_{\mathrm{S}}}{\Omega}(2\theta_{\mathrm{off}} - \theta_{\mathrm{on}} - \theta) \tag{4-17}$$

由式（4-15）~式（4-17），可画出磁链随转子位置角变化的曲线，如图 4-19 所示。

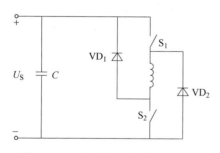
图 4-18　SR 电动机一相绕组主电路

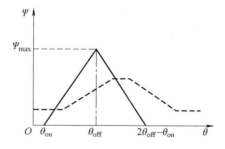
图 4-19　一相绕组的磁链

3. 相绕组电流

式（4-13）可以改写为

$$\pm U_{\mathrm{S}} = \frac{\mathrm{d}\Psi}{\mathrm{d}t} = L\frac{\mathrm{d}i}{\mathrm{d}t} + i\frac{\mathrm{d}L}{\mathrm{d}\theta}\Omega$$

或

$$\frac{\pm U_{\mathrm{S}}}{\Omega} = L\frac{\mathrm{d}i}{\mathrm{d}\theta} + i\frac{\mathrm{d}L}{\mathrm{d}\theta} \tag{4-18}$$

在转速、电压一定的条件下，绕组电流仅与转子位置角和初始条件有关。由于绕组电感 $L(\theta,i)$ 的表达式是一个分段解析式，因此需要分段给出初始条件并求解。

1）在 $\theta_1 \leq \theta < \theta_2$ 区域内，$L = L_{\min}$，式（4-18）前取"+"，将初始条件 $i(\theta_{on}) = 0$ 代入，解得

$$i(\theta) = \frac{U_S}{L_{\min}} \frac{\theta - \theta_{on}}{\Omega} \tag{4-19}$$

则电流变化率为

$$\frac{di(\theta)}{dt} = \frac{U_S}{\Omega L_{\min}} = \text{const} > 0 \tag{4-20}$$

所以，电流在最小电感区域内是直线上升的。这是因为该区域内电感恒为最小值 $L_{\min}$，且无运动电动势，因此相电流在此区域内可迅速建立。

2）在 $\theta_2 \leq \theta < \theta_{off}$ 区域内，$L = L_{\min} + K(\theta - \theta_2)$，$U_S$ 前取"+"，电压方程为

$$\frac{U_S}{\Omega} = L\frac{di}{d\theta} + i\frac{dL}{d\theta} = [L_{\min} + K(\theta - \theta_2)]\frac{di}{d\theta} + iK$$

$$= (L_{\min} - K\theta_2)\frac{di}{d\theta} + K\theta\frac{di}{d\theta} + iK$$

$$= (L_{\min} - K\theta_2)\frac{di}{d\theta} + \frac{d(K\theta i)}{d\theta} \tag{4-21}$$

等式两端对 θ 积分，得

$$\frac{U_S}{\Omega}\theta + C = [L_{\min} + K(\theta - \theta_2)]i \tag{4-22}$$

将初始条件 $i(\theta_2) = U_S(\theta_2 - \theta_{on})/(\Omega L_{\min})$ 代入式（4-22），可以确定积分常数 $C = -U_S\theta_{on}/\Omega$，则

$$i(\theta) = \frac{U_S(\theta - \theta_{on})}{\Omega[L_{\min} + K(\theta - \theta_2)]} \tag{4-23}$$

对应的电流变化率为

$$\frac{di}{d\theta} = \frac{U_S}{\Omega}\frac{L_{\min} + K(\theta - \theta_{on})}{[L_{\min} + K(\theta - \theta_2)^2]} \tag{4-24}$$

可见，若 $\theta_{on} < \theta_2 - L_{\min}/K$，$di/d\theta < 0$，电流将在电感上升区域内下降，这是因为 θ_{on} 比较小，电流在 θ_2 处有相当大的数值，使运动电动势引起的电压降超过了电源电压；若 $\theta_{on} = \theta_2 - L_{\min}/K$，$di/d\theta = 0$，电流将保持恒定，这时运动电动势恰好与电源电压平衡；若 $\theta_{on} > \theta_2 - L_{\min}/K$，$di/d\theta > 0$，电流将继续上升，这是因为 θ_{on} 较大，电流在 θ_2 处数值较小，使运动电动势引起的电压降小于电源电压。因此，不同的开通角可形成不同的相电流波形。

3）在 $\theta_{off} \leq \theta < \theta_3$ 区域内，主开关关断，绕组进入续流阶段。此时，$L = L_{\min} + K(\theta - \theta_2)$，$U_S$ 前取"-"，类似于求解式（4-21）的过程，易得电流解析式为

$$i(\theta) = \frac{U_S(2\theta_{off} - \theta_{on} - \theta)}{\Omega[L_{\min} + K(\theta - \theta_2)]} \tag{4-25}$$

4）在 $\theta_3 \leq \theta < \theta_4$ 区域内，$L = L_{\max}$，U_S 前取"-"，同理可得

$$i(\theta) = \frac{U_S(2\theta_{off} - \theta_{on} - \theta)}{\Omega L_{\max}} \tag{4-26}$$

5）在 $\theta_4 \leq \theta \leq 2\theta_{off} - \theta_{on} \leq \theta_5$ 区域内，$L = L_{\max} - K(\theta - \theta_4)$，$U_S$ 前取"-"，同理可得

$$i(\theta) = \frac{U_{\mathrm{S}}(2\theta_{\mathrm{off}} - \theta_{\mathrm{on}} - \theta)}{\Omega[L_{\max} - K(\theta - \theta_4)]} \tag{4-27}$$

由式(4-20)、式(4-23)、式(4-25)、式(4-26)和式(4-27)构成一个完整的电流解析式，它是关于电源电压、电动机转速、电动机几何尺寸和转子位置角 θ 的函数。在电压和转速恒定的条件下，电流波形与开通角 θ_{on}、关断角 θ_{off}、最大电感 $L_{\max}$、最小电感 $L_{\min}$、定子极弧 β_{s} 等有关。图4-20和图4-21分别画出了在电压和转速恒定时，不同开通角和关断角对应的相电流波形。

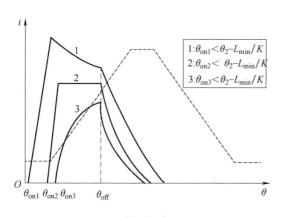

图4-20 电压、转速恒定时，对应不同
开通角的相电流波形

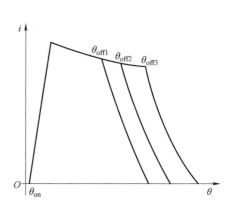

图4-21 电压、转速恒定时，对应不同
关断角的相电流波形

通过以上分析，可以得出如下结论：

1）主开关开通角 θ_{on} 对控制电流大小的作用十分明显。开通角 θ_{on} 减小，电流线性上升的时间增加，电流峰值和电流波形的宽度增大。

2）主开关关断角 θ_{off} 一般不影响电流峰值，但对相电流波形的宽度有影响。θ_{off} 增大，供电时间增加，电流波形的宽度就会增大。

3）电流的大小与供电电压成正比，与电动机转速成反比。在转速很低，如起动时，可能形成很大的电流峰值，必须注意限流。有效的限流方式就是采用电流斩波控制。

4. 电磁转矩

在理想线性模型中，假定了电动机的磁路不饱和。此时，有

$$W_{\mathrm{m}} = W_{\mathrm{m}}' = \frac{1}{2}i\psi = \frac{1}{2}Li^2$$

从而电磁转矩为

$$T_{\mathrm{e}}(i,\theta) = \frac{1}{2}i^2\frac{\partial L}{\partial \theta} \tag{4-28}$$

将电感的分段解析式代入式(4-28)，可得

$$T_{\mathrm{e}} = \begin{cases} 0 & \theta_1 \leqslant \theta < \theta_2 \\ \dfrac{1}{2}Ki^2 & \theta_2 \leqslant \theta < \theta_3 \\ 0 & \theta_3 \leqslant \theta < \theta_4 \\ -\dfrac{1}{2}Ki^2 & \theta_4 \leqslant \theta < \theta_5 \end{cases} \tag{4-29}$$

式(4-29)虽然是在一系列假设条件下得出的，但对于了解SR电动机的工作原理，定性分析电动机的工作状态和转矩产生是十分有益的。可以得出以下结论：

1）SR电动机的电磁转矩是由于转子转动时气隙磁导变化产生的，电感对位置角的变化率越大，转矩越大。选择SR电动机的转子齿极数少于定子齿极数，有利于增大电感对位置角的变化率，因此有利于增大电动机的出力。

2）电磁转矩的大小与电流的二次方成正比。考虑实际电动机中磁路的饱和影响后，虽然转矩不再与电流的二次方成正比，但仍随电流的增大而增大。因此，可以通过增大电流有效地增大电磁转矩。

3）在电感曲线的上升阶段，绕组电流产生正向转矩；在电感曲线的下降阶段，绕组电流产生反向转矩（制动转矩）。因此，可以通过改变绕组的通电时刻，改变转矩的方向，而改变电流的方向不会改变转矩的方向。

4）增大转矩最有效的方法是提前导通，即减小开通角 θ_{on}，在 $\theta_1 \leqslant \theta_{on} \leqslant \theta_2$ 范围内，开通角越小，电流上升的峰值越大，电磁转矩就越大。

5）在电感的下降阶段（$\theta > \theta_4$），绕组电流将产生制动转矩，因此，主开关的关断不能太迟。但关断过早也会由于电流有效值不够而导致转矩减小，且在最大电感期间，绕组也不产生转矩，因此取关断角 $\theta_{off} = (\theta_2 + \theta_3)/2$，即电感上升区的中间位置，是比较好的选择。

4.2.3　考虑磁路饱和时SR电动机的分析

在实际SR电动机中，由于磁路饱和与边缘效应的影响，电感随转角的变化曲线与理想线性模型中的曲线有很大的差别，它不仅是转角的函数，还是电流的函数，如图4-22所示（图中 L、i 都用标幺值表示，选理想线性模型中的 L_{max} 为电感基值，取额定电流为电流基值）。实际SR电动机中电感、磁链和转矩的计算比理想线性模型法复杂得多，准确计算需要借助有限元分析。

FEMM软件是一个开源的有限元分析软件，使用简便，可以进行二维磁场、电场、温度场和流场计算，通过对SR电动机的磁场分析，可以获得电动机的磁链特性、转矩特性和电感特性。下面以一台500W、四相8/6极SR电动机为例，说明FEMM的分析过程。

1）打开FEMM软件，新建一个文件。在文件类型选项框中选Magnetic Problem，如图4-23所示。

2）定义问题。在新建的磁场问题界面中，单击主菜单中的"Problem"，对求解的问题进行定义，如图4-24所示，需要定义的项目如下：

Problem Type："Planar"平面问题；

Length Units：选择"Millimeters"，单位为mm；

Frequency(Hz)：对静磁场问题，输入"0"；

Depth：输入电动机有效长度 $K_{Fe}L + 2\delta$，此处输入"30"；

其余项目选默认即可。

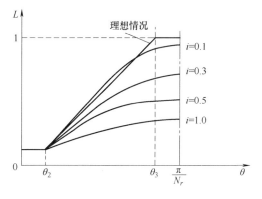

图4-22　实际SR电动机的 $L = f(i, \theta)$

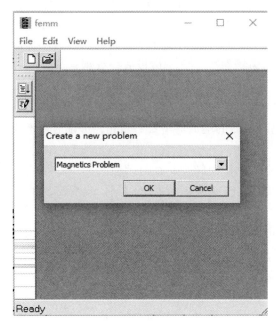

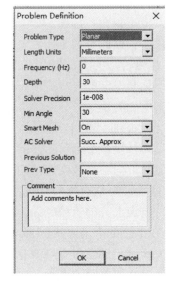

图 4-23　新建 FEMM 文件　　　　　　　　图 4-24　定义问题

3）导入电动机的 dxf 文件，并保存文件，此处文件名为"SR500W. FEM"。

4）为所求解问题选取使用的材料。在 SR500W. FEM 界面中，选择菜单 Properties→Materials Library，在弹出的对话框中依次将 Air（空气）、US Steel Type 2-S0.024 inch thickness（铁心）和 Copper（铜）拖入右边的 Model Materials 中，如图 4-25 所示。

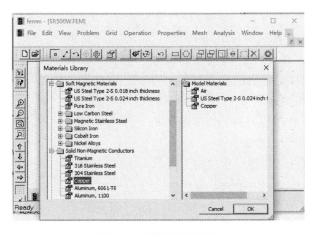

图 4-25　模型材料选取

5）为求解的问题定义边界条件。当求解区域是整个电动机时，认为定子外圆以外没有漏磁，可将其定义为一类齐次边界条件。具体方法为：选择菜单中的 Properties→Boundarys，弹出 Property Definition 对话框，然后单击其中的 Add Property 按钮，弹出 Boundary Property 对话框，在 Name 栏中输入 A0，在 BC Type 下拉选项中选择 Prescribed A，如图 4-26 所示。

6）定义电路。在计算静态特性时，可以只对一相绕组通电的情况进行计算，故只需对 U 相绕组进行设置。选择菜单 Properties→Circuit，弹出 Property Definition 对话框，单击其中

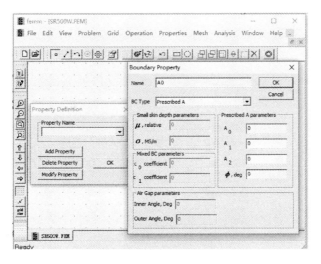

图 4-26　定义边界条件

的 Add Property 按钮，弹出 Circuit Property 对话框，在 Name 栏中输入 U，点选绕组联结方式为 Series，如图 4-27 所示。

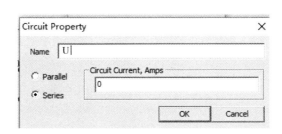

图 4-27　定义电路

7）定义材料属性。利用图 4-28 中"连通域"和"指定"两个命令按钮，对电动机模型中所有连通域定义材料属性。

图 4-28　主菜单命令图标

在对绕组区域进行定义时，在 Block type 下拉选项中选择 Copper，绕组需输入匝数和电流方向，但软件中没有电流方向选项，可以用匝数的正负表示，匝数为正，表示电流为正，匝数为负，表示电流为负，如图 4-29 所示。

对转子铁心定义时，在 Block type 下拉选项中选择 US Steel Type 2-S0. 024 inch thickness，同时，由于转子需要旋转，将其 In Group 选项定义为 2。

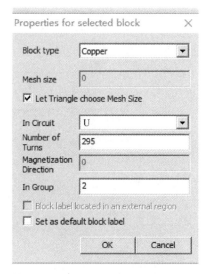

图 4-29　连通域定义

建立的 FEMM 模型如图 4-30 所示。调用下面的 Lua 脚本程序，可以完成对绕组通以 1~10A 电流时磁场循环计算。计算结果如图 4-31 和图 4-32 所示。

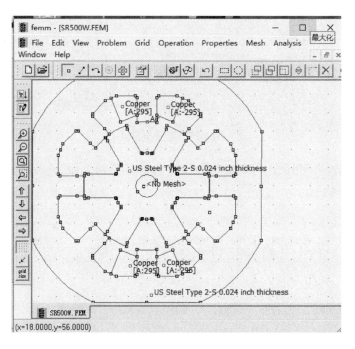

图 4-30　500W SR 电动机的 FEMM 模型

```
-----------------------------------------------------------------
-- SR Motor Flux Linkage & Torque Analysis Script
-- Require FEMM 4.2
-----------------------------------------------------------------
```

```
mydir=". /"                              --定义路径为当前路径
open(mydir .. "500W. FEM")               --打开 FEMM 文件
mi_saveas(mydir .. "temp. fem")          --保存为临时文件,以免覆盖原文件
showconsole()                            --用 Lua 窗口显示进度
fp=openfile(mydir .. "SR-10A. txt","w")  --打开一个文件,以保存计算结果
-- move the rotor through one pole pitch in small
-- increments, recording the flux linkage of each
-- phase at each rotor position   20
sita = {};                               --将位置角定义为数组
pusiA = {};                              --将磁链定义为数组
torque = {};                             --将转矩定义为数组
for I=1,10 do                            --电流外循环
Im=0.5* I                                --每相 2 条支路,每支路电流 0.5×I
steps = 60;                              --总旋转步数,每步转 0.5°,共转半个
                                           周期30°

for k = 1,(steps+1) do                   --转子位置角内循环
sita[k]=(k-1)* 0.5;                      --0. 5°×60=30°
print(k .. "/" .. (steps+1));            --显示步数
print("sita[k]=",sita[k])                --显示角度
st1=sita[k]
st=3.1415926* sita[k]/180                --角度变为弧度
mi_modifycircprop("U",1,IU);             --设置 U 相绕组电流 IU
mi_analyze(1);                           -- 进行 FEMM 分析
mi_loadsolution();                       --调用 FEMM 计算结果
v1,v2,pusiA[k] = mo_getcircuitproperties("A");
                                         --获得绕组磁链
   mo_groupselectblock(2);               -- 选中块号为"2"(转子部分)的 block
   torque[k] = mo_blockintegral(22);     --通过对 block 积分计算转矩
  print("torque[k]",torque[k])           --显示转矩大小
mi_selectgroup(2);                       -- 选中 group"2"
mi_moverotate(0, 0, 0.5, 4);             -- 每次转 0.5°
   mi_clearselected();                   --清除所选
end                                      --位置角循环
for k = 1,(steps+1) do                   --位置角从 0°到30°
   write(fp,sita[k]," ",pusiA[k]/Im/4," ",torque[k],"\n")
                                         --计算结果写入文件
end                                      -- 位置角循环
print("Current loop",I)                  --显示电流循环步数
end                                      --电流外循环
```

```
closefile(fp);                      --关闭文件
print("The end")                    --显示"The end"
```

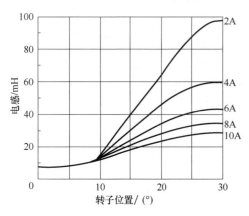

图 4-31　500W SR 电动机的电感特性

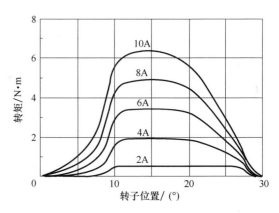

图 4-32　500W SR 电动机的转矩特性

4.2.4　分段线性分析

一般 SR 电动机的实际磁饱和磁化曲线特性如图 4-33 所示。基于非线性模型的 SR 电动机分析须借助数值计算方法(包括电磁场有限元分析、数字仿真等方法)实现。为了避免烦琐计算，又近似考虑磁路的饱和效应，常借助准线性模型：将实际非线性磁化曲线做分段线性的近似处理，且忽略磁耦合影响。

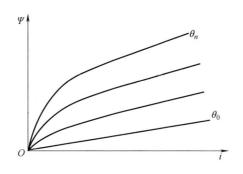

图 4-33　实际磁饱和磁化曲线特性

分段线性化的方法有多种。图 4-34 为 SR 电动机分析中常用的分段线性磁化曲线，即用两段线性特性来近似一系列非线性磁化曲线。其中一段为磁化特性的非饱和段，其斜率为电感的不饱和值；另一段为饱和段，可视为与 $\theta=0$ 位置的磁化曲线平行，斜率为 $L_{\min}$。图中的 i_1 是根据对齐位置下磁化曲线决定的，一般定在磁化曲线开始弯曲处。

基于图 4-34 的 SR 电动机准线性模型，写出绕组电感 $L(i, \theta)$ 的分段解析式为

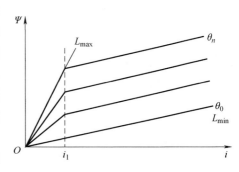

图 4-34　分段线性磁化曲线

$$L(\theta,i) = \begin{cases} L_{\min} & \theta_1 \leq \theta \leq \theta_2 \\ \left.\begin{array}{ll} L_{\min}+K(\theta-\theta_2) & 0 \leq i \leq i_1 \\ L_{\min}+K(\theta-\theta_2)\dfrac{i_1}{i} & i \geq i_1 \end{array}\right\} & \theta_2 \leq \theta \leq \theta_3 \\ L_{\max} \\ \left.\begin{array}{ll} L_{\min}+(L_{\max}-L_{\min})\dfrac{i_1}{i} & \begin{array}{l} 0 \leq i \leq i_1 \\ i \geq i_1 \end{array} \end{array}\right\} & \theta_3 \leq \theta \leq \theta_4 \\ L_{\max}-K(\theta-\theta_4) \\ \left.\begin{array}{ll} L_{\min}+\left[L_{\max}-L_{\min}-K(\theta-\theta_4)\right]\dfrac{i_1}{i} & \begin{array}{l} 0 \leq i \leq i_1 \\ i \geq i_1 \end{array} \end{array}\right\} & \theta_4 \leq \theta \leq \theta_5 \end{cases} \quad (4\text{-}30)$$

式中，K 见式(4-12)，θ_1、θ_2、θ_3、θ_4、θ_5 的定义同图 4-17。

利用图 4-34 所示的磁化曲线算出磁共能，然后对转子位置角求导数，即可算出电磁转矩为

$$T_e(\theta,i) = \begin{cases} 0 & \theta_1 \leq \theta \leq \theta_2 \\ \dfrac{1}{2}Ki^2 \\ \left.\begin{array}{ll} Ki_1\left(i-\dfrac{i_1}{2}\right) & \begin{array}{l} 0 \leq i \leq i_1 \\ i \geq i_1 \end{array} \end{array}\right\} & \theta_2 \leq \theta \leq \theta_3 \\ 0 & \theta_3 \leq \theta \leq \theta_4 \\ -\dfrac{1}{2}Ki^2 \\ \left.\begin{array}{ll} -Ki_1\left(i-\dfrac{i_1}{2}\right) & \begin{array}{l} 0 \leq i \leq i_1 \\ i \geq i_1 \end{array} \end{array}\right\} & \theta_4 \leq \theta \leq \theta_5 \end{cases} \quad (4\text{-}31)$$

由于 SRD 系统的控制模式不同，相电流波形不同，统一的 SR 电动机平均电磁转矩 T_{av} 解析式难以得到。在相电流为理想平顶波的情况下，SR 电动机平均电磁转矩 T_{av} 的解析式为

$$T_{av} = m\frac{N_r}{2\pi}\frac{U_S^2}{\Omega^2}(\theta_{off}-\theta_2)\left(\frac{\theta_2-\theta_{on}}{L_{\min}}-\frac{1}{2}\frac{\theta_{off}-\theta_2}{L_{\max}-L_{\min}}\right) \quad (4\text{-}32)$$

上述基于准线性模型的计算方法多用于分析计算功率变换器和制定控制策略中。从式(4-31)可以看出：当 SR 电动机运行在电流值很小的情况下，磁路不饱和，电磁转矩与电流的二次方成正比；当运行在饱和情况下，电磁转矩与电流成正比。这个结论可以作为制定控制策略的依据。

4.3　开关磁阻电动机的基本控制原理

4.3.1　SR 电动机的运行特性

由式(4-32)可见，当外施电压 U_S 给定、开通角 θ_{on} 和关断角 θ_{off} 固定时，SR 电动机的转矩、功率与转速的关系类似于直流电动机的串励特性。但是，实际上在转速较低时，电流和

转矩都有极限值，其基本机械特性如图 4-35 所示。

对于给定的 SR 电动机，在最高外施电压和允许的最大磁链和电流条件下，存在一个临界转速，它是 SR 电动机保持最大转矩时能达到的最高转速，称为基速或第一临界转速(图中用角速度 Ω_1 表示)。当然，此时 SR 电动机的功率也是最大的。

SR 电动机的电流与转速成反比，在低速运行时，为了限制绕组电流不超过允许值，可以调节外施电压 U_S、开通角 θ_{on} 和关断角 θ_{off} 三个控制量。为了在基速以下获得恒转矩特性，则可固定开通角 θ_{on} 和关断角 θ_{off}，通过斩波控制外施电压。把这种控制方式叫作电流斩波控制(chopped current control，CCC)。

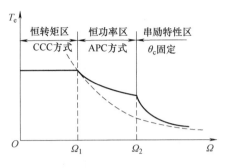

图 4-35　SR 电动机的基本机械特性

当 SR 电动机的运行速度高于基速时，若保持外施电压 U_S、开通角 θ_{on} 和关断角 θ_{off} 都不变，由式(4-32)可知，随着 Ω 增加，T_{av} 将随 Ω 的二次方下降。为了得到恒功率特性，必须采用可控条件。但是外施电压最大值是由电源功率变换器决定的，而开通角又不能无限增加(一般 $\theta_{on} \geqslant \theta_1$，$\theta_{off} \leqslant \theta_a$，且 $\theta_c \leqslant \tau_r/2$)。因此，在外施电压达到最大和开通角、关断角最佳的条件下，能得到最大功率的最高转速，也就是恒功率特性的速度上限，被称为第二临界转速(图中用第二临界角速度 Ω_2 表示)。

在基速以上、第二临界转速以下，可以保持外施电压不变，通过调节开通角 θ_{on} 和关断角 θ_{off} 获得恒功率特性。这种控制方式称为角度位置控制(angular position control，APC)。

当转速再增加时，由于可控条件都已达到极限，转矩不再随转速下降，SR 电动机又呈串励特性运行。

运行时存在两个临界点是 SR 电动机的一个重要特点。显然，控制变量(U_S、θ_{on}、θ_{off})的不同组合，将使两个临界点在速度轴上的分布不同，并且采用不同的控制方法，便能得到满足不同需要的机械特性。这就是 SR 电动机具有良好调速性能的原因之一。

4.3.2　SR 电动机的基本控制方式

为了保证 SR 电动机的可靠运行，一般在低速(基速以下)时，采用 CCC(又叫电流 PWM 控制)；在高速情况下，采用 APC(也叫单脉冲控制)。

1. CCC

在 SR 电动机起动、低、中速运行时，电压不变，旋转电动势引起的压降小，电感上升期的时间长，而 di/dt 的值相当大，为避免电流脉冲峰值超过功率开关器件和电动机的允许值，采用 CCC 模式来限制电流。

斩波控制一般是在相电感变化区域内进行，由于电动机的平均电磁转矩 T_{av} 与相电流 I 的二次方成正比。因此，通过设定相电流允许限值 I_{max} 和 I_{min}，可使 SR 电动机工作在恒转矩区。

CCC 又分为起动斩波模式、定角度斩波模式和变角度斩波模式三种。

1) 起动斩波模式：在 SR 电动机起动时采用。此时，要求起动转矩大，同时又要限制相电流峰值，通常固定开通角 θ_{on} 和关断角 θ_{off}，导通角 θ_c 的值相对较大。

2) 定角度斩波模式：通常在电动机起动后低速运行时采用。导通角 θ_c 的值保持不变，但限定在一定范围内，相对较小。

3）变角度斩波模式：通常在电动机中速运行时采用。此时转矩调节通过电流斩波、开通角 θ_{on}、关断角 θ_{off} 的值的调节同时起作用。

电流斩波通常有以下几种实现方法：

（1）限制电流上、下幅值

将检测到的实际电流 i 与给定电流的上限幅值 I_{max} 和下限幅值 I_{min} 进行比较，当 $i \geq I_{max}$ 时，控制功率开关器件关断；当 $i \leq I_{min}$ 时，使该相的开关器件重新导通。这样，就使相电流 i 维持在期望值。在一个导通周期内，由于相绕组的电感变化，电流的变化率也随之变化，因此，斩波频率疏密不均。在低电感区，斩波频率较高；在高电感区，斩波频率下降。其电流波形如图 4-36 所示。

（2）电流上限和关断时间恒定

将相电流 i 与给定电流的上限 I_{max} 进行比较，当 $i \geq I_{max}$ 时，就控制功率开关器件关断一段时间后再导通。

图 4-37 为该控制模式下的相电流波形。在每一个控制周期内，关断时间恒定，但电流下降多少取决于绕组电感量、电感变化率以及转速等因素，因此，电流下降量并不一致。此外，对于关断时间的选取应适宜，时间过长，相电流脉动大，发生"过斩"；时间过短，斩波频率过高。

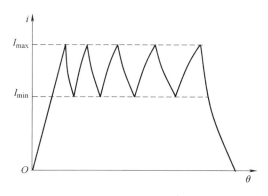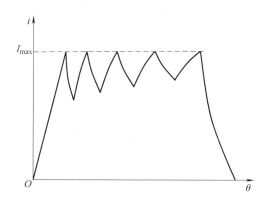

图 4-36　设定电流上、下限的斩波　　　　图 4-37　设定电流上限和关断时间斩波

（3）PWM 斩波控制

在数字控制系统中，通过 PWM 斩波控制来调节电流。调节 PWM 波的占空比可以调节可以调节绕组的导通时间，从而调节电流的大小。PWM 斩波控制的电流波形如图 4-38 所示。PWM 斩波控制有软斩波和硬斩波之分，如图 4-18 所示的一相绕组主电路，在一相绕组导通期间，如果对上、下两个开关管 S_1、S_2 同时进行 PWM 调制，当两个开关管的 PWM 信号均为低时，绕组通过 VD_1、VD_2 构成向电源充电的续流回路，此时，绕组电流在 PWM 信号为低期间下降较快，这种斩波控制方式就是硬斩波；如果仅对开关管 S_1 进行 PWM 调制，S_2 在导通期间一直开通，则开关管 S_1 的 PWM 信号为低时，绕组通过 VD_2 和 S_2 构成零电压续流回路，绕组电流在 PWM 信号为低期间下降较缓慢，这种方式就是软斩波。

2. APC

在电动机高速运行时，为了使转矩不随转速的二次方下降，在外施电压一定的情况下，只有通过改变开通角 θ_{on} 和关断角 θ_{off} 的值，获得所需的较大电流。这就是 APC。

在 APC 中，由于开通角 θ_{on} 通常处于低电感区（$\theta_{on} < \theta_2$），它的改变对相电流波形影响很大，从而对输出转矩产生很大影响。因此一般采用固定关断角 θ_{off}、改变开通角 θ_{on} 的控制模式。

当电动机的转速较高时，因反电动势的增大，限制了相电流的大小。为了增大平均电磁转矩，应增大相电流的导通角 θ_c，因此关断角 θ_{off} 不能太小。然而，关断角 θ_{off} 过大，又会使相电流进入电感下降区域，产生制动转矩。因此，关断角 θ_{off} 存在一个最佳值，以保证在绕组电感开始随转子位置角下降时，绕组电流尽快衰减到零。一般选 $\theta_{off} \leqslant \theta_a$，且 $\theta_c \leqslant \tau_r / 2$。

由 SR 电动机的转矩公式可知，对于同一运行点（即一定转速和转矩），开通角 θ_{on} 和关断角 θ_{off} 有多种组合（见图 4-39），而在不同组合下，电动机的效率和转矩脉动等性能指标是不同的，因此存在针对不同指标的角度最优控制。找出开通角、关断角中使电动机出力相同且效率最高的一组就实现了角度控制的优化。寻优过程可以用计算机仿真，也可以采用重复试验方法来完成。

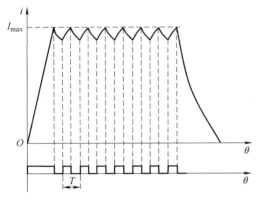

图 4-38　PWM 斩波控制的电流波形

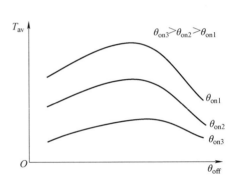

图 4-39　APC 运行时 T_{av} 与 θ_{on}、θ_{off} 的关系

3. 组合控制方式

SR 电动机控制方式的选择是依据转速的高、低来决定的。一般低速时采用电流斩波控制方式，高速时采用角度控制方式，中速时电流斩波和角度控制方式结合使用，各种运行方式沿速度轴的合理分布如图 4-40 所示。其中，Ω_0 为起动斩波的最高限速；Ω_1 为第一临界角速度（最大功率下的最低转速或最大转矩下的最高转速，也称为基速）；Ω_{Cmax} 为电流斩波的最高限速；Ω_2 为第二临界角速度（最大功率下的最高转速）；Ω_{Amin} 为变角度运行的最低限速。

图 4-40　控制方式的合理选择

在制定具体的控制策略时，必须注意：系统采用斩波控制的实际速度小于电流斩波的最高限速 Ω_{Cmax}，而系统采用角度控制的实际速度远大于变角度运行的最低限速 Ω_{Amin}。

为了理解上述控制策略，首先需要了解电流斩波的最高限速 Ω_{Cmax} 和变角度运行的最低限速 Ω_{Amin} 这两个参数的定义。

下面通过线性模型近似分析电流斩波的最高限速 Ω_{Cmax}。由式(4-19)得

$$i(\theta) = \frac{U_S}{L_{min}} \frac{\theta - \theta_{on}}{\Omega} (\theta_{on} \leqslant \theta < \theta_2) \tag{4-33}$$

不妨假设绕组电流的最大值在 $\theta = \theta_2$ 处，如系统允许的最大电流为 I_H，则电流斩波的最高限速为

$$\Omega_{Cmax} = \frac{U_S}{L_{min}} \frac{\theta_2 - \theta_{on}}{I_H} \tag{4-34}$$

如选在 $\theta = 0$ 处使开关导通，使对应绕组中的电流在电感较小区域内迅速建立起来，然后再用电流斩波方式进行调节，那么式(4-34)变为

$$\Omega_{Cmax} = \frac{U_S \theta_2}{L_{min} I_H} \tag{4-35}$$

应该指出，由于电动机磁路饱和的影响，导致电流幅值增大，且随着速度的增高，电流极值点前移，所以系统运行所允许的电流斩波最高限速应小于式(4-35)的计算结果。

在角度控制方式下，绕组电流宽度相对较窄，往往在两相脉冲之间留有较宽的零转矩区域，因此转矩脉动较大；转速越低，转矩脉动越大。最严重的情况是：在负载转矩的作用下，SR 电动机的转速在一个步距角范围内降为零，此时的速度就是角度控制的最低限速 Ω_{Amin}。根据能量守恒原理得

$$\frac{1}{2} J \Omega_{Amin}^2 = T_N \frac{2\pi}{m N_r} \tag{4-36}$$

式中，J 为系统的转动惯量；T_N 为额定负载转矩。

因此，变角度运行的最低限速可由下式计算：

$$\Omega_{Amin} = \sqrt{\frac{4\pi T_N}{m N_r J}} \tag{4-37}$$

为了保证电机的可靠运行，实际角度控制的最低速度远远大于变角度控制的最低限速 Ω_{Amin}。

4.3.3 SR 电动机的起动

单相 SR 电动机只能在转子处于某一位置时自起动，并只能在有限的转角范围内（$\partial L / \partial \theta > 0$）产生正转矩，其性能在两个方向是一致的。两相 SR 电动机可以从任意转子位置起动，但只能单方向运行。三相及三相以上的 SR 电动机可以在任意转子位置正、反转起动，而且不需要其他辅助设备。

SR 电动机的起动有一相绕组通电起动和两相绕组通电起动两种方式，本节以四相 8/6 极 SR 电动机为例，定性分析 SR 电动机的起动运行特点。

在起动时给电动机的一相绕组通以恒定电流，随着转子位置的不同，SR 电动机产生的电磁转矩大小也不同，甚至转矩的方向也会改变，把电动机在每相绕组通以一定电流时产生的电磁转矩 T_e 与转子位置角 θ 之间的关系称为矩角特性，图 4-41 为四相 SR 电动机的典型

矩角特性曲线。从图中可以看出，如果各相绕组选择适当的导通区间，单相起动方式下总起动转矩为各相矩角特性上的包络线，而相邻两相矩角特性的交点则为最小起动转矩（T_{stmin}）。如果负载转矩大于 SR 电动机的最小起动转矩，电动机存在起动死区。

为了增大 SR 电动机的起动转矩、消除起动死区，可以采用两相起动方式，即在起动过程中的任一时刻均有两相绕组通以相同的起动电流，起动转矩由两相绕组的电流共同产生。如果忽略两相绕组间的磁耦合影响，则总起动转矩为两相矩角特性之和。两相起动时合成转矩和各相导通规律如图 4-42 所示。

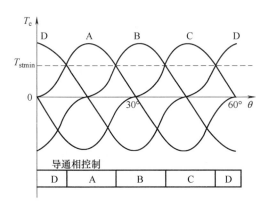

图 4-41　四相 SR 电动机的典型矩角特性曲线

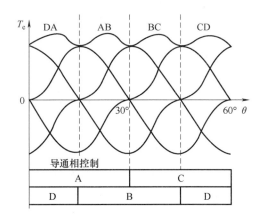

图 4-42　两相起动时合成转矩和各相导通规律

显然，两相起动方式下的最小起动转矩为单相起动时的最大转矩，且两相起动方式时的平均转矩增大，电动机带负载能力明显增强；两相起动方式的最大转矩与最小转矩的比值减小，转矩脉动减小。如果负载转矩一定，两相起动所需的电流幅值将明显低于单相起动所需电流幅值。可见两相起动方式明显优于单相起动，所以一般都采用两相起动方式。

在工程实践中，两相起动方式也叫作两相全开通起动方式。因为在两相起动时，每相绕组的导通角约为一相起动方式的两倍，处于电感上升阶段的绕组全部开通。

4.3.4　SR 电动机的四象限运行控制

SR 电动机产生的电磁转矩与其相绕组电流的方向无关，通过改变相绕组励磁位置和触发顺序就可改变转矩的大小和方向，实现正转电动、正转制动、反转电动和反转制动 4 种运行方式，即可以实现四象限运行。

1. 正反转控制

相对正转而言，反转运行需要两个条件：一是应该有负的转矩；二是应该有反相序的控制信号。

由 4.2 节的分析可知：主开关器件的开通角 θ_{on} 和关断角 θ_{off} 决定每相绕组的通电区域，若在 $\partial L/\partial \theta > 0$ 区段通电，就产生正转矩；若在 $\partial L/\partial \theta < 0$ 区段通电，就产生负转矩。当电动机按负转矩反向旋转时，位置检测器的信号就自动反相序，因此经逻辑变换自然形成反相序（相对于正转逻辑）控制信号。所以，如果 θ_{on} 和 θ_{off} 为正转控制角，则只要将控制导通区推迟半个周期，就可以产生负转矩，并实现反转。反转之后的控制角分别为 $\theta'_{on} = \theta_{on} + \tau_r/2$ 和 $\theta'_{off} = \theta_{off} + \tau_r/2$，反转之后的实际控制角仍然在正常电动控制范围内，如图 4-43 所示。

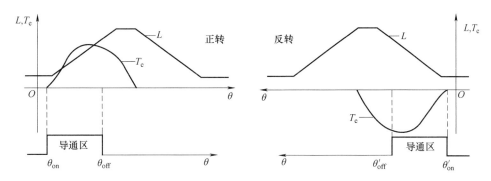

图 4-43　SR 电动机正反转控制原理

2. 制动控制

在传动系统中，常常需要限制电动机转速的升高，或者使电动机由高速运行很快进入低速运行，为此需要对电动机进行制动，也就是在电动机的轴上施加一个与转速方向相反的转矩。

由 SR 电动机的工作原理可知，在电动机正转时，将相绕组主开关器件的导通区设在相绕组电感的下降段即可产生负转矩，使电动机降速，如图 4-44 所示。改变相绕组主开关器件的开通角 θ_{on} 和关断角 θ_{off} 就可实现 SR 电动机的制动运行，因此，SR 电动机的制动控制仍然属于 APC 方式的一种。

在制动状态，电磁转矩的方向与转速方向相反，电动机轴上的机械功率转换为电能，并借助主回路的电力电子器件回馈给电源或其他储能元件，如电容。SR 电动机的制动属于回馈制动(或称再生制动)。

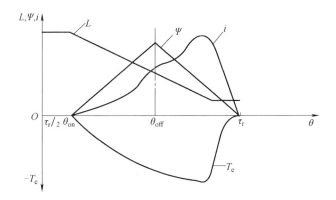

图 4-44　制动状态下 L，Ψ，i，T_e 与转子位置角 θ 的关系示意图

4.4　开关磁阻电动机的功率变换器

功率变换器是直流电源和 SR 电动机的接口，在控制器的控制下起到开关作用，使绕组与电源接通或断开；同时还为绕组的储能提供回馈路径。SRD 系统的性能和成本很大程度上取决于功率变换器，因此合理设计功率变换器是整个 SRD 系统设计成败的关键。性能优良的功率变换器应同时具备如下条件：

169

1）具有较少数量的主开关器件。

2）可将电源电压全部加给电动机相绕组。

3）主开关器件的电压额定值与电动机接近。

4）具备迅速增加相绕组电流的能力。

5）可通过主开关器件调制，有效地控制相电流。

6）能将绕组储能回馈给电源。

功率变换器设计的主要问题一是功率器件的选择及其电流定额的确定，二是功率变换器主电路结构的设计。下面对这些问题分别进行介绍。

4.4.1 功率变换器常见的主电路形式

SRD 系统的功率变换器电路结构有许多种，不同结构电路的主开关器件数量与定额、能量回馈方式以及适用场合均不同，在设计时应特别注意。下面扼要介绍 SRD 系统常用的几种功率变换器主电路。

1. 双开关型主电路

如图 4-45 所示，双开关型功率变换器每相有两只主开关器件和两只续流二极管。当两只主开关器件 VT_1 和 VT_2 同时导通时，电源 U_s 向电动机相绕组供电；当 VT_1 和 VT_2 同时关断时，相电流沿图中箭头方向经续流二极管 VD_1 和 VD_2 续流，将电动机的磁场储能以电能形式迅速回馈电源，实现强迫换相。

这种结构的主要优点一是开关器件电压容量要求比较低，特别适合于高压和大容量场合；二是各相绕组电流可以独立控制，且控制简单。缺点是开关器件数量较多。

双开关型功率变换器适用于任意相数的 SRD 系统。三相 SRD 系统最常用的主电路形式就是双开关型主电路（也叫三相不对称半桥式主电路），如图 4-46 所示。

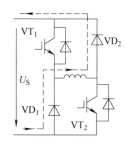

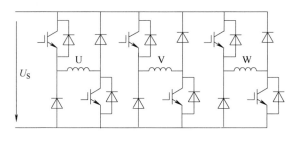

图 4-45 双开关型功率变换器　　　　图 4-46 三相不对称半桥式主电路

2. 双绕组型主电路

图 4-47 为双绕组型主电路，每相均有主、副两个绕组。主开关器件 VT_1 导通时，电源对主绕组供电，形成图示实线箭头方向的电流；当 VT_1 关断时，靠磁耦合将主绕组的电流转移到副绕组，通过二极管 VD_1 续流（续流电流方向为图中虚线箭头方向），向电源回馈电能，实现强迫换相。为了保证主、副绕组之间紧密耦合，通常主、副绕组是双线并绕而成，同名端反接，其匝数比为 $1:1$。

双绕组型功率变换器电路简单，每相只有一个开关管，开关

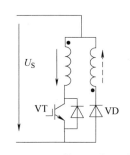

图 4-47 双绕组型主电路

器件少，这是它最大的优点。但是主开关器件除了要承受电源电压外，还要承受副绕组（续流时）的互感电动势。如设主、副绕组的匝数比为1∶1，并认为它们完全耦合，则主开关器件的额定工作电压应为$2U_S$。实际上，主、副绕组之间不可能完全耦合，致使在VT_1关断瞬间，因漏磁及漏感作用，其上会形成较高的尖峰电压，故VT_1需要有良好的吸收回路，才能安全工作。另外，由于采用主、副两个绕组，电动机槽及铜线利用率低，铜耗增加、体积增大。

这种主电路可适用于任意相数的SR电动机，尤其适宜于低压直流电源（如蓄电池）供电的场合。

3. 电容分压型主电路

电容分压型主电路也叫电容裂相型主电路或双电源型主电路，是四相SR电动机广泛采用的一种功率变换器电路，其电路结构如图4-48所示。这种结构的功率变换器每相只需要一个功率开关器件和一个续流二极管，各相的主开关器件和续流二极管依次上、下交替排布；电源U_S被两个大电容C_1和C_2分压，得到中点电位$U_0 \approx U_S/2$（通常$C_1 = C_2$）；四相绕组的一端共同接至电源的中点。

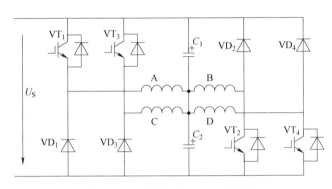

图4-48 电容分压型主电路结构

在这种电路中，SR电动机采用单相通电方式，当上桥臂的VT_1导通时，A相绕组从电容C_1吸收电能；当VT_1断开时，则VD_1导通，A相绕组的剩余能量回馈给电容C_2。而当下桥臂VT_2导通时，绕组B从C_2吸收电能；当VT_2断开时，B相绕组的剩余能量经VD_2回馈给C_1。因此，为了保证上、下两个电容的工作电压对称，该电路仅适用于偶数相SR电动机。由于采用电容分压，加到电动机绕组两端的电源电压仅为$U_S/2$，电源电压的利用率降低。在同等功率情况下，主开关器件的工作电流为双开关型电路中功率器件的两倍。而每个主开关器件和续流二极管的额定工作电压为$U_S + \Delta U$（ΔU是换相引起的瞬时电压）。

电容分压型功率变换器电路有以下特点：

1）每相只用一个主开关器件，功率器件少，结构最简单。

2）电动机的相数必须是偶数，上下两路负载必须均衡。

3）在实际工作时，由于分压电容不可能很大，中点电位是波动的。在低速时波动尤为明显，甚至可能导致电动机不能正常工作。

4）需要体积大、成本高的高压大电容。

5）电源电压的利用率低，适用于电源电压较高的场合。

4. H桥型主电路

如图4-49所示，H桥型主电路比四相电容分压型功率变换器主电路少了两个串联的分压电容，换相的磁能以电能形式一部分回馈电源，另一部分注入导通相绕组，引起中点电位的较大浮动。它要求每一瞬间上、下桥臂必须各有一相导通。本电路特有的优点是可以实现零电压续流，提高系统的控制性能。

H 桥型主电路只适用于四相或 4 的倍数相 SR 电动机，它也是四相 SR 电动机广泛采用的一种功率变换器主电路形式。实际上，四相电容分压型主电路采用两相导通方式时，其工作情况和 H 桥型主电路是相同的。

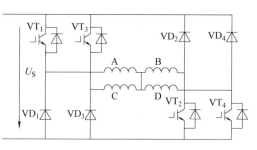

图 4-49　H 桥型主电路

在这种电路中，SR 电动机采用两相通电的工作方式，通过斩波控制进行调速。其斩波模式有两种：四相斩波模式和两相斩波模式。

（1）四相斩波模式

在一个导通区间内，对上下桥臂功率开关器件（图上将开关器件简化成开关的符号）同时进行斩波操作，这时，上桥臂开关器件和下桥臂开关器件同时导通或关断。以 A、B 两相为例，当 VT_1 和 VT_2 导通，电源对 A、B 两相绕组供电；当 VT_1 和 VT_2 关断，续流电路如图 4-50 所示，续流电流经 VD_1、VD_2 回馈电源。

采用四相斩波控制时，关断相储存的电能回馈给电源，续流电流下降较快，这给换相带来好处，但绕组中的电流不够平滑，会使噪声增大。此外，由于每只主开关器件在其导通区间始终处于高频开关状态，开关损耗比较大。

（2）两相斩波模式

在一个导通区间内，仅对上桥臂功率开关器件 VT_1 和 VT_3（或下桥臂功率开关器件 VT_2 和 VT_4）进行斩波操作，而使另一桥臂的功率开关器件始终处于开通状态。仍以 A、B 两相为例，当 VT_1 和 VT_2 导通，电源对 A、B 两相绕组供电；当 VT_1 关断、VT_2 导通时，续流电路如图 4-51 所示，A 相电流注入导通相。

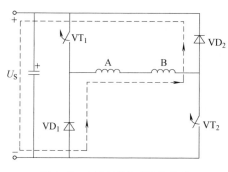

图 4-50　四相斩波时续流电路

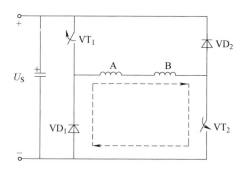

图 4-51　两相斩波时续流电路

这种斩波方式的特点是续流期间绕组两端电压近似为零，所以电流下降缓慢，续流期间没有能量回馈电源。

为了使各相电流更加一致和使各相功率开关器件负荷相同，可使上桥臂开关器件和下桥臂开关器件轮流斩波。

5. 公共开关型主电路

图 4-52 所示的电路是公共开关型功率变换器主电路，除每相各有一个主开关器件外，

各相还有一个公共开关器件 VT。公共开关器件对供电相实施斩波控制，当 VT 和 VT_1 同时导通时，电源向 U 相绕组供电；当 VT_1 导通、VT 关断时，U 相电流经 VD_1 续流。当 VT 和 VT_1 都关断时，电源通过 VD 和 VD_1 反加于 U 相绕组两端，实现强迫续流换相；当 VT 导通、VT_1 关断时，相电流将经 VD 续流，因 U 相绕组两端不存在与电源供电电压反极性的换相电压，不利于实现强迫换相。

具有公共开关器件的功率变换器电路，有一个公共开关器件在任一相导通时均开通，一个公共续流二极管在任一相续流时均参与。该电路所需开关器件和二极管数量较双开关型电路大大减少，可适于相数较多的场合，其造价明显降低。但相数太多，公共开关器件的电流定额和功率定额都大大增加，若其损坏，将导致各相同时失控。

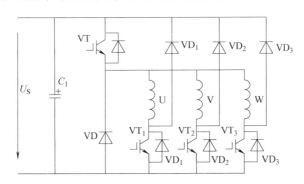

图 4-52　三相公共开关型功率变换器主电路

6. 1.5m 型主电路

对于偶数相 SR 电动机，还可以采用 1.5m 型主电路，其功率开关器件的个数是相数的 1.5 倍，由此得名。

如四相 SR 电动机，A 相与 C 相、B 相与 D 相的电流一般不会重叠，因此，在四相不对称半桥式主电路的基础上，将 A 相与 C 相、B 相与 D 相分别共用一个开关器件，构成图 4-53 所示的 1.5m 型功率变换器。这种功率变换器保留了不对称半桥式主电路的优点，且可以减少功率开关器件的数量。

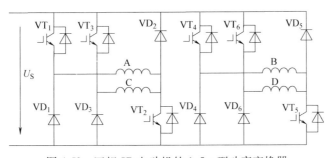

图 4-53　四相 SR 电动机的 1.5m 型功率变换器

以 A 相导通为例，如 VT_1、VT_2 同时开通，则电源向 A 相绕组供电；导通期间，如果 VT_1 由 PWM 斩波控制、VT_2 导通，则可以实现软斩波；如果 VT_1 和 VT_2 同时由 PWM 斩波控制，则实现硬斩波。

1.5m 型功率变换器适用于偶数相电动机，在运行过程中要保证 A 相与 C 相不能同时导通、B 相与 D 相不能同时导通。在电动机转速较低时，四相之间互相独立，没有相互影响。

但在电动机转速较高时，由于绕组的续流时间相对较长，在相位上差 180° 电角度的两相绕组(如 A 相与 C 相，B 相与 D 相)，会出现电流重叠，如图 1-54 所示。

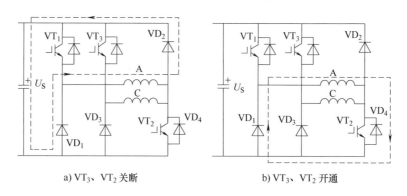

a) VT$_3$、VT$_2$ 关断   b) VT$_3$、VT$_2$ 开通

图 4-54   A 相绕组关断续流

4.4.2 功率开关器件和续流二极管的选用

目前可供选择的功率开关器件主要有晶闸管(SCR)、可关断晶闸管(GTO)、功率晶体管(GTR)、功率场效应晶体管(MOSFET)、绝缘栅双极晶体管(IGBT)和 MOS 控制晶闸管(MCT)。

在 SR 电动机的发展初期，主开关器件多选用 SCR。SCR 无自关断能力，强迫关断电路控制复杂且成本高，其开关速度不高，使得功率变换器的控制性能不理想。GTO 门极控制较复杂，开关频率不高，由 GTO 作功率变换器主开关器件的 SRD 系统难以实施高性能的控制策略。GTR 和 GTO 都属于电流控制器件，其驱动电路要求有较大的输出电流，因此，驱动电路消耗功率较大。功率 MOSFET 属于电压控制型器件，工作频率高、开关速度快，很适合作低压、小功率 SR 电动机功率变换器的主开关器件。IGBT 综合了 MOSFET 控制极输入阻抗高和 GTR 通态饱和压降低的优点，其工作频率较高、驱动电路简单，目前是中、小功率 SR 电动机功率变换器较理想的主开关器件。对于高压、大功率 SR 电动机，则可选择 MCT 作为功率变换器的主开关器件。MCT 是 MOSFET 与晶闸管的复合器件，具有高电压、大电流(2000V、300A；1000V、1000A)、电流密度大(6000A/cm^2)、工作频率高(20kHz)、控制功率小、易驱动、可采用低成本集成驱动电路控制等优点。

因此，就目前电力电子技术发展的水平而言，低压、小功率 SRD 系统功率变换器的主开关器件可选 MOSFET，中、小功率系统一般都选 IGBT，而大功率系统则可选用 MCT。本书的主电路以 IGBT 为例画出。

对于续流二极管，要求其反向恢复时间短、反向恢复电流小、具有软恢复特性，这有助于减小功率变换器的开关损耗、限制主开关和续流二极管上的电流、电压振荡和电压尖峰，因此需要选用快恢复二极管。

主开关器件和续流二极管的选择还取决于系统容量大小、电压定额要求和电流定额等因素，一般可根据系统的工作电压和工作电流确定开关管的电压定额和电流定额。

(1) 电压定额

考虑到主开关器件和续流二极管开关过程中要能承受一定的瞬时过电压，所选器件的电压定额应留有安全裕量，主开关器件和续流二极管的电压定额一般取其额定工作电压的 2~

3倍。

（2）电流定额

主开关器件的电流额定值有两种：一是体现电流脉冲作用的定额，即峰值电流定额；二是体现电流连续作用的定额，即有效值电流定额（对于 IGBT 为集电极额定直流电流）。因为 IGBT 能承受较大的电流峰值，则有效值电流定额是决定功率变换器容量的主要参数。对于二极管而言，因其能承受较大的冲击电流，一般也以有效值电流定额作为选型依据。管子的电流定额通常取其最大工作电流的 1.5~2 倍。

开关器件开通期间的峰值电流 I_p 与直流侧电流 I_{dc} 之间有如下关系：

$$I_p = k_i I_{dc} = \frac{k_i P_N}{\eta U_s} \tag{4-38}$$

式中，k_i 为电流的波形系数，一般 $1 < k_i < 2$；η 为 SR 电动机的效率，通常 $75\% < \eta < 95\%$。因此，在已知 SR 电动机的额定功率 P_N 的情况下，可以用下面的经验公式近似估算功率开关器件的最大峰值电流，并作为其选型依据：

$$I_p = \frac{2.1 P_N}{U_s} \tag{4-39}$$

4.4.3　SR 电动机的功率变换器设计实例

下面以一台三相 12/8 极 SR 电动机调速系统为例，说明 SRD 系统功率变换器的设计。

1. 系统的主要技术指标

额定功率：30kW；

电动机极数：12/8 极；

电动机相数：3；

额定转速：1500r/min；

转速范围：50~2000r/min（额定转速以下为恒转矩运行）；

电源：三相交流 380V/50Hz；

双向运行，停车制动；

起动转矩：1.5×190N·m；

过载能力：$k_m = 120\%$。

2. 功率变换器主电路

根据电动机的相数和容量情况，采用三相不对称半桥式主电路，设计的功率电路如图 4-55 所示，主电路由三相工频交流电经全波整流后供电，其直流供电电压的平均值为 513V。电解电容 C_1 和 C_2 对整流电路的输出起到滤波作用，由于工业用电解电容的耐压通常为 450V 和 400V，小于三相桥式整流电路输出的直流电压，故需将两个容量相同的电解电容串联使用。电阻 R_2、R_3 起到平衡两个电容上的电压及整个系统关闭时对电容放电的作用。R_1 为合闸时的限流电阻，以防止合闸时浪涌电流对滤波电容有过大的电流冲击。当系统上电时，延时电路延时 3~5s，直流母线电压达到额定直流电压的 60%~80% 后，使接触器 KM 闭合，将 R_1 从电路中切除。VT 和 R_b 构成制动放电电路，当 SR 电动机突然停车或制动运行时，电动机绕组中储存的能量向电源回馈，致使电容两端的电压升高，当直流母线电压达到一定限值时（如 DC 680V），VT 开关管开通，将多余的能量通过电阻 R_b 消耗。

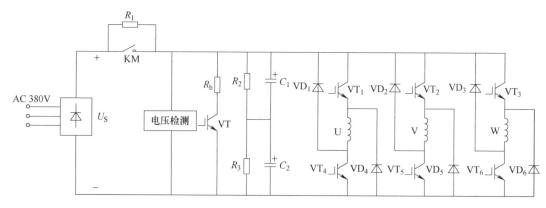

图 4-55　功率变换器主电路

3. 器件的选用

三相桥式整流电路输出的直流电压的最大值为 $U_{Sm} = \sqrt{2} \times 380V = 537V$，输出电压的平均值为 $U_S = 1.35 \times 380V = 513V$。考虑 2 倍的安全余量，功率开关器件的耐压应选 1200V 级。

按照 30kW 的 SR 电动机效率为 87% 计，在过载 1.2 倍时整流电路直流侧电流的有效值为

$$I_{dc} = \frac{k_m P_N}{\eta U_S} = \frac{1.2 \times 30 \times 1000}{0.87 \times 513}A = 80.66A$$

采用三相桥式整流电路时，整流二极管的电流有效值为

$$I_{VD} = \frac{I_{dc}}{\sqrt{3}} = \frac{80.66}{\sqrt{3}}A = 46.6A$$

考虑 2~3 倍的安全余量，整流桥选国产的三相全波整流桥 MDS100-16，其耐压为 1600V，电流定额为 100A。

对于不对称半桥式主电路，开关器件的电流峰值为

$$I_P = \frac{2.1 P_N}{U_S} = \frac{2.1 \times 30 \times 1000}{513}A = 122.8A$$

考虑到开关器件的最大峰值电流约为 122.8A，故选该功率器件的电流定额为 200A，电压定额为 1200V。主开关器件选英飞凌公司生产的 FF200R12KT3 双单元 IGBT 模块。一相绕组的电路连接如图 4-56 所示，每个双 IGBT 模块只使用其中一个 IGBT 单元，另一个 IGBT 单元的 G、E 极短接，当续流二极管使用。

设滤波电容输出的电压波动峰峰值为 $V_r = 40V$，由于三相桥式整流电路中滤波电容需要供电的时间是整流输出电压的半个周期，即 $\Delta t = \frac{1}{2} \times \frac{1}{50 \times 6}s = 1.67ms$；对于不对称半桥式主电路，电容提供的电流为 $I_C = I_{dc} = 80.66A$，故所需滤波电容容量为

$$C = \frac{\Delta t I_C}{V_r} = \frac{1.6 \times 10^{-3} \times 80.66}{40}F \approx 3200\mu F$$

滤波电容选 4 只 3300μF/400V 的电解电容两串两并。

4. IGBT 驱动电路

IGBT 驱动有多种方案，设计时需要综合考虑成本和可靠性等因素，做出恰当的选择。

（1）即插即用型 IGBT 驱动器

国际知名的 IGBT 厂商如英飞凌、西门康等公司都推出了即插即用型 IGBT 驱动器，国内深圳青铜剑电力电子科技有限公司也推出了与之兼容的驱动器。这种驱动器可靠性高、使用方便，但价格昂贵。

如选用英飞凌公司的 2ED300C17-S 双通道驱动器（见图 4-57 和图 4-58），每块驱动板可驱动 600V/1200V/1700V 全系列 IGBT 两个，其主要特点如下：

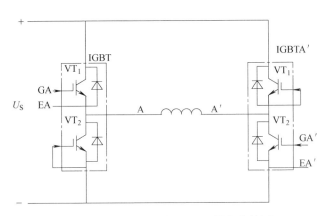

图 4-56　英飞凌双单元 IGBT 模块的使用

图 4-57　2ED300C17-S 双通道驱动器

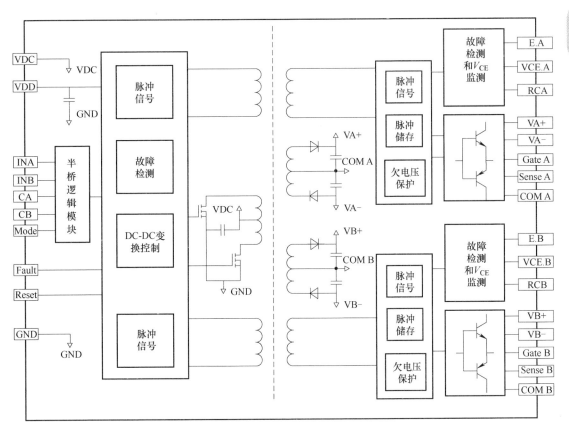

图 4-58　2ED300C17-S 功能框图

1）具有 IGBT 短路、过电流状况监测，故障时实现"软关断"。

2）内部集成 DC-DC 电源模块，只需一路 15V 电源供电。

3）峰值输出电流可达 30A，±15V 驱动电压。

4）信号延迟时间短，抗高频干扰能力强。

（2）基于 IGBT 驱动 IC 的驱动电路

EXB841 是日本富士公司生产的 IGBT 专用驱动模块，可用于驱动 400A/600V 以下或 300A/1200V 以下 IGBT。整个电路信号延迟时间不超过 1μs，最高工作频率可达 40kHz，它只需外部提供一个 +20V 的单电源，内部自己产生一个 -5V 反偏压。模块采用高速光耦隔离，射极输出，并有短路保护及慢速关断功能。EXB841 由以下几部分组成：放大部分、过电流保护部分和 5V 电压基准部分。其功能框图和典型应用电路分别如图 4-59 和图 4-60 所示。

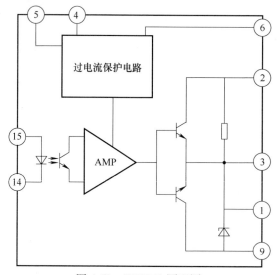

图 4-59　EXB841 原理图

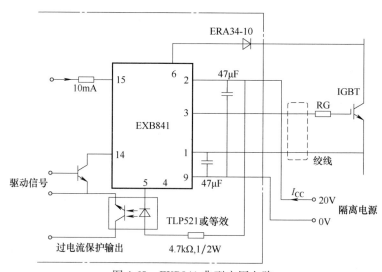

图 4-60　EXB841 典型应用电路

EXB841 是 EXB 系列驱动器中的一种，该系列驱动器有 EXB840/841（高速型，最大 40kHz 运行）和 EXB850/851（标准型，最大 10kHz 运行）几种，EXB840/850 可驱动 150A/600V 或

75A/1200V 以下 IGBT，EXB841/851 可用于驱动 400A/600V 以下或 300A/1200V 以下 IGBT。

此外，可供选择的 IGBT 驱动 IC 还有：三菱公司的 M57962L 可驱动 400A/600V 或 1200V 以下 IGBT 一个单元，日立公司的 TLP250 可驱动 MOSFET 或 50A 以下 IGBT 一个单元。在设计中，可以参考其产品手册选用。

选择 IGBT 驱动 IC 构成驱动电路价格低廉，但电路的可靠性较低，同时，还需要提供多路隔离的驱动电源为驱动电路供电。

4.5　基于 TMS320F28069 微控制器的 SRD 控制系统

4.5.1　基于 TMS320F28069 的 SRD 控制系统硬件

下面仍以三相 12/8 极 SR 电动机为例，说明 SRD 数字控制系统的构建，本实例的控制软件源代码可以通过扫描二维码获取。

基于 TMS320F28069 的
开关磁阻电机控制例程

TMS320F28069 单片机是 TI 公司生产的 32 位高性能微控制器，基于 TMS320F28069 的 SRD 控制系统硬件结构如图 4-61 所示。在本系统中，TMS320F28069 微控制器负责判断转子位置信息、实时计算转速，并综合各种保护信号和给定信息以及转速情况给出相通断信号，实现数字 PI 调节并产生定频调宽的 PWM 信号作为功率开关的驱动信号。

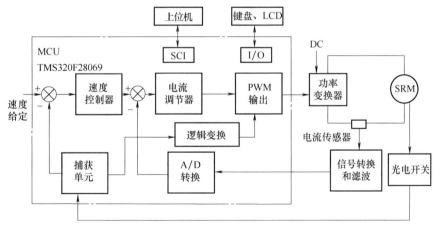

图 4-61　基于 TMS320F28069 的 SRD 控制系统硬件结构

将图 4-61 所示的控制系统结构图具体化，就得到图 4-62 所示的控制系统原理图。控制系统是以微控制器为核心实现的，主要包括 TMS320F28069 最小系统电路、位置信号接口电路、电流检测电路、驱动与保护电路，以及通信接口电路等，下面分别予以介绍。

（1）MCU 最小系统

TMS320F28069 接电源、晶振电路、复位电路、仿真器接口，就构成了单片机工作的最小系统。

（2）转子位置检测电路

采用光电式位置传感器检测 SR 电动机的转子位置，对于系统中的三相 12/8 极 SR 电动机，需要 3 个检测元件。将 3 个槽型光电开关 S_1、S_2、S_3 固定在电动机的定子上，使其分别与定子的 3 个磁极中心对齐，彼此间隔 60° 机械角度，如图 4-63 所示。其遮光盘为 8 齿 8

槽结构，每个齿槽各占 22.5°。遮光盘与 SR 电动机转子同轴安装，且遮光盘的齿中心与转子磁极中心对齐。

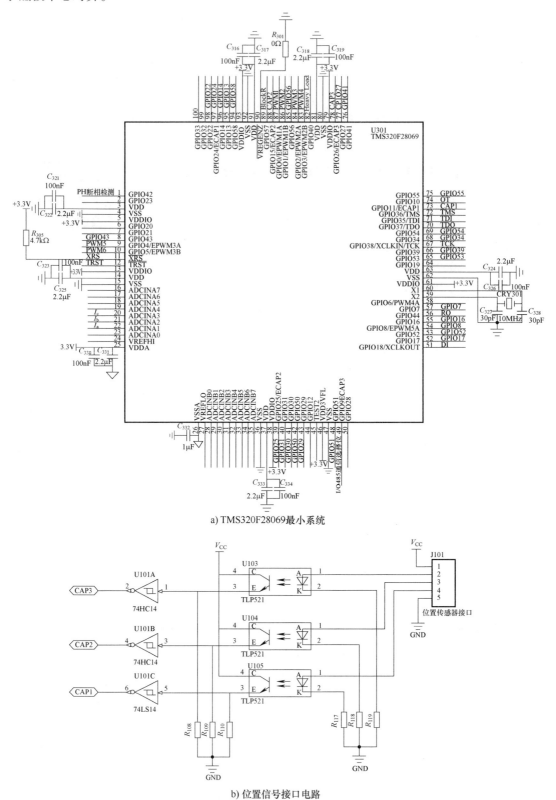

a) TMS320F28069最小系统

b) 位置信号接口电路

图 4-62　基于 TMS320F28069 的 SRD 控制系统原理图

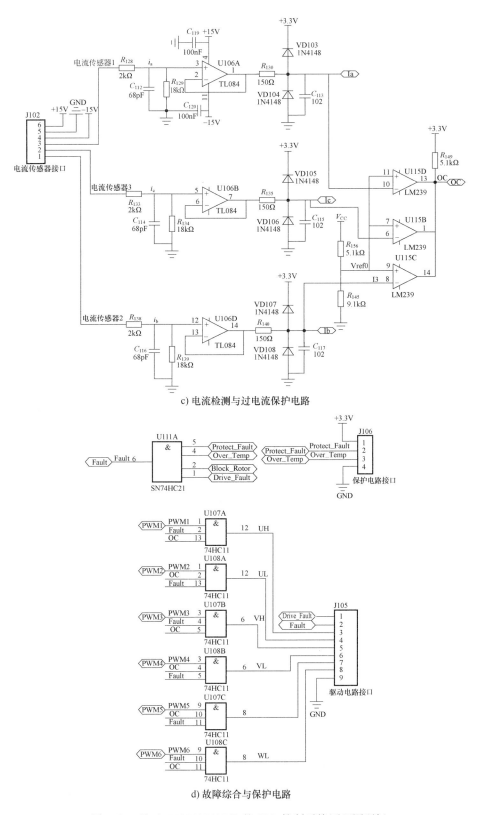

c) 电流检测与过电流保护电路

d) 故障综合与保护电路

图 4-62　基于 TMS320F28069 的 SRD 控制系统原理图(续)

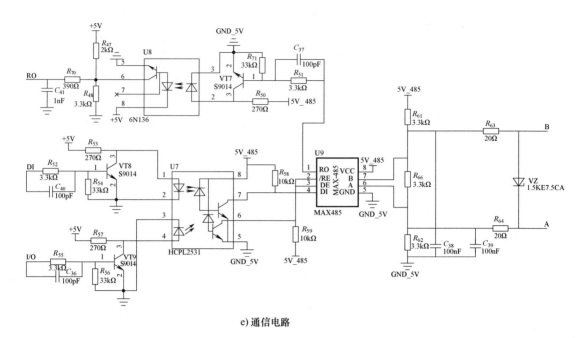

e) 通信电路

图 4-62 基于 TMS320F28069 的 SRD 控制系统原理图(续)

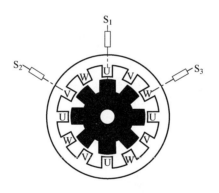

图 4-63 三相 12/8 极 SR 电动机的一种位置传感器布置

将安装在电动机内部的位置传感器的检测元件的输出连接到图 4-62b 中的 U103、U104、U105。位置信号经过光电耦合器隔离,并经施密特反相器整形后送入 TMS320F28069 的捕获单元引脚 CAP1、CAP2 和 CAP3,用于更新位置并测量转子转速。三路位置信号 S_1、S_2、S_3 与三相绕组的电感 L_U、L_V、L_W 之间的相对关系如图 4-64 所示,这是系统软件设计中判断转子位置、逻辑换相和计算转子转速的基础。其中,S_1、S_2 和 S_3 分别为 U105、U104 和 U103 的输入。

TMS320F28069 的捕获引脚与位置传感器输出信号的关系为:CAP3 = $\overline{S_1}$,CAP2 = $\overline{S_2}$,CAP1 = $\overline{S_3}$。用[CAP3,CAP2,CAP1]来表示 SR 电动机的转子位置状态,SR 电动机在运行过程中共有 6 种有效状态,图 4-65 给出了这 6 种有效状态的切换关系。

(3)电流检测与过电流保护电路

TMS320F28069 内有 16 通道的 12 位 A/D 转换模块(ADC),并具有自校验功能,即在每

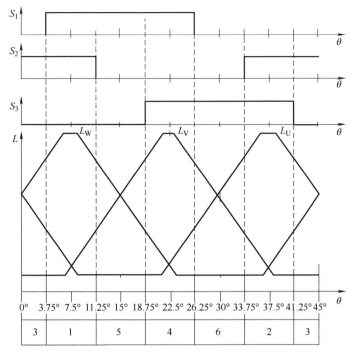

图 4-64 三相 12/8 SR 电动机的位置传感信号与相电感关系

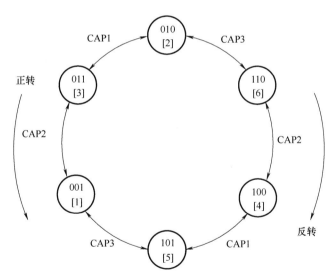

图 4-65 SR 电动机的位置状态转换关系

次 ADC 开始转换之前进行一次自校准。

电流检测采用 3 个磁场平衡式霍尔式电流传感器，电流传感器的输出经滤波和信号调理后变换至合适的范围，输入到 TMS320F28069 的 ADCINA1、ADCINA2、ADCINA3 引脚，电流检测电路的接口如图 4-62c 所示。

下列方程给出了转换公式：

$$数字结果 = 4095 \times \frac{模拟输入电压 - V_{\mathrm{REFLO}}}{V_{\mathrm{REFHI}} - V_{\mathrm{REFLO}}} \tag{4-40}$$

式中，V_{REFLO} 为 ADC 模拟输入参考电压低电平；V_{REFHI} 为 ADC 模拟输入参考电压高电平。TMS320F28069 的供电电源为 3.3V，最小系统中模拟输入的参考电压高电位为 3.3V，即 $V_{REFHI}=3.3V$，低电位为 $V_{REFLO}=0V$。所以，电流传感器的输出电压应转换到 0~3.3V 的范围内。

仍以 4.4.3 节中的 30kW 三相 12/8 极 SR 电动机为例，因其每相绕组的最大峰值电流约为 122.8A，故选用 150A/4V 的霍尔式电流传感器作为电流检测元件，当穿过电流传感器的电流为 150A 时，其输出 4V 电压。电流传感器的输出电压经过电阻分压并滤波后输入 TMS320F28069 的 ADC 模块，并与比较电压 V_{ref0} 进行比较，构成电流硬件保护。检测电路中比较电压为

$$V_{ref0}=V_{CC}\times R_{156}/(R_{156}+R_{145})=5\times 9.1/(5.1+9.1)V=3.2V$$

R_{128} 和 R_{129}、R_{133} 和 R_{134}、R_{138} 和 R_{139} 分别构成了电阻分压电路，由于 $R_{128}=R_{133}=R_{138}=2k\Omega$，$R_{129}=R_{134}=R_{139}=18k\Omega$，其分压比为

$$k=R_{129}/(R_{128}+R_{129})=18/(2+18)=0.9$$

设置的最大电流为

$$I_m=150\times\frac{V_{ref0}}{4k}A=150\times\frac{3.2}{4\times 0.9}A=133A$$

当电流信号高于比较电压时，会使过电流保护信号 OC 变为低电平，通过图 4-62d 所示的故障综合与保护电路，就可使 IGBT 的驱动信号变为低电平，从而关断 IGBT。

（4）故障综合与保护电路

为保证系统中功率变换电路及电动机驱动电路安全可靠地工作，硬件系统中设计了故障综合与保护电路，如图 4-62d 所示。

过电流保护信号 OC 不仅起到快速关断 IGBT 的作用，还可以用于判断电动机是否堵转。在控制软件中对过电流保护信号 OC 进行计数，如果在一定的时间内（如 5s），OC 连续为低电平达到一定的次数（如在 PWM 为 10kHz 频率时，达到 10000 次），且期间未发生捕获中断，则可判断电动机出现堵转故障，由软件输出一个转子堵转保护信号 Block_Rotor。

保护电路还提供断相保护、过电压保护、欠电压保护和过热保护等功能，在设计时把断相保护、过电压保护和欠电压保护合成一个保护故障信号 Protect_Fault，过热保护信号为 Over_Temp。

如驱动电路故障（如驱动电压欠电压、检测到 IGBT 短路等），则向控制系统返回一个驱动保护信号 Drive_Fault。

各种故障信号经与门 74HC21 相"与"后，合成一个故障信号 Fault。正常情况下，各保护信号应为高电平，Fault 也为高电平。一旦检测到某种故障发生，则相应的保护信号变为低电平，使 Fault 变低。Fault 信号一方面输入到单片机的外部中断引脚，触发外部中断，关闭单片机的输出，并锁存故障；另一方面输出到保护电路，通过保护电路切断系统的主电源。

（5）通信电路

通过 Max485 通信模块连接 TMS320F28069 的异步串行通信接口，可实现控制系统与上位机通信，实现远程控制；也可以用于接收电动机的控制指令，如起动、停止、正转、反转等；还可以用于显示电动机运行状态，如转速、电流、故障等。

4.5.2　SRD 的控制策略与实现

根据 SR 电动机的控制原理，可以得到 SRD 的控制系统原理图如图 4-66 所示，SRD 系统采用转速外环、电流内环的双闭环控制，ASR（转速调节器）根据转速误差信号（转速指令 Ω^* 与实际转速 Ω 之差）给出转矩指令信号 T^*，而转矩指令可直接作为电流指令 i^*；ACR（电流调节器）根据电流误差（电流指令 i^* 与实际电流 i 之差）来控制功率开关。

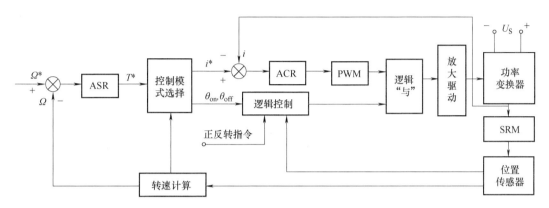

图 4-66　SRD 控制系统原理图

控制模式选择框根据实时转速信号确定 SRD 系统的控制模式——在低速运行时，固定开通角 θ_{on} 和关断角 θ_{off}，采用 CCC；在高速运行时，采用 APC。在 APC 方式下，由于转速较高，电流上升时间缩短，一般电流斩波不再出现，由转矩指令 T^* 的增减来决定开通角 θ_{on} 和关断角 θ_{off} 的大小。在 CCC 方式下，实际电流的控制是由 PWM 斩波实现的。ACR 根据电流误差来调节 PWM 信号的占空比，PWM 信号与换相逻辑信号相"与"并经放大后用于控制功率开关的导通和关断。

（1）控制策略实现方式

以 TMS320F28069 为核心的 SRD 调速系统有两个闭环，即转速外环和电流内环。转速反馈信号由 MCU 的捕获模块计算得到，与给定转速比较后作为 ASR 的输入。而 ASR 的输出值作为电流指令值，再与电流传感器测出的实际电流相比较，形成电流偏差，以控制 PWM 信号的脉宽。

采用电流斩波控制与角度控制相结合的控制方法，起动时采用一相全开通电流斩波控制；在基速以下，采用变角度斩波方式；基速以上，采用 APC。转速采样周期为 0.5ms，电流采样周期为 0.1ms。转速调节和电流斩波控制均由软件实现。电流检测的采样时间为 0.1ms，与 PWM 载波频率相同，即在每个 PWM 载波周期内完成一次电流 A/D 转换。

（2）转速计算

采用 T 法测速计算转子转速。T 法测速是在相邻两次位置信号脉冲之间，用计数器记录经过的时间，从而求出电动机的转速。这里将电感周期划分为了 6 个区间。为了保证电动机在稳态时平稳运行，转速环的反馈值不应有较大的波动。可以通过电感周期上转速平均值的方法，对转速信号进行滤波。平均转速计算公式为

$$n_{av} = \frac{60}{360} \frac{30 f_{cap}}{m_1 + m_2 + m_3 + m_4 + m_5 + m_6} \tag{4-41}$$

185

式中，f_{cap} 为捕获模块计数器的计数频率；m_1，m_2，$\cdots$，m_6 为相邻捕获信号之间计数器的计数值，对应电感周期 6 个区间内计数器的数值。

（3）转子位置角更新

实际控制中需要求出角度增量，以实现提前导通控制。三相 12/8 极 SR 电动机每 45°机械角度为一个电周期。对一个电周期进行编码，使其在一个周期内的位置与 2^{16} 个整数相对应。在 6 个状态跳变的位置上，分别对应 0、10923、21845、32768、43690、54613 这 6 个角度数字量。因为这 6 个数值的是通过硬件电平变化得到的，因而可以作为计数的基准。转子位置角的计算式为

$$\theta'_n = \theta_n + n_{av}\Delta t_{time1}\frac{360}{60}\times\frac{65535}{45} \tag{4-42}$$

4.5.3 控制系统程序结构

根据所制定的控制策略，编制的控制软件流程如图 4-67 所示。软件主要由以下程序模块组成：

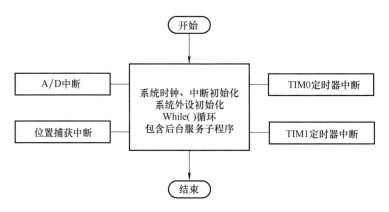

图 4-67 基于 TMS320F28069 的 SRD 系统控制软件流程

1）主程序：通过调用各子程序，执行相应的控制指令。主程序的作用主要是：系统时钟与中断初始化、系统外设初始化、进入无限循环函数。

2）初始化子程序：DSP 控制器内部集成了许多外围器件，如 A/D 转换、PWM 输出、捕获模块等，在系统工作之前，需要对硬件初始化，同时还要对有关控制标志、初始参数、开关量、工作单元、工作模式及中断系统进行初始化，以保证各功能单元按设计要求工作。

初始化子程序主要完成单片机的初始化设置、变量的初始化及外设的初始化。设置系统 CPU 频率即对输入时钟的倍频系数，提高工作频率；开看门狗；对单片机引脚进行功能配置；对使用的 2 个定时器进行设置，对 PWM 单元正确设置；对捕捉单元进行设置以对位置传感器信号进行捕捉；对 ADC 进行设置以对电流和转速给定采样；对 SCI 单元进行配置；配置各自的中断寄存器并开中断；初始化各个参数和变量等；最后返回。

3）定时器 0 的时间设置为 0.1ms，主要完成后台监测服务程序，主要包括堵转检测与过载检测。

4）定时器 1 中断服务程序：完成电流 PWM 控制、转速控制、换相控制以及角度和位置的估计等功能。中断服务程序的流程是：正反转判断→转子位置更新→SCI、SPI 通信→换相控制→转速环调用→电流环调用→清中断标志位。

电动机的各种控制都是在定时器 1 的周期中断中实现的。在程序设计中，将 Epwm 模块的载波频率设置为 10kHz，而定时器 1 的频率为 50kHz，即定时器 1 的中断周期为 0.02ms。在每个中断周期内的，都进行电流控制和位置估计，换相控制的频率是软件系统频率的 5 分频。由于电动机有一定的惯性，速度不可能变化很快，所以速度控制的频率可设置为软件系统频率的若干分频，如 5 分频。定时器 1 周期中断服务流程和 MCU 的处理时序分别如图 4-68 和图 4-69 所示。

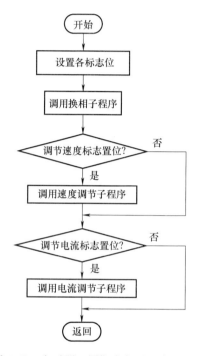

图 4-68 定时器 1 周期中断子程序流程图

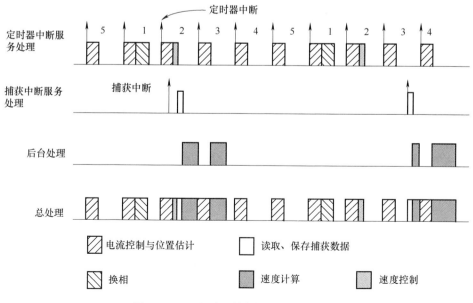

图 4-69 SR 电动机控制软件的处理时序

5）捕获中断服务程序：对捕获单元检测的位置信号进行判断并处理，即通过更新捕获数据和更新速度检测标志来进行测速。

在捕获中断服务程序中，首先判断哪路位置信号的捕获中断有效，若捕获有效则读取捕获单元的时间标签寄存器，将对应的中断时刻的捕获模块计数器中的计数值读出，并判断是哪个位置传感器的跳变沿，将其减去上一次的计数值，得到两次跳变沿之间的计数值，然后保存本次捕获的计数值以备下一次使用；同时读取系统中断当前计数值 count，并计算其与上一次捕获中断时的系统中断计数值的差值 delta_count，若 delta_count 大于 125（对应转速为 100r/min），设置更新速度标志为慢速，反之则设为快速，以便主程序中调用速度计算子程序时选用合适的计算方法。程序流程图如图 4-70 所示。

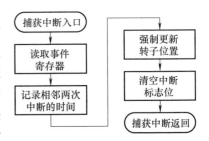

图 4-70　捕捉中断子程序流程图

4.5.4　软件抗干扰措施

干扰是微机控制系统中不可避免的、难以解决的问题，直接影响到系统的可靠性。软件抗干扰的内容，一是采取软件的方法抑制叠加在模拟输入信号上的噪声；二是防止程序跑飞或陷入死循环。一般采用以下几种抗干扰措施：

（1）"看门狗"技术

系统的程序运行一般是循环的方式，每次循环的时间固定，看门狗技术就是不断监视程序运行的时间，若发现时间超过已知的循环设定的时间，则认为系统进入了死循环，强迫程序复位。本软件使用 DSP 内部的"看门狗"，来监视程序的正常运行，程序中设置 4ms"看门狗"定时器周期，在周期为 0.1ms 的系统周期中断程序中对"看门狗"进行"喂狗"操作，即清零"看门狗"定时器，这样一旦程序跑飞或进入死循环，"看门狗"定时器就会溢出，从而导致程序复位，起到保护的作用。

（2）软件滤波

干扰会造成输入信号瞬间采样的误差或误读，可以采用重复采样、加权平均的方法以排除干扰的影响。在按键扫描子程序中，通过对系统周期中断次数进行累加产生的 10ms 的延时，对键盘输入信号进行检测，来排除抖动等干扰影响；在 ADC 采样程序中，对电流检测信号和速度给定信号进行多次采样取平均值，来提高检测信号的准确性。

4.6　开关磁阻电动机的转矩控制

4.6.1　转矩分配函数控制法

为了抑制 SR 电动机的转矩脉动，国内外学者提出了许多有益的方法，转矩分配函数法（torque sharing function，TSF）是最简单有效的一种。转矩分配函数的基本思想是：在某一时刻对导通的各相绕组所产生的瞬时转矩进行合理分配，使 SR 电动机输出的总转矩近似等于总的期望转矩，其控制系统原理如图 4-71 所示。调速系统采用基于转矩分配函数的转速、电流双闭环控制。转速环的输出作为转矩给定 T_{ref}，经过转矩分配函数模块得到各相转矩给定转矩 $T_i(i=U，V，W)$，再经转矩逆模型得出三相绕组电流的给定值 i_{ref}，经过电流 PI 调节后输出 PWM 开关信号，控制相应的功率器件开通或关断，从而实现对 SR 电动机的控制。

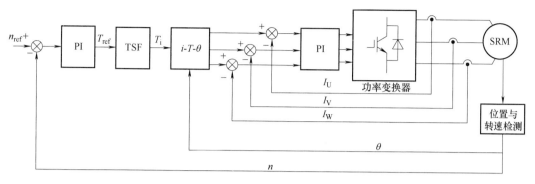

图 4-71 SR 电动机的转矩分配函数控制系统原理框图

SR 电动机总的电磁转矩等于各相绕组产生的转矩之和，因此，转矩分配函数 $f_i(\theta)$ 必须满足如下要求：

$$\begin{cases} T_i = f_i(\theta) T_{\text{ref}} \\ \sum_{i=1}^{3} f_i(\theta) = 1 \\ 0 \leqslant f_i(\theta) \leqslant 1 \end{cases} \tag{4-43}$$

式中，T_i 是分配到 i 相绕组的转矩，$i = $ U、V、W。

常用的转矩分配函数有直线型、二次型、余弦型，如图 4-72 所示。在两相导通区间或换相区间，转矩分配函数对两相转矩分别以线性函数、二次型函数和余弦函数的方式进行分配。

189

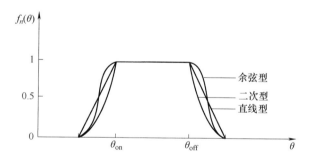

图 4-72 三种转矩分配函数对比

在单相导通区间或在两相导通区间，各相绕组的电流和转矩是可控的，选择合适的转矩分配函数进行控制，可取得较好的控制效果。

在换相区间，转矩分配函数控制目标是使关断相转矩的下降趋势与导通相转矩的上升趋势近似相同，使总的合成转矩等于给定转矩。但由于关断相的电流和转矩是不可控的，且转速和负载的变化，关断相电流波形也随之改变，因此采用固定的转矩分配函数很难达到预期的效果。

转矩逆模型可以通过 SR 电动机的矩角特性生成，既可以是一个二维表，也可以是一组拟合曲线。

转矩分配函数法简单易行，其控制效果取决于转矩分配函数的选取和转矩逆模型的精度，常与 4.6.3 节介绍的直接瞬时转矩控制法配合使用，此处不再赘述。

4.6.2 开关磁阻电动机的 DTC 辨析

有学者将交流电机的直接转矩控制（direct torque control，DTC）方法应用于 SR 电动机，该方法将转矩 T_e 与电流 i、磁链 ψ 和转子位置角 θ 之间的关系近似为

$$T_\mathrm{e}(i,\theta) \approx i \left. \frac{\partial \psi}{\partial \theta} \right|_{i=\mathrm{const}}$$

DTC 的基本思想是使定子磁链保持一个连续的幅值，转矩由定子磁链的加速或减速来控制。通过分析发现，这种方法并不完全适用于 SR 电动机，简要推导如下：

SR 电动机的电磁转矩可以通过其磁场储能（W_m）或磁共能（W'_m）对转子位置角 θ 的偏导数求得，即

$$T_\mathrm{e}(i,\theta) = \left. \frac{\partial W'_\mathrm{m}(i,\theta)}{\partial \theta} \right|_{i=\mathrm{const}}$$

式中，$W'_\mathrm{m}(i,\theta) = \int_0^i \Psi(i,\theta)\,\mathrm{d}i$ 为绕组的磁共能。而 SR 电动机的磁场储能为

$$W_\mathrm{m}(i,\theta) = \left. \left[\int_0^\psi i(\psi,\theta)\,\mathrm{d}\psi \right] \right|_{\theta=\mathrm{const}}$$

故

$$T_\mathrm{e}(i,\theta) = \left. \left[\frac{\partial}{\partial \theta}(i\psi - W_\mathrm{m}(i,\theta)) \right] \right|_{i=\mathrm{const}}$$

当磁场储能为 $W_\mathrm{m}=0$ 时，电动机可获得最大的输出转矩，为

$$T_\mathrm{max}(i,\theta) = \left. \left[\frac{\partial(i\psi)}{\partial \theta} \right] \right|_{i=\mathrm{const}} = i \left. \frac{\partial \psi}{\partial \theta} \right|_{i=\mathrm{const}}$$

图 4-73 给出了磁场储能和磁共能的关系，可见，当电动机的磁路不饱和时，假设为理想线性时，$W_\mathrm{m}=W'_\mathrm{m}=\frac{1}{2}i\psi$，$T_\mathrm{e}=\frac{1}{2}T_\mathrm{max}$；当电动机的磁路高度饱和时，磁场储能 W_m 与磁共能 W'_m 相比可以忽略，近似有 $T_\mathrm{e}(i,\theta) \approx T_\mathrm{max}$。

DTC 方法的转矩估算公式计算的是电动机的最大输出转矩，它仅可实现 SR 电动机的最大转矩控制，不能实现在磁路不饱和或弱饱和状态下的转矩控制。

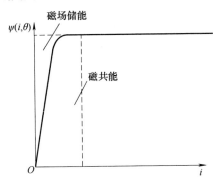

图 4-73　磁场储能与磁共能的关系

4.6.3 开关磁阻电动机的直接瞬时转矩控制

直接瞬时转矩控制(direct instantaneous torque control,DITC)是一种能有效抑制 SR 电动机转矩脉动的控制策略,其主要思想是根据实际测得的实际转矩与给定转矩的差值,并结合转子的实时位置,确定功率开关状态,从而实现对 SR 电动机转矩的直接控制。SR 电动机的 DITC 主要通过实时转矩查表与合成、转矩滞环控制器和功率开关表实现,系统的整体结构如图 4-74 所示。在电动机运行过程中,采集电动机的三相电流以及转子位置信号,通过转矩查表与合成单元得到实际转矩,转矩滞环控制器结合实际转矩与参考转矩之间的偏差,生成开关表来控制功率开关器件,从而实现 SRM 调速系统的控制。

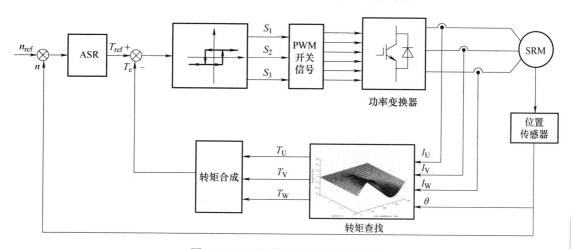

图 4-74 SR 电动机的 DITC 系统框图

1. 功率变换器开关方式

三相 SRD 系统常用的功率变换器为三相不对称半桥式主电路,采用 DITC 控制电动机时,为有效调节转矩输出,功率变换器的通电方式有 $S_i = 1$、$S_i = 0$ 和 $S_i = -1$ 三种,下标 $i = 1$,2,3,分别代表 U、V 或 W 三相,如图 4-75 所示。

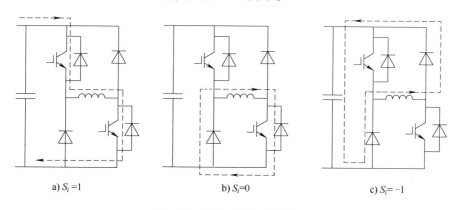

a) $S_i = 1$ b) $S_i = 0$ c) $S_i = -1$

图 4-75 功率变换器开关状态

在 $S_i = 1$ 状态下,上、下两个功率开关器件同时开通,电源在一相绕组两端施加正向电压,电流如图 4-75a 中虚线所示。此时,电流、磁链迅速建立。

在 $S_i = 0$ 状态下，上桥功率开关器件开通，下桥功率开关器件关断，此时电流通过下桥功率开关器件和下桥二极管构成续流回路，电流如图 4-75b 中虚线所示。此时绕组两端电压为 0，电流缓慢下降。

在 $S_i = -1$ 状态下，上、下两个功率开关器件皆断开，绕组中的电流通过两个二极管向电源续流，相当于电源在绕组两侧施加反向电压，如图 4-75c 中虚线所示。此时电流、磁链迅速下降。

2. 转矩查表与合成

在 DITC 系统中，实时转矩的精度影响着 SRM 调速系统的控制效果，通常采用查找二维数据表格的方法来获取实时相转矩。

可通过有限元分析软件对电动机进行计算，得出"电流-位置-转矩"的特性曲线并制成二维数据表格，见表 4-3，其中将转子位置角、电流值分别等分为 n 和 n_1 份，i_{max} 为电流最大值。然后结合位置传感器和电流传感器采集的实时转子位置信息与三相电流值，得出当前每相绕组提供的转矩大小，最后通过转矩合成单元对各相转矩合成，得出实际转矩。

表 4-3　电流-位置-转矩二维数据表格

θ	i			
	0	i_{max}/n_1	...	i_{max}
0	$T(0, 0)$	$T\left(\dfrac{i_{max}}{n_1}, 0\right)$	...	$T(i_{max}, 0)$
$\dfrac{2\pi}{nN_r}$	$T\left(0, \dfrac{2\pi}{nN_r}\right)$	$T\left(\dfrac{i_{max}}{n_1}, \dfrac{2\pi}{nN_r}\right)$	...	$T\left(i_{max}, \dfrac{2\pi}{nN_r}\right)$
...	...	...	...	$\vdots$
$\dfrac{2\pi}{N_r}$	$T\left(0, \dfrac{2\pi}{N_r}\right)$	$T\left(\dfrac{i_{max}}{n_1}, \dfrac{2\pi}{N_r}\right)$	...	$T\left(i_{max}, \dfrac{2\pi}{N_r}\right)$

二维数据表格中的数据越多，计算所得的每相转矩就会越准确，DITC 的控制效果就会越好，但是 MCU 的存储空间是有限的，因此不能存储过大的数据表格。

对于二维数据表中没有储存的点，理论上应采用二次插值法进行计算。为了提高算法的实时性，在存储数据表时，位置角的间隔要尽量小，使绕组在通以一定的电流时，相邻两个位置角下的电磁转矩之差足够小。这样，当实测的位置角在 $k\dfrac{2\pi}{nN_r} \sim (k+1)\dfrac{2\pi}{nN_r}$ 之间时，可以根据距离最短原则，将实测的位置角近似为两 $k\dfrac{2\pi}{nN_r}$ 或 $(k+1)\dfrac{2\pi}{nN_r}$。这样，只需对电流进行一次插值，就能得到较为精确的实时转矩。

当电动机只有一相绕组有电流时，通过查表得到的转矩就是电动机的实时转矩。当电动机中有两相绕组中有电流时，如两相通电或一相导通、另一相续流时，一般是根据两相绕组的电流和转子位置角分别查找两相转矩，然后将二者的代数和当作实时转矩。这种方法比较简单，但是忽略了两相导通时共磁路引起的交叉饱和的影响，使实时转矩计算不准确。为了获得更为精确的实时电磁转矩，针对两相导通共磁路对合成转矩的影响，需要根据磁路的饱和程度引入一个转矩修正系数 K_T 对合成转矩进行修正，使合成转矩更接近实际转矩。

3. 转矩滞环控制器

转矩滞环控制器是 DITC 的核心环节。系统运行时，将实际转矩与参考转矩的差值作为该控制器的输入，控制器将转矩差值与滞环上、下限做比较，结合转子位置信息选择导通相并决定该相功率开关器件的工作状态。

在 SR 电动机 DITC 系统中，转矩的产生方式分两种：单相提供转矩和两相共同提供转矩。如图 4-76 所示，U 相在 θ_{Uon} 处开通，在 θ_{Uoff} 处关断，在 θ_{Uover} 处电流衰减为 0；V 相在 θ_{Von} 处开通，在 θ_{Voff} 处关断，在 θ_{Vover} 处电流衰减为 0。一般 $\theta_{\mathrm{Uoff}}=\theta_{\mathrm{Von}}$，$\theta_{\mathrm{Uoff}}\sim\theta_{\mathrm{Uover}}$ 区间为换相区，电动机的转矩由 U 相和 V 相共同提供；$\theta_{\mathrm{Uover}}\sim\theta_{\mathrm{Voff}}$ 区间为单相工作区间，由 V 相单独提供转矩。同理，在运行过程中也存在 V、W 两相共同提供转矩和各自单独提供转矩的情况。

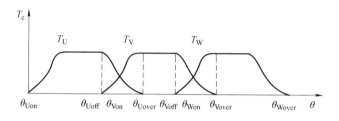

图 4-76　三相瞬时转矩示意图

针对单相工作区和换相区转矩构成的两种情况，需设置两种不同的滞环控制器对转矩进行控制。将给定转矩 T_{ref} 与实际转矩 T_{e} 的差值 ΔT 为滞环的输入变量，滞环限值分别为 $-\Delta T_{\max}$、$-\Delta T_{\min}$ 和 $\Delta T_{\min}$。

如图 4-77 所示，在单相工作区 $\theta_{\mathrm{Uover}}\sim\theta_{\mathrm{Voff}}$，如转矩偏差 ΔT 大于滞环上限 $\Delta T_{\min}$，说明实际转矩未达到给定转矩，需增大实际转矩，应使 V 相处于 $S_2=1$ 状态；随着实际转矩增大，如给定转矩与实际转矩之间的偏差值 $\Delta T<-\Delta T_{\min}$ 时，则令 V 相处于 $S_2=0$ 状态，使绕组进入零电压续流状态，缓慢减小电流和转矩；若实际转矩继续增大，使 $\Delta T<-\Delta T_{\max}$ 时，则令 V 相功率开关处于 $S_2=-1$ 状态，在 V 相绕组两侧直接施加负向电压，使电流迅速减小，从而使转矩快速减小；如 $\Delta T>-\Delta T_{\min}$，则令 $S_2=0$，缓慢减小电流和转矩。根据电动机的运行状态和转矩差不断调节 V 相的开关状态，将转矩控制在滞环之内。

如图 4-78 所示，在电动机的换相区 $\theta_{\mathrm{Uoff}}\sim\theta_{\mathrm{Uover}}$，U 相转矩逐渐减小，直到最后由 V 相单独提供转矩。在换相开始时，U、V 两相均处于开通状态，$S_1=S_2=1$。由于 V 相转矩迅速增大，总转矩增大，当给定转矩与实际转矩的偏差值 $\Delta T<0$ 时，为保证 V 相转矩的输出，将 U 相开关切换为 $S_1=0$，利用 U 相零电压续流缓慢减小总转矩；如果实际转矩继续增大，当 $\Delta T<-\Delta T_{\min}$ 时，使 V 相开关处于 $S_2=0$ 状态，减小总转矩输出；若实际转矩依然继续增大，当 $\Delta T<-\Delta T_{\max}$ 时，则使 U 相处于 $S_1=-1$ 状态，在绕组两侧施加反向电压，使 U 相迅速退磁，减小转矩。随后输出转矩减小导致 ΔT 增大，当 $\Delta T>0$，令 U 相切换至状态 $S_1=0$，V 相开关状态保持不变；当 $\Delta T>\Delta T_{\min}$ 时，将 V 相开关状态切换至 $S_2=1$，通过开通 B 相使转矩增大。

4. 转子位置信号

转子位置更新通过捕获中断来完成，作为转速计算和转子位置精确估算的依据。捕获中断的触发方式均设置为跳变沿触发，在电动机运行中，由位置传感器信号 S_{A}、S_{B} 和 S_{C} 分别触发 CAP1~CAP3 捕获中断。如对于 18/12 极电动机，三个光电开关之间的间隔为 $10°$，每次触发中断时，记录时间计数器（如 Timer2）的计数值，结合两次记录的计数值与光电开关相隔度数即可计算电动机转速。

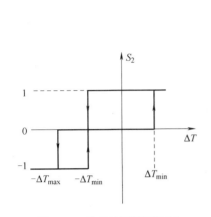

图 4-77　单相转矩滞环控制

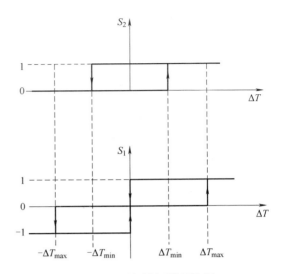

图 4-78　两相转矩滞环控制

实时转矩的估算需要精确的转子位置，因此需对转子位置传感器信号进行量化处理。图 4-79 给出了三相 18/12 极 SR 电动机一个电周期的转子位置量化图。将一个电周期划分为 6 等份，每一等份对应一个位置状态，其机械角度为 5°。为了对转子位置进行细分，软件中每次一旦触发捕获中断，就刷新数字量的起始位。设 0.01°对应 100 的数字量，5°的机械角度被细分为 50000 份。这样，结合当前电动机的转速、转向与系统运行的主频率，即可算出当前转子位置对应的数字量。

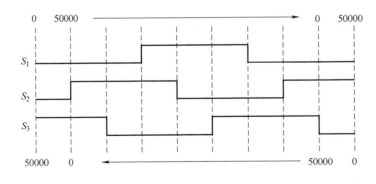

图 4-79　转子位置量化图

5. 实例

一台 5.5kW 三相 18/12 极 SR 电动机技术数据见表 4-4。对于 18/12 极电动机，一个电周期对应的机械角度为 30°，定义不对齐位置为 0°，位置角的取值范围为 0°～30°，步长为 0.5°。电流的取值范围为 0～30A，步长为 1.5A。在单相通电的状态下，利用 Lua 脚本调用 FEMM 软件进行二维电磁场有限元分析，得到电动机在不同电流、不同转子位置下的电磁转矩和绕组磁链。通过对数据进行整理，可得电磁转矩随电流与转子位置变化、电流随转子位置与磁链变化的两个三维数据表。

表 4-4 5.5kW 三相 18/12 极 SR 电动机技术数据

项目	数据	项目	数据
相数	3	并联支路数	6
定子极数	18	转子极数	12
定子外径	165mm	转子外径	101.3mm
定子内径	148mm	转子内径	80mm
铁心长度	135mm	气隙长度	0.35mm
定子磁极宽	12.9mm	转子齿顶宽	9.77mm
定子轭内径	121mm	转子轭内径	48mm
每极匝数	30	导线直径	0.9mm

图 4-80 给出了半个周期内电磁转矩随转子位置和电流变化的关系，通过转子位置与相电流值可查得一相电磁转矩；图 4-81 给出了半个周期内磁链随电流和转子位置变化的关系，通过电流与转子位置可查得当前的磁链大小。转矩特性和磁链特性在下半个周期内的数据通过对称性获得，这样可减少数据的存储量。

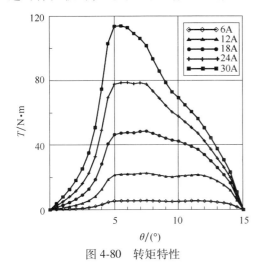

图 4-80 转矩特性

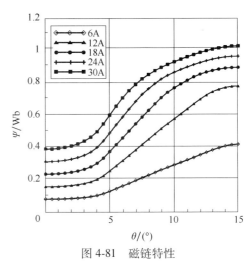

图 4-81 磁链特性

图 4-82 给出了三相 18/12 极电动机采用传统 DITC 时、给定负载转矩为 20N·m 时，电动机的电磁转矩波形图。可以看出，采用 DITC 时，电动机的电磁转矩总体上比较平稳，但在换相期间有较小的脉动。

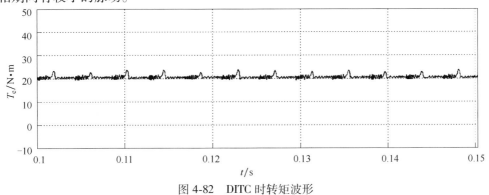

图 4-82 DITC 时转矩波形

195

4.7 开关磁阻电动机的无位置传感器控制

4.7.1 无机械位置传感器位置检测方法

近些年来，国内外研究人员对 SR 电动机的无传感器控制进行了深入的研究，提出了多种无机械位置传感器的位置检测方法。这些方法的检测对象不同、控制方式也不同，但是究其本质却大同小异，就是通过 SR 电动机的绕组电感、电流和磁链与转子位置角存在的映射关系，来间接检测 SR 电动机的转子位置信息。如图 4-83 所示，按照适用的速度范围，可将 SR 电动机的无位置传感器位置检测方法分为低速法和高速法两大类；按照检测对象不同，可将其分为激励相检测和空闲相检测两大类。

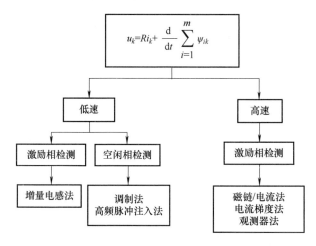

图 4-83　SR 电动机的无机械位置传感器位置检测方法

1. 增量电感法

在速度较低时，忽略绕组中的运动电动势，则式(4-9)可简化为

$$u = Ri + \left(L + i \frac{\partial L}{\partial i} \right) \frac{di}{dt} \tag{4-44}$$

由此可得

$$l(i, \theta) = \frac{u - Ri}{\dfrac{di}{dt}} \tag{4-45}$$

式中，$l(i, \theta) = L + i \dfrac{\partial L}{\partial i}$，称为增量电感，它是与转子位置角和磁路饱和程度有关的变量，其变化规律如图 4-84 所示。预先计算并存储增量电感与转子位置的关系，根据式(4-45)实时计算增量电感，就可获得转子位置。

2. 信号调制法

将通信系统中常用的频率调制、相位调制以及幅值调制方法应用于 SR 电动机位置检测中，使用低压信号电路将各种形式的脉冲序列注入绕组中，对响应信号进行适当解码，获得电感信息，进而得到转子位置。该方法避免了母线电流注入带来的误差，但需要额外的低压

196

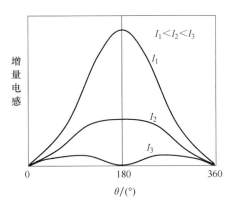

图 4-84　增量电感随电流和位置角变化关系

脉冲注入电路，增加了系统的成本和复杂度。

3. 高频脉冲注入法

高频脉冲注入法的基本原理是：在 SR 电动机单相运行时，向非导通相注入一定占空比的高频脉冲信号，根据高频脉冲的电流响应，判断转子位置角。

根据式（4-44），如向非导通相注入幅值为 U 的高频脉冲电压时，由于注入脉冲的频率较高且占空比小，响应电流的幅值很小，且相绕组电阻也很小，因此式（4-44）中第一项，即绕组的电阻压降可以忽略不计；由于响应电流幅值小，电动机的磁路远未达到饱和，电感不随电流变化，式（4-44）中第二项的 $\dfrac{\partial L}{\partial i}$ 为 0，则绕组电流 i 与电压 U 之间的关系简化为

$$U = L\frac{\mathrm{d}i}{\mathrm{d}t} \tag{4-46}$$

当通电时间足够短时，可以改写为

$$U = L\frac{\Delta i}{\Delta t} \tag{4-47}$$

式中，Δi 为响应电流的峰值与初始值之差。如使绕组电感在每个通电周期都完全放电，则电流的初始值为 0，Δi 的值与响应电流的峰值 i_p 相等，式（4-47）可以写为

$$U = L\frac{i_\mathrm{p}}{\Delta t} \tag{4-48}$$

式中，绕组电感 L 是转子位置角 θ 的函数；Δt 是一个周期内脉冲注入的时间。

可以看出，当脉冲电压的幅值和时间一定时，绕组的相电感与响应电流的峰值成反比，而绕组电感又是转子位置角 θ 和绕组相电流 i 的函数，在电流较小时，磁路不饱和，可以近似认为绕组的相电感是转子位置角的单值函数，因此通过检测非导通相响应电流的峰值，就可以间接估计电动机的转子位置角。

用高频脉冲注入法估计转子位置时，注入的脉冲信号的频率一般是一个固定值。为了提高位置估计的精度，除了要求响应电流的峰值尽量大，还应该在绕组的相邻两次导通之间，有足够多的脉冲信号注入。

在注入固定频率的脉冲信号时，无论 SR 电动机的转速多高，在单位时间内注入的脉冲信号个数是相同的。随着 SR 电动机的转速升高，电动机在两个脉冲信号时间内转过的角度

增大;在相同的角度范围内,注入脉冲的数量就减少。转速越高,这种情况就越明显。可见基于高频信号注入的无位置传感器控制方法只适用于 SR 电动机的初始定位和中低速运行,这也是高频脉冲注入法的最大局限性。

限制脉冲注入频率的主要因素是功率开关器件。所有功率开关器件存在极限开关频率,同时,开关频率过高,也会增加功率开关器件的开关损耗,使系统的整体效率降低。注入高频脉冲信号造成功率开关器件的工作强度增加,降低其使用寿命。过高的开关频率也会增大电磁干扰,影响检测的正确性。

所以,注入的高频脉冲信号的频率过低或过高都会产生负面影响,应该根据具体应用场合,综合考虑注入频率的选取。

(1)高频脉冲的通电时间

电动机从静止状态起动时,需要确定初始起动相。因此,在电动机静止时,需同时向三相绕组注入相同频率的高频电压脉冲,如果电压脉冲的通电时间比较长,就会使电动机转子的转动,导致初始定位失败。在电动机正常运行时,由于检测脉冲是给非导通相注入,非导通相所处的位置处在电感下降区,这样会产生负转矩,降低 SR 电动机的运行效率。如果检测脉冲注入的时间过短,响应电流过小,又会增加电流峰值的检测难度。因此,必须合理选择高频脉冲的注入时间。

当电动机处于不对齐位置时,绕组电感最小,此时响应电流最大,因此有

$$i = \frac{U\Delta t}{L(\theta)} \leqslant \frac{U\Delta t}{L_{\min}} \tag{4-49}$$

式中,i 为高频脉冲信号的响应电流。

由于电压脉冲的注入时间比较短,对 SR 电动机绕组电感的影响很小,此时由注入的高频脉冲所产生的转矩 T_e 可表示为

$$T_e = \frac{1}{2}i^2 \frac{dL(\theta)}{d\theta} \tag{4-50}$$

式中,$\dfrac{dL(\theta)}{d\theta} = \dfrac{L_{\max} - L_{\min}}{\beta_s}$。

如果电动机的阻力矩为 T_f,那么在通入高频脉冲信号时,SR 电动机不转动的条件为

$$T_e < T_f \tag{4-51}$$

联立式(4-49)~式(4-51),得电动机静止条件下,高频脉冲信号注入的最长时间为

$$\Delta t_{\max} = \frac{L_{\min}}{U}\sqrt{\frac{2T_f\beta_s}{L_{\max} - L_{\min}}} \tag{4-52}$$

在注入高频脉冲,且不致转子发生转动的条件下,减少高频脉冲的通电时间,可以降低系统的功耗。但是,如果高频脉冲信号的通电时间过短,使响应电流的峰值太小,就会增加电流峰值的检测难度。另外,由于 SR 电动机运行时所处的环境可能会有电磁干扰,响应电流信号越小,其抗干扰能力越差。

高频脉冲信号的最短注入时间 $\Delta t_{\min}$ 的选取应考虑以下 4 个因素:

1)响应电流的峰值应该在电流传感器能够检测的范围之内,以保证电流峰值的检测精度。

2)在初始定位且 SR 电动机转子不发生转动的前提下,高频脉冲信号的通电时间应尽量长,以保证电流峰值足够大,提高响应电流的抗干扰能力。

3）高频脉冲的响应电流的峰值检测，一般需要增加相应的硬件电路，检测到的电流峰值的最小值应该在硬件电路的理想工作范围之内。

4）响应电流检测还要满足微控制器 A/D 采集转换时间的要求和可识别信号最小值的要求，随着微控制器技术的快速发展，这方面的要求在不断降低。

在满足上述 4 个要求的条件下，如高频脉冲信号的最小响应电流为 i_{min}，则满足响应电流要求的最小激励时间为

$$\Delta t_{min} = \frac{i_{min} L_{max}}{U} \tag{4-53}$$

（2）初始起动相的判断

在有位置传感器的 SR 电动机控制系统中，换相信号的产生是基于电感分区原则的。根据电感分区原则，可将三相 SR 电动机的一个电周期分为 6 个扇区。在每个扇区内三相电感的变化趋势各不相同，其电感与电流的扇区对应关系如图 4-85 所示。

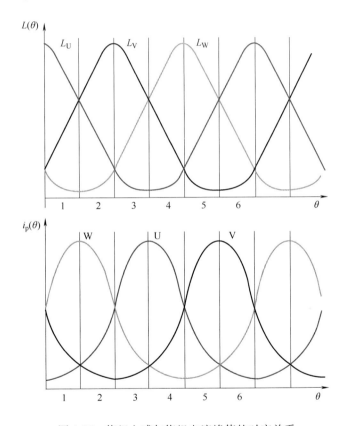

图 4-85　绕组电感与绕组电流峰值的对应关系

一相绕组要在其电感上升期间通电，才能产生正转矩。以电动机正转为例，从图 4-85 中可以得到 U 相电感上升区间为 4、5、6 区；V 相电感上升区间为 6、1、2 区；W 相电感上升区间为 2、3、4 区，只要判断当前转子位置在哪个扇区，即可判断初始起动相。在电动机静止时刻，同时向三相绕组注入高频脉冲，根据反馈电流峰值的比较，来确定初始起动相，反馈电流峰值与初始起动相的关系，表 4-5 给出了电动机初始起动相的判断逻辑。

表 4-5　电动机初始起动相的判断逻辑

电流峰值关系	转子角度	正转初始起动相	反转初始起动相	扇区
$i_U < i_V \leqslant i_W$	$0 < \theta \leqslant \dfrac{\tau_r}{6}$	V	W	1
$i_V \leqslant i_U < i_W$	$\dfrac{\tau_r}{6} < \theta \leqslant \dfrac{\tau_r}{3}$	W	U	2
$i_V < i_W \leqslant i_U$	$\dfrac{\tau_r}{3} < \theta \leqslant \dfrac{\tau_r}{2}$	W	U	3
$i_W \leqslant i_V < i_U$	$\dfrac{\tau_r}{2} < \theta \leqslant \dfrac{2\tau_r}{3}$	U	V	4
$i_W < i_U \leqslant i_V$	$\dfrac{2\tau_r}{3} < \theta \leqslant \dfrac{5\tau_r}{6}$	U	V	5
$i_U \leqslant i_W < i_V$	$\dfrac{5\tau_r}{6} < \theta \leqslant \tau_r$	V	W	6

（3）换向控制策略

在 SR 电动机运行时，高频脉冲注入法需要判断何时需要换相。初始起动相判断出来后，使初始起动相导通，并向前一应导通相注入高频 PWM 电压脉冲，通过比较其反馈电流峰值与设定换相点电流峰值大小，来判断是否到达换相点。当反馈电流峰值大于设定电流峰值 i_p 时，当前导通相变为 PWM 脉冲注入相，并使下一应导通相导通，由此实现电动机的运行控制。

4. 磁链/电流法

SR 电动机一相绕组的磁链为

$$\psi_k = \int (u_k - Ri_k)\, \mathrm{d}t \tag{4-54}$$

测得一相绕组的电压、电流，并经积分运算，可得到一相绕组的当前磁链 ψ_k，将当前磁链 ψ_k 与当前电流下、关断角处的参考磁链 ψ_{ref} 进行比较，如果当前磁链大于磁链参考值，则转子达到关断角位置，如图 4-86 所示。

磁链/电流法简单易行，但只能检测特定的换相角，同时必须保证参考磁链的准确性。由于每台电动机的磁链特性都不相同，这种无传感器位置检测方法的通用性较差。最后，如果需要检测转子的实时位置，则需要一个磁链关于电流和转子位置角的三维数据表，需占用大量的存储空间；对大量数据的查表运算，会增加微控制器的负担。

5. 电流梯度法

SR 电动机在运行时，其相电流波形与相电感有一定的对应关系，而相电感又与转子位置角有关，这样就建立了绕组电流波形与转子位置角之间的联系。由于电动机的对称性，电流波形也呈周期性变化。相电流波形的梯度值，会在特定的转子位置处由正变负，根据这个规律，每当电流变化率由正变负时，电动机即转动到特定位置，这样就可以实现转子位置角的检测。这种方法与电流波形的梯度有关，因此称之为相电流梯度法。

SR 电动机某一相电感和绕组电流的相对关系如图 4-87 所示，图中，θ_{on} 处于最小电感区，邻近不对齐位置。根据 SR 电动机的理想线性模型，可以认为 SR 电动机在不对齐位置

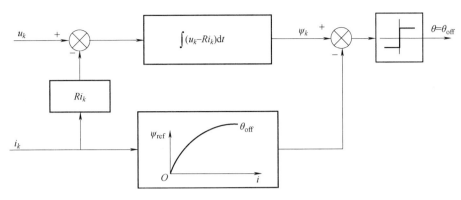

图 4-86 磁链/电流法原理图

附近的最小电感区间内电感值不变，为 $L_{\min}$，实际电感值有些许变化，但不至于影响电流变化规律，在此区间内电流呈现单调上升。对式(4-9)的电压方程进行整理，得到相绕组电流的梯度方程为

$$\frac{\mathrm{d}i}{\mathrm{d}t} = \frac{u-Ri-\omega\dfrac{\partial L}{\partial\theta}i}{\dfrac{\partial L}{\partial i}+L} \tag{4-55}$$

在最小电感区，绕组电感 $L_{\min}$ 认为是不变的，所以 $\dfrac{\partial L}{\partial\theta}$ 和 $\dfrac{\partial L}{\partial i}$ 的值为 0，式(4-55)可化简为

$$\frac{\mathrm{d}i}{\mathrm{d}t} = \frac{u-Ri}{L} \tag{4-56}$$

根据数学关系可知，式(4-56)的值恒大于零，即电流梯度在最小电感区内恒大于零。随着转子旋转，绕组离开最小电感区，定子磁极和转子磁极开始重合，绕组电感上升，$\dfrac{\partial L}{\partial\theta}$ 和 $\dfrac{\partial L}{\partial i}$ 不可忽略，式(4-56)中的电流梯度值不断减小，直至为 0。绕组电感继续上升，电流下降，之后的绕组电流呈现单调下降的趋势，因此 SR 电动机的绕组电流梯度会在图 4-87 所示的 θ_0 处出现过零点，通过过零检测电路，检测过零时刻的转子位置角 θ_0，产生上升沿信号，θ_0 近似为定、转子磁极开始重合的位置。

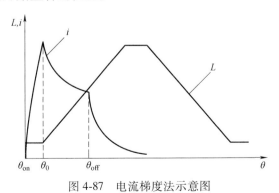

图 4-87 电流梯度法示意图

相电流梯度法所检测到的转子位置是定转子齿极开始重合的位置，这个位置不是 SR 电动机运行时的最佳换相点，因此过零检测电路产生的信号不能直接作为换相信号来使用，必须经过处理后才能实现无位置传感器控制。

传统有位置传感器 SR 电动机调速系统的转速是通过对位置传感器信号的跳边沿计数值来计算的。在相电流梯度法中，对检测到的相邻两次 θ_0 位置的时间间隔进行计数即可计算电动机转速。为了防止实际计算转速跳变，可将通过相邻几次电流梯度过零点估算的转速平均值作为电动机的实际转速。

6. 观测器法

采用状态观测器法的 SR 电动机无位置传感器控制系统原理框图如图 4-88 所示，状态观测器是基于 SR 电动机的状态方程建立的状态观测方程，它以实时的相电压、相电流信息作为输入量，经过积分得到磁链，通过对磁链特性查表，得到估计电流；根据电流估计值和实测值的误差，利用观测器估计电动机的当前位置和转速。

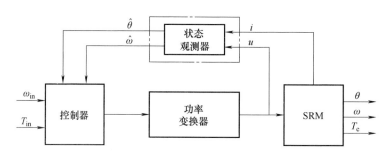

图 4-88 基于状态观测器法的无位置传感器控制系统原理框图

用于 SR 电动机无位置传感器控制的状态观测器主要有 Luenberger 观测器和滑模观测器，Luenberger 观测器方法计算量比较大，而且线性的 Luenberger 观测器对参数变化比较敏感，由于 SR 电动机磁路的高饱和性，Luenberger 观测器的性能和鲁棒性均有待改进。滑模观测器法可以很好地解决 SR 电动机的非线性问题，还可以很好地适应电动机的参数变化，如相电阻 R、转动惯量 J 的变化。但是这种基于模型的方法比较复杂，另外还需要进行复杂的数学计算。

4.7.2 改进的高频信号注入法

传统的高频脉动注入法的不足之处主要有：一是适用的速度低；二是任意时刻仅允许一相通电，不能采用单、双相运行来增大起动转矩；三是每一相的开通角和关断角固定，不利于调节开通、关断角适应不同转速、不同负载情况。

针对传统高频脉冲注入法存在的问题进行了改进，有效地提高了无位置传感器位置检测的精度，并且使开通角、关断角与设定电流峰值解耦，可直接根据每一相的开通角、关断角进行精确的导通关断控制，增加了控制的灵活性，同时减小了高频脉冲注入产生的负转矩。

改进的高频脉冲注入法无位置传感器 SR 电动机控制系统结构图如图 4-89 所示，由控制面板给出电动机转速指令，在主控芯片中通过转速给定和转速反馈差值进行 PI 控制，作为电流给定；再通过导通相判断，将电流给定值与反馈电流值作差后进行 PI 控制，作为导通相功率器件 PWM 导通信号。其中，转速计算、初始定位、位置计算、导通相与检测相控制器、开通、关断角控制器将在后续介绍。

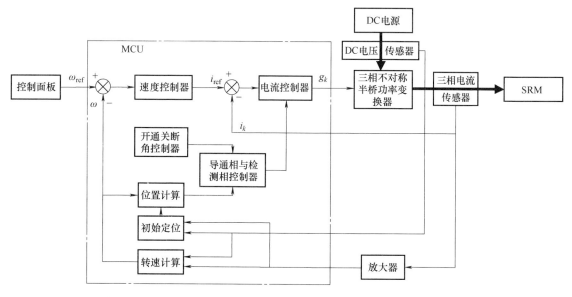

图 4-89 改进的高频脉冲注入法无位置传感器 SR 电动机控制系统结构图

1. 高精度初始定位方法

观察图 4-85，从转子极与定子极刚开始重合的位置到转子极与定子极完全重合的位置，电感几乎随着位置呈线性变化。在任意区间中，三相电感值处于中间的一相电感变化线性度极高。因此可以利用这一特性，进行精确的转子定位。

首先对三相绕组进行高频脉冲注入，检测放大后的电流峰值及母线电压，根据表 4-5 判断当前所在扇区，然后根据母线电压求取三相电感值，以中间电感值为参考依据相似三角形原理进行精确计算转子位置。以扇区 1 为例，如图 4-90 所示，在直角三角形 ABC 中，A 点为 UV 相电感交点，B 点为 VW 相电感交点，AC 大小为 2 个交点电感之间的差值，BC 大小为一个电感周期角度的 $1/6$，设检测到此时 V 相电感大小为 D 点位置所对应的电感值，根据相似三角形 $\dfrac{AC}{BC}=\dfrac{AE}{DE}$ 即可求出 DE 大小，由此便可得出转子精确位置。其余 5 个扇区转子位置计算方法与上述相同。

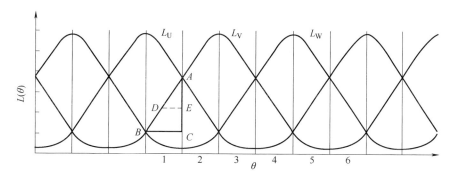

图 4-90 高精度初始定位原理图

相较于传统初始定位方法，采用此方法不仅可以知道转子所在扇区，还可将转子位置进一步精确，但需要预知两个电感相交位置处的电感值。

2. 位置检测与换向策略

为了实现转子位置的精确计算，采用一个电感周期内 3 个绝对位置作为位置更新点，用以更新当前位置、计算电动机转速，并由此计算任意时刻转子位置，从而实现开通角、关断角的控制。

绝对位置更新点的选取应当便于识别且识别精度高，因此在一个电周期内选择如图 4-91 所示的 P、Q、R 3 个点作为检测响应电流峰值时的绝对位置更新点，P、Q、R 3 点为三相电感较小且相交的位置。在此处电流峰值对于位置角的导数最大，对于位置角的分辨率最高，并且此处电流值比较大，受干扰较小，易于检测。同时，这 3 个点可直接作为脉冲注入检测相的换相点。在电动机正转情况下，脉冲注入相切换逻辑见表 4-6；电动机反转情况下，脉冲注入相切换逻辑见表 4-7。

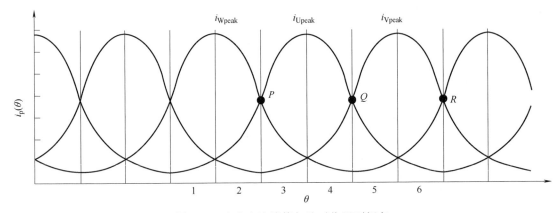

图 4-91　响应电流峰值与绝对位置更新点

表 4-6　正转情况下，脉冲注入检测相的检测与换向逻辑

扇区	检测相	开始脉冲注入条件	切换检测相条件
1	U	$\theta>\theta_P-\Delta\theta_{adj}$ 时，开始对 U 相注入脉冲	$i_{Upeak}>i_{set}U/U_N$ 时，切换 V 相为检测相
2	U		
3	V	$\theta>\theta_Q-\Delta\theta_{adj}$ 时，开始对 V 相注入脉冲	$i_{Vpeak}>i_{set}U/U_N$ 时，切换 W 相为检测相
4	V		
5	W	$\theta>\theta_R-\Delta\theta_{adj}$ 时，开始对 W 相注入脉冲	$i_{Wpeak}>i_{set}U/U_N$ 时，切换 U 相为检测相
6	W		

表 4-7　反转情况下，脉冲注入检测相的检测与换向逻辑

扇区	检测相	开始脉冲注入条件	切换检测相条件
1	V	$\theta<\theta_R+\Delta\theta_{adj}$ 时，开始对 V 相注入脉冲	$i_{Vpeak}>i_{set}U/U_N$ 时，切换 U 相为检测相
2	V		
3	W	$\theta<\theta_P+\Delta\theta_{adj}$ 时，开始对 W 相注入脉冲	$i_{Wpeak}>i_{set}U/U_N$ 时，切换 V 相为检测相
4	W		
5	U	$\theta<\theta_Q+\Delta\theta_{adj}$ 时，开始对 U 相注入脉冲	$i_{Upeak}>i_{set}U/U_N$ 时，切换 W 相为检测相
6	U		

表4-6、表4-7中扇区所对应的区域与图4-91中所对应区域相同，扇区1左边沿对应角度为0，扇区6右边沿对应角度为一个转子极所对应的机械角度；表中，i_{Upeak}、i_{Vpeak}、i_{Wpeak}为放大校准后的响应电流峰值，i_{set}为绝对位置处的反馈电流峰值阈值，U为实时母线电压，U_N为额定电压。θ_P、θ_Q、θ_R分别为图4-91中P、Q、R 3点所对应的转子位置。

在刚切换脉冲注入相之后，若直接对其进行脉冲注入，会发现在很长的一段时间内检测电流峰值远达不到阈值，造成多余的功率器件管耗并产生一定的负转矩，因此采用随转速变化的自适应脉冲注入起始角度控制方法，使得系统能够稳定运行的同时，减小脉冲注入带来的负面影响。

表4-6和表4-7中的θ_P、θ_Q、θ_R分别为图4-91中P、Q、R 3点所对应的转子位置。

自适应脉冲注入角度应保证在到达绝对位置更新点之前至少有一定的检测次数，并留取一定的角度裕量，来保证系统的稳定运行。在注入固定频率的脉冲信号时，无论SR电动机的转速多大，在单位时间内注入的脉冲信号个数是相同的，随着转速升高，电动机在两个脉冲信号时间内转过的角度增大，在相同的角度范围内，注入脉冲的数量就减少。因此，自适应脉冲注入角度与转速有关，转速越高，角度提前量应越大。自适应角度相较于绝对位置的提前角度量$\Delta\theta_{adj}$为

$$\Delta\theta_{adj} = x_{min}\frac{360n}{60f_{inj}} + \varphi \qquad (4\text{-}57)$$

式中，x_{min}为设定的最小脉冲检测次数；n为电动机转速；f_{inj}为高频电压脉冲的频率；φ为保证系统可靠运行的角度裕量。

起动以及转速较低时，由于转速算法是由平均转速计算的，与实际转速差值存在一定差异，在此阶段不适用自适应脉冲注入起始角度控制，因此在一定转速以下时使用检测相全阶段脉冲注入；高于此转速时，再采用自适应脉冲注入起始角度控制。

3. 转速计算

转速计算采用T测速法。T测速法是用定时器记录经过相邻两个绝对位置更新点的时间，由于绝对位置更新点在一个电感周期内等距分布，3个绝对位置更新点间隔120°电角度，其对应的机械角度也是固定的，从而可求出电动机的转速。为了保证电动机稳定运行，可求出多个相邻电周期所对应的转速均值作为计算的电动机实际转速。其计算公式为

$$n = \frac{60df_{timer}}{p(m_1 + m_2 + \cdots + m_d)} \qquad (4\text{-}58)$$

式中，f_{timer}为定时器计数频率；p为电动机转子极数；m_1，$\cdots$，m_d为d组相邻绝对位置更新点之间的定时器计数值。

4. 位置计算

为实现导通角、关断角的精确控制，需要计算任意时刻转子所在的位置。由于一般系统进行控制计算的频率一定，可以采用数字增量式计算，即此刻的位置为上一时刻的位置加上位置改变量，计算公式为

$$\theta_n = \theta_{n-1} + \frac{360n}{60f_{cal}} \qquad (4\text{-}59)$$

式中，θ_n为此刻转子位置；θ_{n-1}为上一计算时刻转子位置；n为电动机转速；f_{cal}为计算转子位置频率。

此外，为了使增量式转子位置计算方法不会有过大的误差积累，进而影响控制精度，在

检测到绝对位置更新点时对转子位置进行强制更新，从而使得计算更加精确。

5. 导通相的自适应开通、关断控制

随着电动机转速的增加和负载的增加，电动机控制会进入单脉冲模式，调节电流变得越来越困难，此时应当增大导通周期，提前开通角，在绕组电感较低时便建立较大的电流，从而使在电感上升区时，产生足够大的转矩。为满足全转速段及全负载段的良好控制性能，采取了以下自适应开通角控制策略。

在开通位置处，绕组电感近似为不对齐位置的电感 L_u，因此式（4-44）可近似为

$$U = \frac{\partial \psi}{\partial i} \frac{di}{dt} = L_u \frac{di}{dt} \tag{4-60}$$

在式（4-60）两边同时乘以 $d\theta$，得

$$d\theta = \frac{L_u di}{U} \cdot \frac{d\theta}{dt} \tag{4-61}$$

根据式（4-61）所示的微分方程，便可得到自适应开通角提前量计算公式为

$$\Delta\theta = \frac{\Omega L_u i_{cmd}}{U} \tag{4-62}$$

式中，Ω 为电动机转子角速度；L_u 为不对齐转子位置处的电感；i_{cmd} 为绕组电流给定值。

可得出自适应开通角的计算公式为

$$\theta_{on} = \theta_u \pm \Delta\theta = \theta_u \pm \frac{\Omega L_u i_{cmd}}{U} \tag{4-63}$$

式中，在正转时符号取"−"，反转时符号取"+"。

传统的 SR 电动机控制一般将开通角定在不对齐位置 θ_u，使用自适应开通角控制可以保证电动机转子到达不对齐转子位置 θ_u 时，电流已经上升到 i_{cmd} 值，便于之后的电流控制。

为增加电动机的起动转矩，应当充分利用电感上升区产生正转矩，应在低速时采用单双相运行；同时在高速时，为了避免电流拖尾至电感下降区产生负转矩，应当适当提前关断角。以一台 1500r/min、12/8 极 SR 电动机为例，其自适应关断角函数如式（4-64）所示，为使系统运行稳定，增加了 2 个过渡区用于平滑切换不同关断角。

$$\theta_{off} = \begin{cases} 9 & n \leqslant -1500 \\ 0.0075n - 2.25 & -1500 \leqslant n < -1300 \\ 7.5 & -1300 \leqslant n < -150 \\ 0.15n - 15 & -150 \leqslant n < -100 \\ 0 & -100 \leqslant n < 0 \\ 45 & 0 \leqslant n < 100 \\ -0.15n + 60 & 100 \leqslant n < 150 \\ 37.5 & 150 \leqslant n < 1300 \\ -0.0075n + 47.25 & 1300 \leqslant n < 1500 \\ 36 & n \geqslant 1500 \end{cases} \tag{4-64}$$

6. 硬件需求

为实现改进的高频脉冲注入法无位置传感器控制策略，相对于 4.5 节给出的传统有位置传感器控制系统，需额外添加三相电流信号放大电路和母线电压检测电路，前者用于精确检

测高频电压脉冲注入的响应电流峰值，后者用于检测母线电压的波动，动态调节位置更新点的电流峰值阈值，使此方法不受电压波动影响。

三相电流检测应采用精度高、响应快的闭环霍尔式电流传感器，将电流信号经运算放大器放大到合适的范围后送入微控制器的 ADC 引脚。母线电压检测可采用霍尔式电压传感器，输出信号经过运算放大器组成的电压跟随器后接入微控制器的 ADC 引脚。

7. 提高检测精度的校准方法

理想电流传感器及放大器均为线性元件，输入与输出成严格正比。在实际应用中，电流传感器及放大器均存在一定的零点偏移以及增益误差，且输出特性也非完全线性。三相电流传感器及放大器的偏移误差也存在个体差异，因此对采集到的三相反馈放大电流峰值信号不进行处理，直接使用会造成较大误差，直接影响控制系统精度，甚至导致电动机无法正常运行。

未经校准的三相注入脉冲的响应电流峰值与转子位置的关系如图 4-92 所示，可以看出，检测的三相响应电流峰值之间存在较大的偏差，采用上文所述的初始定位方法以及基于绝对位置换向点的换向策略将会造成位置检测的不准确及不对称情况。因此需要对三相反馈电流进行校准。

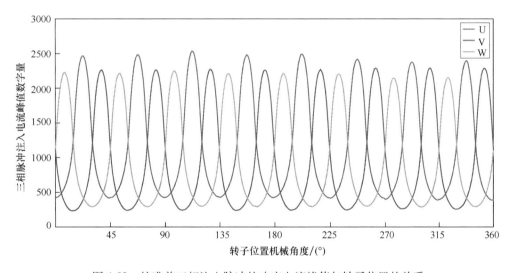

图 4-92　校准前三相注入脉冲的响应电流峰值与转子位置的关系

校准的目标：使得三相反馈放大电流峰值与位置关系相同，依次相差 120° 电角度。只要三相检测值满足上述条件，便可根据上文所述的方法获得精确的初始位置以及绝对位置信息。首先简化电流传感器以及放大器的误差模型，认为仅存在零点偏移以及增益误差。以 U 相实际检测电流峰值为基准，对三相进行校准，校准公式为

$$\begin{cases} y_U = x_U \\ y_V = k_V x_V + b_V \\ y_W = k_W x_W + b_W \end{cases} \tag{4-65}$$

式中，x_U，x_V，x_W 为未校准前的实际检测值；y_U，y_V，y_W 为校准后的值；k_V，k_W 为校准斜率项；b_V，b_W 为校准截距项。V、W 两相校准斜率项与校准截距项是通过对大量不同转子位置对应的电流峰值实测值以 U 相电流峰值实测值为基准进行最小二乘法线性拟

合得到的。

校准后的三相响应电流峰值与转子位置的关系如图 4-93 所示。从图中可知，经过校准，三相响应电流峰值与位置关系基本完全相同，依次相差 120° 电角度。由此便可依据统一的绝对位置电流峰值阈值得到精确且分布均匀的位置更新点。

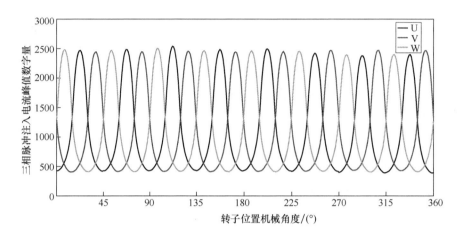

图 4-93　校准后三相脉冲注入的响应电流峰值与转子位置的关系

校准后的三相电感检测图如图 4-94 所示。可以看出，校准后的三相电感检测值基本相同，三相依次相差 120° 电角度，由此便可得到精确的初始定位位置。

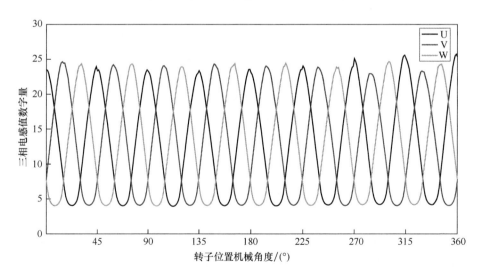

图 4-94　校准后三相电感检测图

8. 位置检测误差分析

为了检测初始定位的位置计算精度，在电动机上安装位置刻度盘，以刻度盘所指示的位置角度为实际位置，测量间隔为 1° 机械角度，得到的转子位置对比如图 4-95 所示。

初始定位位置误差图如图 4-96 所示。在一个机械周期内，平均位置检测误差为 0.2775°

机械角度，最大的位置检测误差为 0.8950°机械角度。

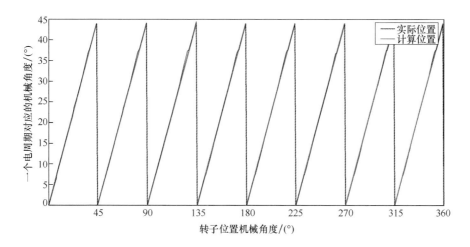

图 4-95　初始定位计算位置与实际位置比较图

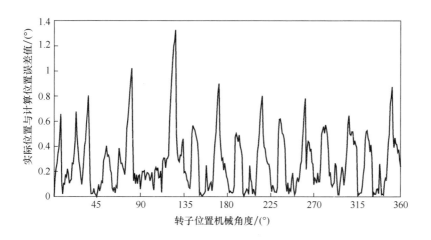

图 4-96　初始定位计算位置与实际位置误差图

　　为了对提出的改进高频脉冲注入法在电动机运行时计算得到的位置与实际位置进行对比，将有位置传感器情况下的检测位置作为实际位置，在无位置传感器控制系统软硬件的基础上，加上位置传感器的硬件以及检测软件，每 0.1ms 同时将无位置传感器方法与有位置传感器方法检测出的转子位置存储在控制芯片中，通过实时仿真测试导出数据，得出不同转速下，估算位置与实际位置的比较及位置估算误差如图 4-97 所示。图 4-97a、c、e 为不同转速下的估算位置与实际位置的对比图，图 4-97b、d、f 为不同转速下的位置估算误差。

　　从 100r/min 到 1500r/min，每隔 100r/min 对电动机位置误差进行检测，平均误差与电动机运行转速的关系如图 4-98 所示，最大误差与电动机运行转速关系如图 4-99 所示。从图中可以看出，平均误差从 0r/min 时的约 0.3°增长到 1500r/min 时的 0.7°；最大误差从 0r/min时的约 0.8°增长到 1500r/min 时的 3°机械角度。

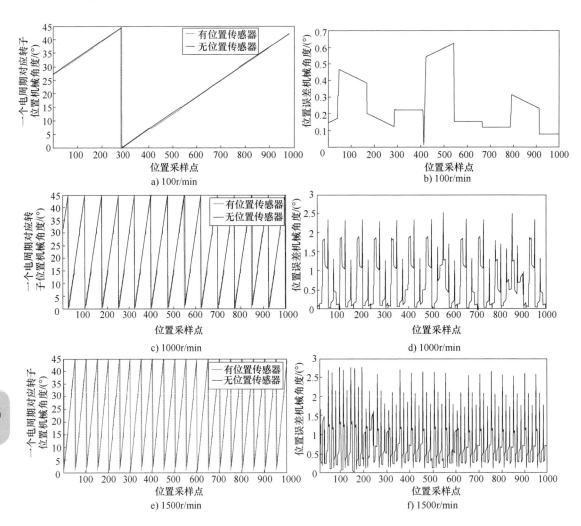

图 4-97　不同转速下，转子位置比较及位置误差图

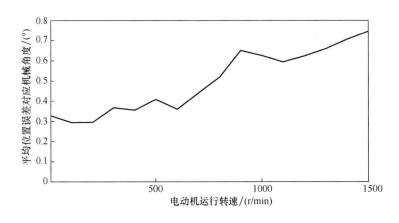

图 4-98　平均误差与电动机运行转速关系图

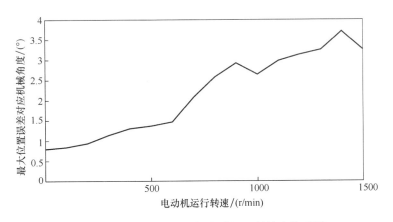

图 4-99　最大误差与电动机运行转速关系图

4.8　开关磁阻发电机

根据电机的可逆性原理，开关磁阻电机既可以作为电动机运行，也可以作为发电机运行。下面简要介绍开关磁阻发电机的工作原理和控制方法。

4.8.1　开关磁阻发电机系统的组成

开关磁阻发电机(简称 SRG 或 SR 发电机)系统由开关磁阻发电机本体、原动机、位置检测器、功率变换器、控制器和电源等部分组成，如图 4-100 所示。由电源为 SR 发电机提供励磁，原动机提供机械功率输入，位置检测器提供正确的转子位置信息，控制器根据位置信息控制功率变换器的开关，使各相绕组在适当的时候开通和关断。

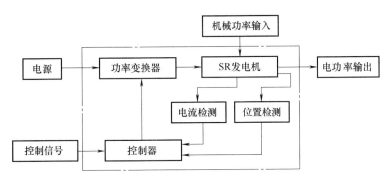

图 4-100　开关磁阻发电机系统的组成

SR 发电机的结构与 SR 电动机的结构相同，转子上没有绕组，定子绕组同时兼具励磁绕组和电枢绕组的功能。这种特殊结构决定了 SR 发电机的励磁和发电是分时性的。在励磁阶段，相绕组由外电源供电，建立电流，并将原动机的机械能转化为磁场储能；在发电阶段，相绕组通过续流二极管把电能输送给负载。

SR 发电机的功率变换器也与 SR 电动机的功率变换器相似。不过，由于励磁方式不同，SR 发电机的功率变换器有他励式和自励式之分，二者的主要区别在于电源的联结方式不同。他励式和自励式双开关型功率变换器主电路分别如图 4-101a、b 所示。

所谓的自励式，就是在电压建立的初始瞬间，由外电源提供初始励磁，当电压达到控制所需的稳定值后，切断外电源，此后由 SR 发电机本身发出的电压提供励磁，在这种模式中，由于建立电压后则不再需要外电源，系统体积较小、效率高。而在他励方式下，励磁回路与发电回路彼此独立，在 SR 发电机运行过程中始终由外部电源提供励磁，此时励磁电压与输出电压无关，两者可以独立调节，因此控制比较方便。在实际应用中，可根据 SR 发电机的具体运行条件，选用相应的励磁方式。

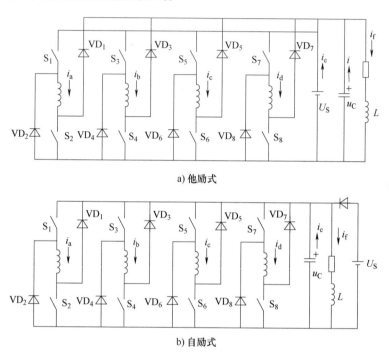

图 4-101 双开关型功率变换器主电路

至于 SR 发电机的检测器（包括位置检测和电流检测）则与 SR 电动机完全相同，此处不再重复。

SR 发电机的励磁过程是可控的，发电过程是不可控的。因此，SR 发电机的控制器也是通过控制相绕组的开通角、关断角以及励磁电压（或电流）来控制发电功率的。将简要介绍其控制策略。

4.8.2 开关磁阻发电机的工作原理

下面结合图 4-101 所示的功率变换器电路，说明 SR 发电机的工作原理。如图 4-102 所示，假设开关磁阻发电机在原动机的驱动下，沿逆时针方向旋转。在图 4-102a 所示位置，定子 B-B′相绕组与转子极 2-2′的轴线重合，此时闭合开关 S_1 和 S_2，给定子 A-A′相绕组通电，即该相绕组由直流电源 U_S 励磁，定子 A-A′相绕组产生的磁场将对转子 1-1′产生顺时针方向的阻力矩，转子上的机械能将转化成磁能储存在磁场中。当开关 S_1、S_2 断开时，A-A′相电流通过二极管 VD_1 和 VD_2 续流，储存在磁场中的磁能将转化成电能，回馈至电源，从而完成了机械能和电能之间以磁场为媒介的机电能量转化过程。

当 SR 发电机旋转至 C-C′绕组轴线与转子极 3-3′轴线重合位置时，将励磁切换至 B-B′

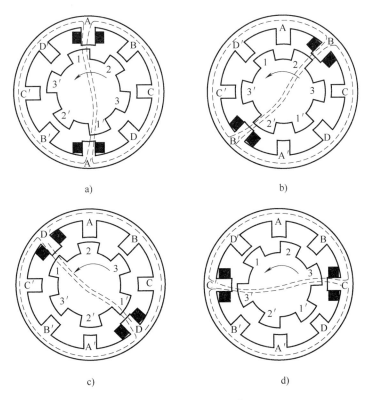

图 4-102　SR 发电机的工作过程

相，则 B-B′相产生的磁场与转子极 2-2′之间相互作用与上述 A-A′相与转子极 1-1′之间的相互作用相似。因此，连续不断地按照 A→B→C→D→A→…的顺序给 SR 发电机各相绕组励磁，作用在转子上的机械能将源源不断地转化成电能，实现发电运行。

若作用在 SR 发电机转子上的外力方向改变时，只需改变各相的励磁顺序，即可维持其发电运行状态。

综上所述，SR 发电机的工作原理是：发电机转子由原动机拖动旋转，通过转子位置检测器控制各相绕组轮流工作。如一相主开关导通时，相绕组形成电流，之后适时断开主开关，则绕组电流将继续循续流二极管流通，使磁场储能及以磁场为中介转换的机械能一并以续流电流的形式输送给用电负载或给蓄电池充电。

SR 发电机实现发电运行必须满足以下 3 个条件：

1）必须由原动机提供机械能。

2）必须给绕组提供励磁。

3）必须根据转子位置信息控制绕组适时通断，以实现机械能到电能的转换。

4.8.3　开关磁阻发电机的能量传递

为了更好地理解 SR 发电机的工作原理，下面用简化线性模型来分析 SR 发电机的电流、转矩以及能量传递过程。

SR 发电机相绕组有两种工作状态：励磁状态和发电状态。一相绕组的等效电路如图 4-103 所示。

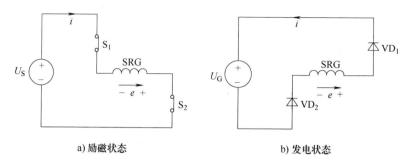

a) 励磁状态   b) 发电状态

图 4-103   SR 发电机一相绕组等效电路

若忽略相绕组的电阻压降，参考式(4-18)，可得：

在励磁状态下，相绕组的电压方程式为

$$\frac{U_S}{\Omega} = L\frac{di}{d\theta} + i\frac{dL}{d\theta} \tag{4-66}$$

式中，U_S 为励磁电压。

在发电状态下，相绕组的电压方程式为

$$\frac{-U_G}{\Omega} = L\frac{di}{d\theta} + i\frac{dL}{d\theta} \tag{4-67}$$

式中，U_G 为 SR 发电机发出的电压。

根据式(4-12)和图 4-17 所示的相电感规律，可得相电流解析式为

$$i(\theta) = \begin{cases} \dfrac{U_S(\theta-\theta_{on})}{\Omega[L_{min}+K(\theta-\theta_2)]} & \theta_{on} \leqslant \theta \leqslant \theta_3 \\[3mm] \dfrac{U_S(\theta-\theta_{on})}{\Omega L_{max}} & \theta_3 \leqslant \theta \leqslant \theta_4 \\[3mm] \dfrac{U_S(\theta-\theta_{on})}{\Omega[L_{max}-K(\theta-\theta_4)]} & \theta_{on} \leqslant \theta \leqslant \theta_{off} \\[3mm] \dfrac{U_S(\theta_{on}-\theta_{off})-U_G(\theta-\theta_{off})}{\Omega[L_{max}-K(\theta-\theta_4)]} & \theta_{off} \leqslant \theta \leqslant \theta_5 \\[3mm] \dfrac{U_S(\theta_{on}-\theta_{off})-U_G(\theta-\theta_{off})}{\Omega L_{min}} & \theta_5 \leqslant \theta \leqslant \theta_z \end{cases} \tag{4-68}$$

SR 发电机的典型相电流波形如图 4-104 所示。

在线性模式中，$T_e(i,\theta) = \dfrac{1}{2}i^2\dfrac{\partial L}{\partial \theta}$。下面根据电磁转矩的性质，分析 SR 发电机工作过程中能量的传递。

在励磁阶段：① 在 $\theta_2 \leqslant \theta \leqslant \theta_3$ 区间内，$T_e>0$，电能一部分转换成 SR 发电机磁场储能，另一部分以磁场为媒介转换成机械能输出；② 在 $\theta_3 \leqslant \theta \leqslant \theta_4$ 区间内，$T_e=0$，电能转换成 SR 发电机的磁场储能，无机械能输出，也无机械能输入；③ 在 $\theta_4 \leqslant \theta \leqslant \theta_{off}$ 区间内，$T_e<0$，电能和输入的机械能均转换成 SR 发电机磁场储能。

在发电阶段：① 在 $\theta_{off} \leqslant \theta \leqslant \theta_5$ 区间内，$T_e<0$，输入的机械能以磁场为媒介和磁场储能一起转换成电能输出；② 在 $\theta_5 \leqslant \theta \leqslant \theta_z$ 区间内，$T_e=0$，仅有电机磁场储能转换成电能，无机械

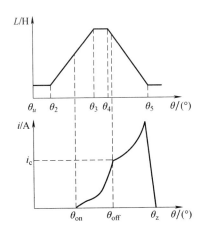

图 4-104　SR 发电机的典型相电流波形

能输入，亦无机械能输出。

　　虽然在励磁阶段的 $\theta_2 \leqslant \theta \leqslant \theta_3$ 区间内，电能转换成机械能输出，电机处于电动状态，但是在一个周期内，SR 发电机总体上是将输入的机械能转换成电能输出。

4.8.4　开关磁阻发电机的控制策略

　　由于 SR 发电机的转子上没有绕组，其定子绕组同时兼具励磁绕组和电枢绕组的功能，因此 SR 发电机的励磁和发电是分时性的，即一相绕组在某一时刻或处于励磁状态或处于发电状态。在这两个状态中，励磁过程是可控的，发电过程是不可控的，因此只能通过调节励磁电流控制发电功率，最终达到高效输出电功率的控制目标。

　　SR 发电机的可控参数主要有开通角 θ_{on}、关断角 θ_{off}、励磁电压 U_S 和相电流上限等，开关磁阻发电机的控制就是对上述参数进行调节。开关磁阻发电机的控制方式主要有 3 种：角度控制（APC）、电流斩波控制（CCC）和 PWM 控制。

　　1. 角度控制

　　直接调控主开关器件的开通角 θ_{on} 和关断角 θ_{off}，可影响 SR 发电机的励磁过程。通常 θ_{on} 在 θ_3 之前，θ_{off} 在 θ_4 之后，θ_{on} 提前或 θ_{off} 推后都增加励磁时间，增大励磁电流 i_C。SR 发电机（三相 6/4 极）的角度控制时典型电流波形如图 4-105 所示。

　　值得注意的是，对于 SR 发电机，θ_{off} 推后比 θ_{on} 提前对电流的影响大，这一点与 SR 电动机有所不同。

　　2. 电流斩波控制

　　以斩波阈值控制励磁电流 i_C 的大小也是常用的控制方法，在开通角 θ_{on} 至关断角 θ_{off} 范围内，励磁电流不超过控制值，过 θ_{off} 之后的续流电流是不可控的。不同斩波限对应的相电流典型波形（三相 6/4 极 SR 发电机）如图 4-106 所示。

　　斩波控制方案控制性能较好，实现也简单。一般只需控制电流上限，即当被控电流大于电流限时，比较器输出信号关断主开关，并延时 Δt 后再恢复开通主开关，在 Δt 时间内，电流通过二极管续流，并有所下降。在斩波续流期间，电机也是处于发电运行状态。

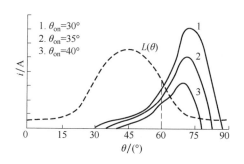

图 4-105　角度控制时电流波形

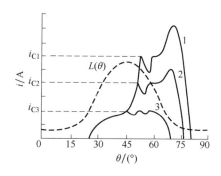

图 4-106　斩波控制时典型电流波形

3. PWM 控制

将功率变换器主开关的开通角 θ_{on} 和关断角 θ_{off} 固定在优化值上，用 PWM 信号对功率变换器中主开关的触发信号实施调制，调整 PWM 信号的占空比 D 来调节平均励磁电压（$U_{av} = DU_S$），从而调控励磁电流 i_C。图 4-107 为不同占空比 D 时的典型相电流波形。占空比增大，i_C 就增大，发电电流及功率也随之增大。

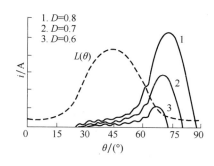

图 4-107　PWM 控制时的典型电流波形

分析和实践表明，励磁电流 i_C 与占空比 D 有很好的线性关系，且 PWM 信号周期即为系统的调控周期，PWM 控制的可控性好，尤其低速时控制特性优于斩波控制方案。PWM 控制需较高的开关频率，增加了开关损耗及电机铁耗，所以系统效率略有降低。对于双开关型功率变换器主电路，可采用两管同时调制，也可单管调制。单管调制比双管调制有利，可减小电流脉动，有利于降低振动噪声；可减小功率开关的动态损耗，提高运行效率。

练习与思考

1. 试分析 SR 电动机与步进电动机的区别。

2. 为什么 SR 电动机具有良好的起动性能？

3. 为什么 SR 电动机的转矩方向与产生转矩的电流方向无关？如何获得反向转矩？

4. SR 电动机在低速时为什么采用斩波控制？在高速时为什么采用角度控制？

5. 试设计三相 6/4 极 SR 电动机位置传感器，并分析其通电逻辑。

6. 画出图 4-40 所示的 H 桥型主电路在换相时的续流回路。

7. 分析 H 桥型主电路为什么不能用于三相 SR 电动机。

8. 用什么电路可以实现定上、下限电流斩波控制？用什么电路可以实现定电流上限和关断时间的斩波控制？试画出电路原理图。

9. 一台四相 8/6 极 SR 电动机，额定功率为 4.7kW，转速范围为 200~1500r/min，在 200~1000r/min 为恒转矩特性，1000~1500r/min 为恒功率特性，定子极弧宽为 20°，转子极弧宽为 24°，$L_{min} = 7.24$mH，$L_{max} = 43.44$mH。试画出理想线性模型下的电感变化曲线，并根据准线性模型制定控制策略。

10. 试比较 SR 发电机和 SR 电动机的工作原理和控制系统。

11. 试以单片机为控制核心，画出 SR 发电机的控制系统原理图。

技 能 扩 展

1. 本章 4.6 节介绍的基于 TMS320F28069 的 SRD 控制系统，试画出控制系统 PCB 图，并对控制系统软件进行完善，如增加制动控制等功能。

2. 对 4.6 节介绍的基于 TMS320F28069 的 SRD 控制系统电路进行改进，使之适合无位置传感器控制，编写无位置传感器控制软件。

3. 试用 MATLAB 建立 SRD 系统的数学模型，并进行动态仿真。

第 **5** 章

步进电动机及其控制

5.1　步进电动机的结构与工作原理

5.1.1　步进电动机的工作原理

步进电动机的结构形式和分类方法较多。按励磁方式分类，可将步进电动机分为永磁式（PM）、反应式（VR）和混合式（HB）三类。反应式步进电动机结构简单、使用较多。

下面以一种最简单的三相反应式步进电动机为例，简要说明其工作原理。

1. 三相单三拍通电

三相反应式步进电动机（variable reluctance stepping motor）的工作原理如图 5-1 所示，其定、转子铁心均由硅钢片叠成，定子有 6 个磁极，空间径向相对的两个磁极上绕有同一相控制绕组；转子只有 4 个齿，齿宽等于定子极靴宽度，转子上没有绕组。

a) U相通电　　　　　　　　　b) V相通电　　　　　　　　　c) W相通电

图 5-1　三相反应式步进电动机的工作原理

当 U 相控制绕组通电，而 V、W 两相都不通电时，由于磁通具有沿磁阻最小路径闭合的特性，转子将受到反应转矩（即磁阻转矩）的作用，最终使转子齿 1 和 3 的轴线与定子 U 极轴线重合，如图 5-1a 所示。

当 U 相断电、V 相通电时，在反应转矩的作用下，转子齿 2 和 4 的轴线将与定子 V 极轴线对齐，如图 5-1b 所示。这时转子在空间沿逆时针方向转过30°。同理，V 相断电，W 相接通，转子就再转过30°，如图 5-1c 所示。

只要按 U→V→W→U→…的顺序不断接通和断开控制绕组，转子就会沿逆时针方向一直转动。显然，步进电动机的转速取决于控制绕组通电的频率，旋转方向取决于控制绕组的通电顺序，若定子控制绕组电通顺序改为 U→W→V→U→…，则电动机反向转动。

定子控制绕组从一种通电状态切换到另一种通电状态叫作一"拍"，此时转子在空间所转过的角度称为步距角，用 θ_b 表示。上述通电方式称为三相单三拍，"三相"是指定子共有三相绕组；"单"是指每次通电时只有一相控制绕组导通；"三拍"是指控制绕组的通电状态经过 3 次切换为一个循环，第 4 次通电就重复第一次的情况。在这种通电方式下，步进电动机的步距角应为 $\theta_b = 30°$。

2. 三相单双六拍通电

"三相单双六拍"的通电顺序为 U→UV→V→VW→W→WU→U→… 或 U→UW→W→WV→V→VU→U→…。在这种通电方式下，电动机有时是一相通电，有时是两相同时通电，控制绕组经 6 次切换为一个循环，故称为单双六拍。

当 U 相单独通电时，这种状态与单三拍 U 相通电的情况完全相同，反应转矩最后将使转子齿 1 和 3 的轴线与定子 U 极轴线对齐，如图 5-2a 所示。

当 U、V 两相同时通电时，转子的位置应使 U、V 两对磁极所形成的两路磁通，在气隙中所遇到的磁阻达到同样程度的最小，这时相邻两极 U、V 与转子齿相互作用的磁拉力大小相等，方向相反，使转子处于平衡状态，如图 5-2b 所示。因此，从 U 相通电到 U、V 两相同时通电，转子按逆时针方向转过 15°。

当换接成 V 相单独通电时，在磁拉力的作用下，转子逆时针再转过 15°，使转子齿 2 和 4 的轴线与定子 V 极轴线对齐，如图 5-2c 所示。

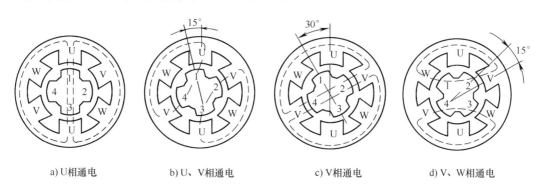

a) U相通电   b) U、V相通电   c) V相通电   d) V、W相通电

图 5-2　单双六拍通电方式

当 V、W 两相通电时，在磁拉力的作用下，转子逆时针再转过 15°，其平衡位置如图 5-2d 所示。

若按 VW→W→WU→U→… 的顺序继续通电，则步进电动机按逆时针方向连续地转动下去，其步距角为 $\theta_b = 15°$。如将通电顺序变为 U→UW→W→WV→V→VU→U→…，则步进电动机的转向变为顺时针。

3. 双三拍通电

除了"单三拍"和"单双六拍"通电方式外，三相步进电动机还有"双三拍"通电方式。

"双三拍"的通电顺序为 UV→VW→WU→UV→… 或 UV→WV→VU→UW→…。当采用三相双三拍通电方式时，任何时刻都有两相绕组同时通电，每次通电时转子的平衡位置和磁路路径与单双六拍通电方式中相应的两相同时通电时相同。每一个循环是三拍，所以步距角

也是 $\theta_b = 30°$。

5.1.2 反应式步进电动机

以上介绍的反应式步进电动机，每一步转过的角度为 30° 或 15°，步距角较大，如在数控机床中应用根本不能满足加工精度的要求。因此，实际应用的步进电动机是小步距角步进电动机。

图 5-3 是一台四相反应式步进电动机的结构示意图。定子铁心由硅钢片叠成，定子上有 8 个均匀分布的磁极，每个磁极上又有若干小齿（本例为 5 个）。各磁极上套有线圈，径向相对的两个磁极上的线圈构成一相。转子也是由硅钢片叠成的，若干小齿（本例为 50 个）在圆周均匀分布，但转子上没有绕组。根据工作要求，定子小齿的齿距必须等于转子小齿的齿距，且转子的齿数有一定限制。

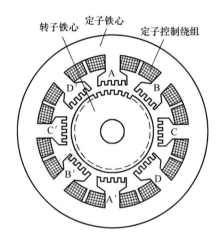

图 5-3 四相反应式步进电动机的结构示意图

定义每个小齿所占有的角度为齿距角，有

$$\theta_t = \frac{360°}{Z_r} \tag{5-1}$$

式中，θ_t 为齿距角；Z_r 为转子小齿数。

定子一个极距所对的转子小齿数为

$$q = \frac{Z_r}{2m} \tag{5-2}$$

式中，m 为相数。

设电动机为四相四拍通电方式。当 A 相控制绕组通电时，产生了沿 A-A′ 极轴线方向的磁通，由于磁通力图通过磁阻最小路径，使转子受到反应转矩的作用而转动，直到转子齿轴线和定子磁极 A-A′ 上的齿轴线对齐为止。因为转子共有 50 个齿，每个齿距角 $\theta_t = 7.2°$，定子一个极距所对的转子齿数为 $q = 6\frac{1}{4}$，不是整数，因此当 A-A′ 极下的定、转子齿轴线对齐时，相邻两对磁极 B-B′ 和 D-D′ 极下的齿和转子齿必然错开 1/4 齿距角，即 $\theta_b = 1.8°$。这时，各相磁极的定子齿与转子齿相对位置如图 5-4 所示。

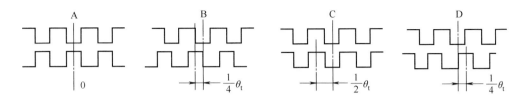

图 5-4　A 相通电时定、转子齿的相对位置

如果断开 A 相而接通 B 相，产生沿 B-B′ 极轴线方向的磁通，同样在反应转矩的作用下，转子按顺时针方向转过 1.8°，使转子齿轴线和定子磁极 B-B′ 下的齿轴线对齐。这时，A-A′ 和 C-C′ 极下的齿与转子齿又错开 1.8°。依此类推，控制绕组按 A→B→C→D→A→⋯ 的顺序循环通电时，转子就按顺时针方向一步一步连续地转动起来。每换接一次绕组，转子转过 1/4 齿距角。

显然，如果要使步进电动机反转，只要改变通电顺序，即按 A→D→C→B→A→⋯ 的顺序循环通电时，则转子便按逆时针方向一步一步地转动起来，步距角同样为 1/4 齿距角，即 $\theta_b = 1.8°$。

如果运行方式改为四相八拍，通电方式为 A→AB→B→BC→C→CD→D→DA→A→⋯，即单相通电和两相通电相间时，与三相步进电动机道理完全一样，步距角为四相四拍运行时的一半，即 $\theta_b = 0.9°$。

当步进电动机运行方式为四相双四拍，即 AB→BC→CD→DA→AB→⋯ 方式通电时，步距角与四相单四拍运行时一样，为 1/4 齿距角，即 $\theta_b = 1.8°$。

由此可见，步进电动机的步距角 θ_b 由转子齿数 Z_r、定子相数 m 和通电方式所决定，即

$$\theta_b = \frac{360°}{mCZ_r} = \frac{360°}{NZ_r} = \frac{\theta_t}{N} \tag{5-3}$$

式中，C 为状态系数，采用单双通电方式时 $C=2$，采用单或双通电方式时 $C=1$；N 为拍数。

既然每个控制脉冲使步进电动机转过一个 θ_b，电动机的实际角位移 θ 应为

$$\theta = N' \theta_b \tag{5-4}$$

式中，N' 为控制脉冲的个数。

若步进电动机所加的通电脉冲频率为 f，则其转速 n（单位为 r/min）为

$$n = \frac{60f}{mCZ_r} = \frac{\theta_b}{6} f \tag{5-5}$$

由于在一个通电循环内控制脉冲的个数为 N（拍数），而每相绕组的供电脉冲个数却只有 1 个，因此定子相绕组的供电频率 f_φ 为

$$f_\varphi = \frac{f}{N} \tag{5-6}$$

可见，步进电动机在不失步、不丢步的前提下，其转速和转角与电压、负载、温度等因素无关，因而步进电动机可直接采用开环控制，简化控制系统。

步进电动机的相数可以是两相、三相、四相、五相、六相或更多相数。相数和转子齿数越多，则步距角越小，精度越高。但供电电源和电机结构也越复杂，成本增加。所以一般最多制成六相，大于六相的步进电动机极为少见。

221

5.1.3　永磁式和混合式步进电动机

1. 永磁式步进电动机

永磁式步进电动机(PM stepping motor)的典型结构如图 5-5 所示。定子上有两相或多相绕组,转子为一对或几对极的星形永磁磁极,转子的极数与定子每相的极数相同,定子和转子上都没有小齿。本例给出的是定子为两相集中绕组(AO、BO)、每相为两对极、转子磁极也是两对极的情况。

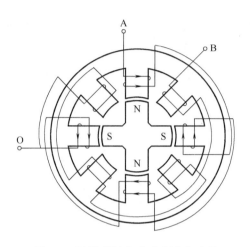

图 5-5　星形磁极永磁式步进电动机

从图中不难看出,当定子绕组按 A→B→(-A)→(-B)→A→⋯的顺序轮流通以直流电时,转子将沿顺时针方向转动。此处,(-A)、(-B)分别表示对 A、B 相绕组反向通电。

每次通电使转子在空间转过45°,即其步距角为45°。一般来说,永磁式步进电动机的步距角为

$$\theta_b = \frac{360°}{2mp} \tag{5-7}$$

式中,p 为转子极对数。

星形磁极的加工工艺比较复杂,如采用图 5-6 所示的爪形磁极结构,将磁钢做成环形,则可简化加工工艺。这种爪极式永磁步进电动机的磁钢为轴向充磁,磁钢两端的两个爪形磁极分别为 S 和 N 极性。由于两个爪形磁极是对插在一起的,从转子表面看,沿圆周方向各个极爪是 N、S 极性交错分布的,极爪的极对数与定子每相绕组的极对数相等。爪极式永磁步进电动机的运行原理与星形磁钢结构的相同。

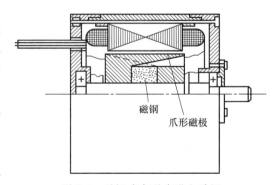

磁钢

爪形磁极

图 5-6　爪极式永磁步进电动机

与反应式步进电动机不同,永磁式步进电动机要求电源供给正、负脉冲,否则不能连续运转。一般永磁式步进电动机的驱动电路要做成双极性驱动,这使供电电源的线路复杂化。这个问题也可以通过在同一相的极上绕上两套绕向相反的绕组,电源只供给正脉冲的方法来

解决，但这种方法增加了用铜量和电动机的尺寸。

永磁式步进电动机的特点为：

1）大步距角，例如 15°、22.5°、30°、45°、90° 等。

2）起动频率较低，通常为几十赫兹到几百赫兹(但转速不一定低)。

3）控制功率小。

4）在断电情况下有定位转矩。

5）有强的内阻尼力矩。

2. 感应子式步进电动机

感应子式步进电动机也称为混合式步进电动机(hybrid stepping motor)，其典型结构如图 5-7 所示。它的定子铁心与反应式步进电动机相同，即分成若干大极，每个极上有小齿及控制绕组；定子控制绕组与永磁式步进电动机相同，也是两相集中绕组，每相为两对极，按 A→B→(−A)→(−B)→A→··· 的顺序轮流通以正、负电脉冲(也可在同一相的极上绕上两套绕向相反的绕组，通以正脉冲)；转子中间为环形轴向磁化的永磁体，磁体两端各套有一段开有齿槽的铁心，两段铁心错开半个齿距，且转子齿距与定子小齿的齿距相等。

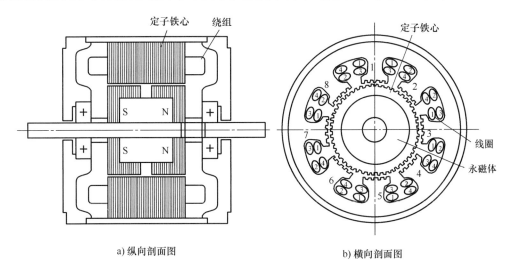

a) 纵向剖面图　　　　　　　　b) 横向剖面图

图 5-7　感应子式步进电动机结构

转子永磁体充磁后，一端(如图中右端)为 N 极，则右端转子铁心的整个圆周上都呈 N 极性，左端转子铁心则呈 S 极性。当定子 A 相通电时，定子 1-3-5-7 极上的极性为 N-S-N-S，这时转子的稳定平衡位置为：定子磁极 1 和 5 上的齿与转子右端的齿和转子左端的槽对齐，定子磁极 3 和 7 上的齿与转子左端的齿及右端的槽对齐，而 B 相 4 个极(2、4、6、8 极)上的齿与转子齿都错开 1/4 齿距。

由于定子同一个极的两端极性相同，转子两端极性相反，且错开半个齿距，所以当转子偏离平衡位置时，两端作用转矩的方向是一致的。当定子各相绕组按顺序通以直流脉冲时，转子每次将转过一个步距角，其值为

$$\theta_b = \frac{360°}{2mZ_r} \tag{5-8}$$

这种电动机可以像反应式步进电动机那样做成小步距角，并有较高的起动频率，同时它又具有控制功率小的优点。当然，由于采用永磁体，转子铁心须分成两段，结构和工艺都比

反应式复杂一些。

5.1.4 步进电动机的特点

根据上述工作原理，可以归纳步进电动机的基本特点如下：

1）位移与输入脉冲信号数相对应，步距误差不长期积累，可以组成结构简单，且具有一定精度的开环控制系统，也可以在需要更高精度时组成闭环控制系统。

2）易于起动、停止、正反转及变速，快速响应性好。

3）速度可以在相当宽的范围内平滑调节。可以用一台控制器控制几台步进电动机同步运行。

4）具有自锁能力。当控制脉冲停止输入，且让最后一个脉冲控制的绕组继续通电时，则电动机就可以保持在固定的位置上，即停在最后一个控制脉冲所控制的角位移的终点位置上，所以步进电动机具有带电自锁能力。

5）步距角选择范围大，可在几十角分至180°范围内选择。在小步距情况下，通常可以在超低速下高转矩稳定运行，可以不经减速器直接驱动负载。

6）步进电动机按应用可分为伺服式和功率式。功率步进电动机可以不通过力矩放大装置，直接带动机床等负载运动，简化了传动系统的结构，并具有一定的精度。

7）电机本体没有电刷，转子上没有绕组，也不需位置传感器，可靠性高。

8）步进电动机需要与控制器配合使用，不能直接使用普通的交直流电源。

9）步进电动机带惯性负载的能力差。

10）存在失步、共振等现象，在使用中要根据负载和运行条件合理选用步进电动机及其控制器。

5.2 反应式步进电动机的特性

反应式步进电动机有静止、单步运行和连续运行3种运行状态，下面分别分析不同状态下的运行特性。

5.2.1 步进电动机的静态特性

当控制脉冲不断送入，各相绕组按照一定顺序轮流通电时，步进电动机转子就一步步地转动。当控制脉冲停止时，如果某些相绕组仍通以恒定不变的电流，转子将固定于某一位置上保持不动，处于静止状态或静态运行状态。静态运行特性是指步进电动机的静转矩 T_e 与转子失调角 θ_e 之间的关系 $T_e = f(\theta_e)$，简称为矩角特性。

多相步进电动机的定子控制绕组可以是一相通电，也可以是几相同时通电，下面分别进行讨论。

1. 单相通电

步进电动机的静转矩就是同步转矩（即电磁转矩），失调角是转子偏离初始平衡位置的电角度，即通电相的定、转子齿中心线间用电角度表示的夹角 θ_e，如图5-8所示。

如果将转子齿数看作转子的极对数，电角度就等于机械角度乘以转子齿数，那么一个齿距就对应360°电角度或 2π 电弧度，即用电角度或电弧度表示的齿距角为 $\theta_{te} = 360°$ 或 $\theta_{te} = 2\pi(\text{rad})$。

相应的步距角为

$$\theta_{\mathrm{be}} = \frac{\theta_{\mathrm{te}}}{N} = \frac{360°}{N} = Z_{\mathrm{r}}\theta_{\mathrm{b}} \qquad (5\text{-}9)$$

或

$$\theta_{\mathrm{be}} = \frac{2\pi}{N}(\mathrm{rad}) \qquad (5\text{-}10)$$

所以，当拍数一定时，无论转子齿数是多少，用电角度表示的步距角均相等，如三相步进电动机三拍运行时的步距角为120°电角度，六拍运行时步距角为60°电角度。

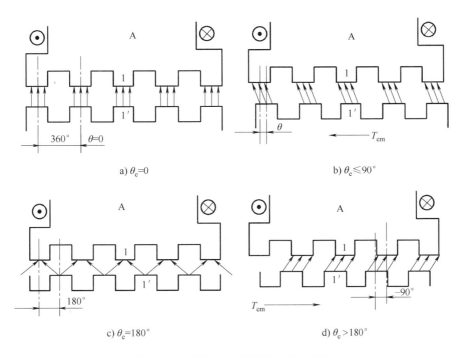

图 5-8　失调角与电磁转矩之间的关系

当步进电动机通电相的定、转子齿对齐时，转子处于零位，即 $\theta_{\mathrm{e}} = 0$，电动机转子上无切向磁拉力作用，转矩 T_{e} 等于零，如图 5-8a 所示。

若转子齿相对于定子齿向右错开一个角度，这时出现了切向磁拉力，产生转矩 T_{e}，其作用是反对转子齿错开，故为负值，显然，当 $\theta_{\mathrm{e}} \leqslant 90°$ 时，θ_{e} 越大，静转矩 T_{e} 越大，如图 5-8b 所示。

当 $\theta_{\mathrm{e}} > 90°$ 时，由于磁阻显著增大，进入转子齿顶的磁通量急剧减少，切向磁拉力以及静转矩反而减少，直到 $\theta_{\mathrm{e}} = 180°$ 时，转子齿处于两个定子齿正中，因此，两个定子齿对转子齿的磁拉力互相抵消，静转矩 T_{e} 又变为零，如图 5-8c 所示。

如果 θ_{e} 继续增大，则转子齿将受到另一个定子齿磁拉力的作用，出现与 $\theta_{\mathrm{e}} < 180°$ 时相反的转矩，即为正值，如图 5-8d 所示。

通过以上讨论可见，静转矩 T_{e} 随失调角 θ_{e} 做周期性变化，变化周期是一个齿距，即360°电角度。$T_{\mathrm{e}} = f(\theta_{\mathrm{e}})$ 的形状比较复杂，它与气隙、定转子齿的形状及磁路饱和程度有关。实践证明，反应式步进电动机的矩角特性接近正弦曲线，如图 5-9 所示。

步进电动机矩角特性上的静态转矩最大值 $T_{\max}$ 表示步进电动机承受负载的能力，它与步进电动机很多特性的优劣有直接的关系。因此，静态转矩最大值是步进电动机最主要的性能

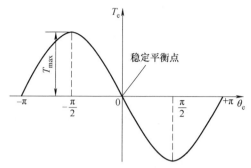

图 5-9　步进电动机的矩角特性

指标之一，通常在技术数据中都会指明。

　　由图 5-9 所示的步进电动机的矩角特性曲线可以看出，当失调角 θ_e 在 $-180° \sim +180°$（相当于 $\pm 1/2$ 齿距）的范围内时，若有外部扰动使转子偏离初始平衡位置，当外部扰动消失后，转子仍能回到初始稳定位置，因此，$-180° < \theta_e < +180°$ 的区域称为步进电动机的静态稳定区。

2. 多相通电时

　　一般来说，多相通电时的矩角特性和最大静态转矩 T_{max} 与单相通电时不同。按照叠加原理，多相通电时的矩角特性近似地可以由每相各自通电时的矩角特性叠加起来求得。

　　先以三相步进电动机为例。三相步进电动机可以单相通电，也可以两相同时通电，下面推导三相步进电动机在两相通电时（如 U、V 两相）的矩角特性。

　　如果转子失调角是指 U 相定子齿轴线与转子齿轴线之间的夹角，那么 U 相通电时的矩角特性是一条通过 O 点的正弦曲线，可以用下式表示：

$$T_U = -T_{max} \sin\theta_e \tag{5-11}$$

　　当 V 相也通电时，由于 $\theta_e = 0$ 时的 V 相定子齿轴线与转子齿轴线错开一个单拍制的步距角。如果步距角以电角度表示，其值为 $\theta_{be} = \theta_{te}/3 = 120°$ 电角度，如图 5-12 所示。所以 V 相通电时的矩角特性可表示为

$$T_V = -T_{max} \sin(\theta_e - 120°) \tag{5-12}$$

　　当 U、V 两相同时通电时合成的矩角特性应为两者相加，即

$$T_{UV} = T_U + T_V = -T_{max} \sin(\theta_e - 60°) \tag{5-13}$$

　　可见它是一条幅值不变，相移 60°（即 $\theta_{te}/6$）的正弦曲线。U 相、V 相及 U、V 两相同时通电的矩角特性如图 5-10a 所示。除了可用波形图表示多相通电时矩角特性外，还可用向量图来表示，如图 5-10b 所示。

　　可见，对于三相步进电动机，两相通电时的最大静态转矩值与单相通电时的最大静态转矩值相等。也就是说，对三相步进电动机而言，不能依靠增加通电相数来提高转矩，这是三相步进电动机一个很大的缺点。

　　如果不用三相步进电动机，而用更多相电动机时，多相通电能不能提高转矩呢？回答是肯定的。下面以五相电动机为例进行分析。

　　与三相步进电动机的分析方法一样，也可作出五相步进电动机的单相、两相、三相通电时矩角特性的波形图和向量图分别如图 5-11a、b 所示。

　　由图可见，两相和三相通电时矩角特性相对 A 相矩角特性分别移动了 $\theta_{te}/10 = 36°$ 及 $\theta_{te}/5 = 72°$，二者的静态转矩最大值相等，而且都比一相通电时大。因此，五相步进电动机采用两相-三相运行方式不但转矩加大，而且矩角特性形状相同，这对步进电动机运行的稳

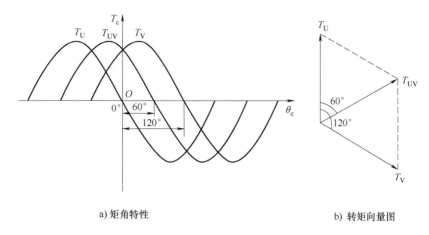

a) 矩角特性　　　　　　　　　　　　b) 转矩向量图

图 5-10　三相步进电动机单相、两相通电时的转矩

定性非常有利，在使用时应优先考虑这样的运行方式。

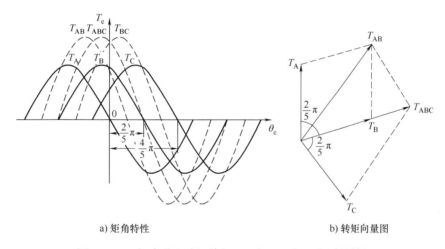

a) 矩角特性　　　　　　　　　　　　b) 转矩向量图

图 5-11　五相步进电动机单相、两相、三相通电时的转矩

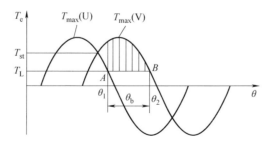

图 5-12　步进电动机单步运行

5.2.2　步进电动机的单步运行

　　单步运行状态是指控制脉冲频率很低，下一个脉冲到来之前，上一步运行已经完成，电动机一步一步地完成脉动（步进）式转动的情况。

227

1. 单步运行和最大负载转矩

以三相单三拍运行方式为例，设负载转矩为 T_L，当 U 相通电时，电动机的矩角特性为 U 相矩角特性，其静态工作点为图 5-12 中 A 点，对应的转子角位置为 θ_1。如 U 相断电、V 相通电，则电动机的矩角特性将跃变为 V 相的矩角特性曲线。由于此时电磁转矩大于负载转矩（如图 5-12 中阴影线所示），使转子运动，到达新的稳定平衡点 B，对应转子角位置为 θ_2，即电动机前进了一个步距角 $\theta_b = \theta_1 - \theta_2$。

由图 5-12 可知，要保证电动机能够步进运动，负载转矩不能大于相邻两拍矩角特性的交点所对应的转矩。也就是说，相邻两拍矩角特性的交点所对应的转矩是电动机做单步运行所能带动的极限负载，把它叫作极限起动转矩 T_{st}，其数学表达式为

$$T_{st} = -T_{max} \sin \frac{1}{2}(\theta_{be} - \pi) = T_{max} \cos \frac{\theta_{be}}{2} = T_{max} \cos \frac{\pi}{N} \tag{5-14}$$

式中，N 为运行拍数。

由式（5-14）可见，在规定的电源条件下（T_{max} 已定），要提高步进电动机的负载能力，应增大运行拍数，如三相电机由单三拍改为单、双六拍运行。

此外，若 $m=2$（指两矩角特性相差 $180°$ 电角度），则 $T_{st}=0$。所以反应式步进电动机的相数应满足 $m \geq 3$，相数越多，T_{st} 就越接近 T_{max}。

由于实际负载可能发生变化，T_{max} 的计算也不准确，所以选用电动机时应留有足够的余量。

2. 单步运行时的振荡现象

以上的分析认为当绕组切换时转子是单调地趋向新的平衡位置，但实际情况并非如此，可用图 5-12 说明。

设开始时，电动机处于稳定平衡点（θ_1 位置）。当输入一个脉冲后，转子将转向新的稳定平衡点（θ_2 位置）。当转子到达 θ_2 位置时，$T_e - T_L = 0$，但转子在运动过程中积累的动能使转子会冲过新的平衡位置。而此后 $T_e - T_L < 0$，又使电动机减速，进而反向运动。由于阻尼和能量损耗的结果，转子将在新的平衡位置处做衰减振荡。

上述单步运行时的振荡现象对电动机的运行很不利，它影响了系统的精度，带来了振动及噪声，严重时甚至使转子丢步。因此，步进电动机在运行中要注意增大阻尼。

5.2.3 步进电动机的连续运行和动特性

随着外加脉冲频率的提高，步进电动机进入连续转动状态。在伺服系统中，步进电动机经常做起动、制动、正转、反转、调速等动作，并在各种频率下（对应于各种转速）运行，这就要求电动机的步数与脉冲数严格相等，既不丢步也不越步，而且转子的运动应是平稳的。否则，由步进电动机的"步进"所保证的系统精度就失去了意义。因此，在运行过程中保持良好的动态性能是保证伺服系统可靠工作的前提。

1. 动态转矩与矩频特性

当输入脉冲频率逐渐增加，电动机转速逐渐升高时，可发现步进电动机的负载能力将逐步下降。电动机转动时产生的转矩称为动态转矩，动态转矩与电源脉冲频率之间的关系称为矩频特性。

图 5-13 是步进电动机的矩频特性。该特性说明电源频率升高，步进电动机的最大输出转矩要下降，这主要是由于控制绕组电感影响造成的。由于控制回路有电感，所以控制绕组

通、断电后，电流均需一定的上升或下降时间。

当输入控制脉冲的频率较低时，绕组通电和断电的周期较长，电流的波形比较接近于理想矩形波，如图 5-14a 所示。频率升高，周期缩短，电流来不及上升到稳定值就开始下降，如图 5-14b 所示；于是电流幅值降低（由 i_1 下降到 i_2），因而产生的转矩也减小，致使电动机带负载能力下降。

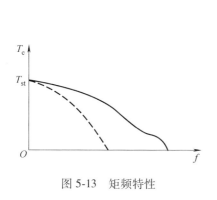

图 5-13　矩频特性

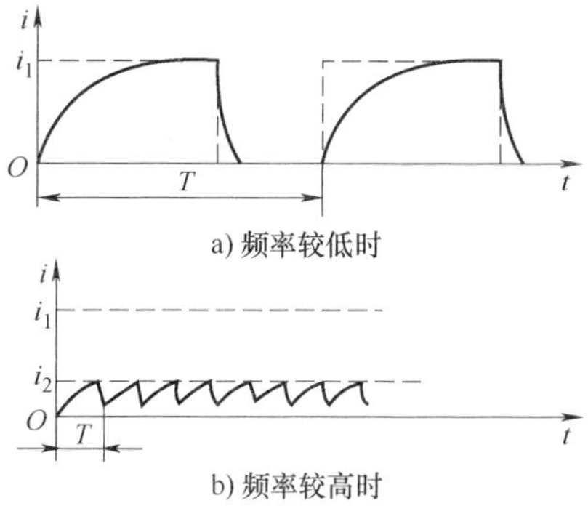

图 5-14　不同频率时控制绕组电流波形

a) 频率较低时

b) 频率较高时

此外，当频率增加时，电动机铁心中的涡流损耗也随之增大，使输出功率和转矩随之下降。当输入脉冲频率增加到一定值时，步进电动机已带不动任何负载，而且只要受到一个很小的扰动，就会振荡、失步，甚至停转。

从矩频特性可见，对于一定的供电方式，负载转矩越大，则步进电动机允许的工作频率越低。图 5-13 所示的曲线即为频率极限，工作频率绝对不能超过它。

值得注意的是，在电动机起动时所能施加的最高频率（称为起动频率）f_{st} 比连续运行频率低得多，如图 5-13 中虚线所示。这是因为在起动过程中，电机除要克服负载转矩 T_L 外，还要克服加速转矩 $J\dfrac{\mathrm{d}^2\theta}{\mathrm{d}t^2}$。

2. 静稳定区和动稳定区

如图 5-15 所示，当转子处于静止状态时，若转子上没有任何强制作用，则稳定平衡点是坐标原点 O。如果在外力矩作用下使转子离开平衡点，只要失调角在 $-\pi<\theta_e<\pi$ 范围内，当外力矩消失后，转子在电磁转矩的作用下仍能回到平衡位置 O 点；如果不满足这样的条件，即 $\theta_e>\pi$ 或 $\theta_e<-\pi$ 时，转子就趋向前一齿或后一齿的平衡点运动，而离开了正确的平衡点 $\theta_e=0$，所以 $-\pi<\theta_e<\pi$ 区域称作静稳定区。

如果切换通电绕组，这时矩角特性向前移动一个步距角 θ_{be}，新的稳定平衡点为 O_1，如图 5-15 所示，对应于它的静稳定区为 $(-\pi+\theta_{be})<\theta_e<(\pi+\theta_{be})$。在绕组换接的瞬间，转子位置只要在这个区域内，就能趋向新的稳定平衡点，因此称 $(-\pi+\theta_{be})<\theta_e<(\pi+\theta_{be})$ 即区间 ab 为电动机空载时的动态稳定区。

图中 a 点与 O 点之间的夹角 θ_r 称为稳定裕度（或裕量角）。裕量角越大，电动机运行越稳定。

$$\theta_r=\pi-\theta_{be}=\pi-\frac{2\pi}{mCZ_r}=\frac{\pi}{mC}(mC-2) \qquad (5\text{-}15)$$

由式（5-15）可见，$C=1$ 时，反应式步进电动机的相数最少为 3。电动机的相数越多，步距角越小，相应的稳定裕度越大，运行的稳定性也越好。

3. 不同频率下的连续稳定运行

（1）连续单步运行

在控制脉冲频率很低的情况下，转子一步一步地连续向新的平衡位置转动，电动机做连续单步运行。在有阻尼的情况下，此过程为衰减的振荡过程。由于通电周期较长，当下一个控制脉冲到来时，电动机近似从静止状态开始，其每步都和单步运行基本一样，电动机具有步进的特征，如图 5-16 所示。

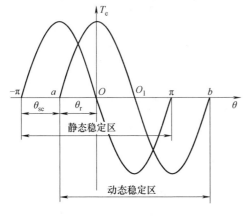

图 5-15　静稳定区和动稳定区

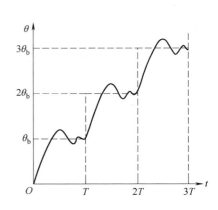

图 5-16　连续单步运行

在连续单步运行情况下，振荡是不可避免的，但最大振幅不会超过步矩角，因而不会出现丢步、越步等现象。

（2）低频丢步和低频共振

当控制脉冲频率比连续单步运行频率高时，可能会出现在一个周期内转子振荡尚未衰减完毕，下一个脉冲已经到来的情况。这时下一个脉冲到来时转子究竟处于什么位置与脉冲的频率有关。如图 5-17 所示，当脉冲周期为 T'（$T' = 1/f'$）时，转子离开平衡位置的角度为 θ_e'；而周期为 T'' 时，转子离开平衡位置的角度为 θ_e''。

值得注意的是，当控制脉冲频率等于或接近步进电动机振荡频率的 $1/k$ 时（$k = 1, 2, 3, \cdots$），电动机就会出现强烈振荡现象，甚至失步或无法工作，这就是低频共振和低频丢步现象。

下面以三相步进电动机空载为例，说明低频丢步的物理过程。如图 5-18 所示，设转子开始时处于 U 相矩角特性的平衡位置 a_0 点，第一个脉冲到来时换接为 V 相通电，矩角特性移动一个步距角 θ_{be}，转子向 V 相的平衡位置 b_0 点运动。由于运动过程中的振荡现象，转子要在 b_0 点附近振荡若干次，其振荡频率接近于单步运行频率 f_0'，周期为 $T_0' = 1/f_0'$。如果控制脉冲的频率也为 f_0'，则第二个脉冲正好在转子回摆到最大值时（对应于图中的 R 点）到来。这时换接成 W 相通电，矩角特性又移动一个步距角 θ_{be}。如果 R 点位于对于 c_0 点的动稳定区之外，即 $\theta_{eR} < -\pi + \theta_{be}$，如图中所示，则 W 相通电时转子受到负的转矩作用，使转子不是由 R 向 c_0 点运动，而是向 c_0' 点运动。接着第三个脉冲到来，转子又由 c_0' 点返回 a_0 点。这样，转子经过 3 个脉冲仍然回到原来的位置，也就是丢了 3 步。这就是低频丢步的物理过程。

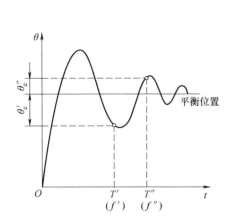

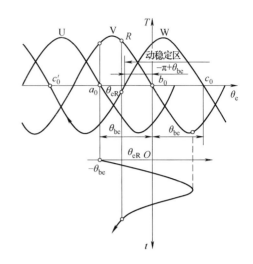

图 5-17　不同脉冲周期时的转子位置　　　　图 5-18　低频丢步的物理过程

　　如果电动机的阻尼作用较强，振荡衰减很快，则转子回摆值较小，对应的 R 点的位置处于动稳定区之内（$\theta_{eR} > -\pi + \theta_{be}$），转矩为正，就不会失步。另外，拍数越多，$\theta_{be}$ 越小，动、静稳定区越接近，同样亦可以消除低频丢步。

　　转子的振荡频率可由下式求得：

$$f_0 = \frac{1}{2\pi}\sqrt{\frac{Z_r T_{max}}{J}} \tag{5-16}$$

式中，J 为电动机及负载的转动惯量。

　　当控制脉冲频率等于 $1/k$ 的转子振荡频率 f_0 时，若阻尼不强，即使不发生低频丢步，也会产生强烈振动，即低频共振现象。一般不允许电动机在共振频率下运行。同时，为了削弱低频共振，可以增加阻尼，限制振动的振幅。

　　增加阻尼的方法有两种：机械阻尼和电气阻尼。机械阻尼是增加电动机转子的干摩擦阻力或增加黏性阻力。其缺点是增大了惯性，使电动机的快速性能变坏，体积增大。电气阻尼则有多相励磁阻尼、延迟断开阻尼等。电气阻尼方法简单，效果好。

　　（3）高频连续运行

　　当电动机在高频脉冲下连续运行时，前一步的振荡尚未达到第一次回摆的最大值，下一个脉冲已经到来。当频率更高时，甚至在前一步振荡尚未达到第一次的峰值就开始下一步，则电动机可以连续、平滑地转动，转速亦比较稳定。

　　但是，当脉冲频率过高，达到或超过最大连续运行频率 f_{max} 时，由于绕组电感的作用，动态转矩下降很多，负载能力较弱，且由于电动机的损耗，如轴承摩擦、风摩擦等都大为增加，即使在空载下也不能正常运行。另外，当脉冲频率过高时，矩角特性的移动速度相当快，转子的惯性导致转子跟不上矩角特性的移动，则转子位置距平衡位置之差越来越大，最后因超出动稳定区而丢步，这也是最大连续运行频率 f_{max} 不能继续提高的原因之一。因此，减小电动机的时间常数、提高动态转矩、减小转动惯量、采用机械阻尼装置等都是提高的连续运行频率的重要措施。

5.3　步进电动机驱动控制器的构成

步进电动机是应用较早的一种机电一体化产品，电动机本体与其驱动控制器构成一个不可分割的有机整体，步进电动机的运行性能很大程度上取决于所使用的驱动控制器的类型和参数。

如图 5-19 所示，步进电动机的驱动控制器主要由脉冲发生器、脉冲分配器（环形分配器）和功率放大器等环节组成。脉冲发生器产生频率从几赫兹到几十千赫兹连续变化的脉冲信号，脉冲分配器根据指令把脉冲按一定的逻辑关系加到各相绕组的功率放大器上，使步进电动机按一定方式运行，实现正、反转控制和定位。由于脉冲分配器输出的电流只有几毫安，必须进行功率放大，由功率放大器来驱动步进电动机。

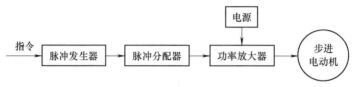

图 5-19　步进电动机驱动控制器的构成

采用开环控制并具有一定的精度是步进电动机的一大优点。理论上说，闭环控制比开环控制可靠，但步进电动机的闭环控制系统价格较高，还容易引起持续的机械振荡。如要获得优良的动态性能，不如选用其他直流或交流伺服系统。因此，步进电动机大部分还是采用开环控制。

步进电动机简单的控制过程可以通过各种逻辑电路来实现，如由门电路和触发器等组成脉冲分配器，这种控制方法线路较复杂，成本高，而且一旦成型，很难改变控制方案。

计算机技术的发展和普及，为设计功能很强而价格低廉的步进电动机控制器提供了可靠的保证。由于步进电动机能直接接收数字量输入，特别适合于数字控制。因此，基于微控制器的步进电动机驱动系统应用非常广泛。如图 5-20 所示，在基于微控制器的步进电动机驱动控制系统中，脉冲发生和脉冲分配功能可由微控制器配合相应的软件来实现，电动机的转向、转速也都通过微控制器控制。采用微控制器不仅可以用很低的成本实现复杂的控制过程，而且控制系统具有很高的灵活性，便于系统功能的升级和扩充。将在后续章节中重点介绍这种控制方法。

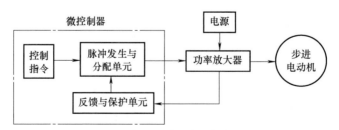

图 5-20　步进电动机微机控制系统

除了以上两种驱动控制系统之外，步进电动机的驱动控制系统还可以采用专用集成电路构成。采用专用集成电路构成的步进电动机驱动控制系统具有结构简单、性价比高的优点，在系列化产品中应该优先采用这种方式。在此，介绍一下步进电动机控制专用集成电路。

随着步进电动机的广泛应用，各国半导体厂商开发并生产了大量集成度高、抗干扰能力

232

强的步进电动机控制专用集成电路。这些专用集成电路可大致分为以下几种类型：

1）脉冲分配器集成电路，如上海元件五厂生产的 5G8713（三/四相）、CH250（三相）和 CH224（四相）；三洋公司的 PMM8713（三/四相）、PMM8723（四相）、PMM8714（五相）。

2）包含脉冲分配器和电流斩波的控制器集成电路，如 SGS 公司的 L297（四相）、L6506（四相）等。

3）只含功率驱动（或包含电流控制、保护电路）的驱动器集成电路，如日本新电元工业公司的 MTD1110（四相斩波驱动）和 MTD2001（两相、H 桥、斩波驱动）。

4）将脉冲分配器、功率驱动、电流控制和保护电路都包括在内的驱动控制器集成电路，如摩托罗拉（Motorola）公司的 SAA1042（四相）和 Allegro 公司的 UNCN5804（四相）等。

5.4 步进电动机的功率驱动电路

功率放大电路的种类很多。按照电流流过绕组的方向是单向的还是双向的，可把功率放大电路分为双极性驱动电路和单极性驱动电路两类。单极性驱动电路适用于反应式步进电动机，而双极性驱动电路适用于永磁式和混合式步进电动机。

驱动电路的功率器件可以选用功率晶体管、功率场效应晶体管（MOSFET）或 IGBT，还可以选用集成功率驱动模块。

5.4.1 单极性驱动电路

1. 单电压功率驱动电路

图 5-21 为单电压功率驱动电路的原理图（只画出其中一相）。来自脉冲分配器的信号电压经过电流放大后加到晶体管 VT 的基极，控制 VT 的导通和截止，从而控制相绕组的通电和断电。R 和 VD 构成了相绕组关断时的续流回路。

由于电感的存在，绕组的通电和断电不能瞬时完成。由于电流上升缓慢会导致电动机的动态转矩下降，因此应缩短电流上升的时间常数，使电流前沿变陡。通常在绕组回路中串入电阻 R_S，使绕组回路的时间常数减小。为了达到同样的稳态电流值，电源电压就要做相应的提高。

R_S 增大，使绕组的电流波形更接近于矩形。这样可以增大动态转矩，使起动和运行矩频特性下降缓慢，如图 5-22 所示。图中，曲线 T' 和 T'' 分别表示串联电阻为 R_S' 和 R_S'' 的特性（$R_S' < R_S''$）。

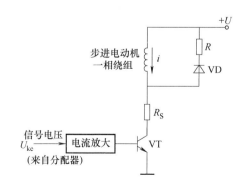

图 5-21 单电压功率驱动电路的原理图

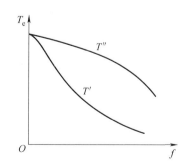

图 5-22 矩频特性的变化

单电压驱动电路结构简单，功放器件少，成本低。但是效率低，只适用于驱动小功率步进电动机或用于性能指标要求不高的场合。

2. 双电压驱动

用提高电压的方法可以使绕组中的电流上升波形变陡，这样就产生了双电压驱动。双电压驱动有两种方式：双电压法和高低压法。

（1）双电压法

双电压法的基本思路是在低频段使用较低的电压驱动，在高频段使用较高的电压驱动，其电路原理如图 5-23 所示。

当电动机工作在低频段时，给 VT_1 基极加低电平，使 VT_1 关断。这时电动机的绕组由低电压 U_L 供电，控制脉冲通过 VT_2 使绕组得到低压脉冲。当电动机工作在高频段时，给 VT_1 高电平，使 VT_1 导通。这时二极管 VD_2 反向截止，切断低电压电源 U_L，电动机绕组由高电压 U_H 供电，控制脉冲通过 VT_1 使绕组得到高压脉冲。

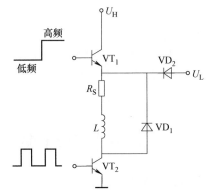

图 5-23　双电压驱动电路原理

这种驱动电路在低频段与单电压驱动相同，通过转换电源电压提高高频响应，但仍需要在绕组回路串联电阻，没有摆脱单电压驱动的弱点，在限流电阻 R_S 上仍然会产生损耗和发热。同时，将频率划分为高、低两段，使特性不连续，有突变。

（2）高低压驱动电路

高低压驱动的基本思路是：不论电动机工作的频率如何，在绕组通电的开始用高压供电，使绕组中电流迅速上升，而后用低压来维持绕组中的电流。

高低压驱动电路原理图如图 5-24 所示。当要求某相绕组通电时，开关管 VT_1 和 VT_2 的基极都有信号电压输入。高压控制脉冲 u_H 与低压控制脉冲 u_L 同时起步，但脉宽要窄得多。两个控制脉冲使开关管 VT_1 和 VT_2 同时导通，于是高电压 U_H 为电动机绕组供电。这时，二极管 VD_2 承受反向电压处于截止状态，使得低电压 U_L 不对绕组起作用。在高电压作用下，绕组中电流 i 快速上升，电流波形的前沿很陡，如图 5-25 所示。当脉冲 u_H 降为低电平时，VT_1 截止，高电压被切断，低电压 U_L 通过二极管 VD_2 为绕组继续供电。由于绕组电阻小，回路中又没串联电阻，所以低电压只需数伏就可为绕组提供较大电流。

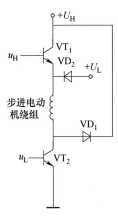

图 5-24　高低压驱动电路原理图

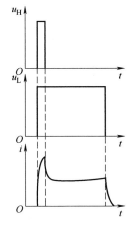

图 5-25　高低压驱动电流波形

当要求绕组断电时，VT_2 基极上的信号电压消失。于是 VT_2 截止，绕组中的电流经二极管 VD_1、U_H、电源地、U_L 和二极管 VD_2 放电，电流迅速下降。

采用高低压切换型驱动电路，电动机绕组上不需要串联电阻，所以电源功耗比较小。高低压驱动电路保证相绕组在很宽的频段内具有较大平均电流，在关断时电流又能迅速泄放，因此改善了电动机的动态转矩。

由于这种驱动电路在低频时绕组通电周期长，绕组电流有较大的过冲，所以低频时电动机的振动噪声较大，低频共振现象依然存在。

3. 斩波恒流驱动

斩波恒流驱动是性能较好，目前使用较多的一种驱动方式。其基本思想是：无论电动机是在锁定状态，还是在低频段或高频段运行，均使导通相绕组的电流保持额定值。

图 5-26 是斩波恒流驱动电路原理图。相绕组的通断由开关管 VT_1 和 VT_2 共同控制，VT_2 的发射极接一只小电阻 R，电动机绕组的电流经这个电阻到地，小电阻的压降与电动机绕组电流成正比，所以这个电阻是电流采样电阻。

当 u_i 为高电平时，VT_1 和 VT_2 两个开关管均导通，电源向绕组供电。由于绕组电感的作用，R 上的电压逐渐升高，当超过给定电压 u_a 的值时，比较器输出低电平，使与门输出低电平，VT_1 截止，电源被切断，绕组电流经 VT_2、R、VD_2 续流，采样电阻 R 的端电压随之下降。当采样电阻 R 上的电压小于给定电压 u_a 时，比较器输出高电平，与门也输出高电平，VT_1 重新导通，电源又开始向绕组供电。如此反复，绕组的电流就稳定在由给定电压所决定的数值上。

当控制脉冲 u_i 变为低电平时，VT_1 和 VT_2 两个开关管均截止，绕组中的电流经二极管 VD_1、电源和二极管 VD_2 放电，电流迅速下降。

控制脉冲 u_i、VT_1 的基极电位 u_{b1} 及绕组电流 i 的波形如图 5-27 所示。

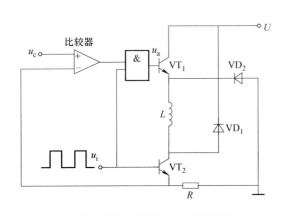

图 5-26 斩波恒流驱动电路原理图

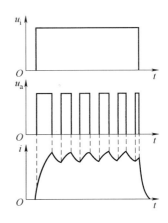

图 5-27 斩波恒流控制的电流波形

在 VT_2 导通期间内，电源以脉冲式供电，所以这种驱动电路具有较高的效率。由于在斩波驱动下绕组电流恒定，电动机的输出转矩均匀。这种驱动电路的另一个优点是能够有效地抑制共振，因为电动机共振的基本原因是能量过剩，而斩波恒流驱动的输入能量是随着绕组电流的变化自动调节的，可有效地防止能量积聚。但是，由于电流波形为锯齿形，这种驱动方式会产生较大的电磁噪声。

5.4.2 双极性驱动电路

永磁式步进电动机以及两相、三相、五相混合式步进电动机都要求控制绕组的电流能正、反双方向流动，通常采用双极性驱动电路驱动。

H桥驱动电路是一种常用的双极性驱动电路，其电路原理如图5-28所示。4个开关管$VT_1 \sim VT_4$组成H桥的4臂，对角线上的两个开关管VT_1和VT_4、VT_2和VT_3分别为一组，控制电流正向或反向流动。4个二极管$VD_1 \sim VD_4$组成桥式续流电路。为了防止直通故障的发生，控制逻辑使两对角线的开关管不能同时导通。

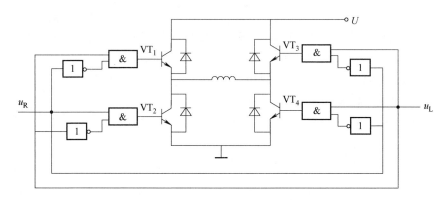

图5-28 H桥驱动电路原理图

当输入信号u_L为高电平时，开关管VT_1和VT_4导通，VT_2和VT_3截止，电流从电源流出，经过VT_1、控制绕组和VT_2到地；当输入信号u_R为高电平时，开关管VT_2和VT_3导通，VT_1和VT_4截止，电流从电源流出，经VT_2、控制绕组和VT_4到地。可见，电流在控制绕组中可以双方向流动。

目前，市场上有多种H桥功率模块可供设计时选用，它们都包含较完善的基极（或栅极）驱动电路和各种保护电路，部分H桥功率集成电路数据见表5-1。

表5-1 部分H桥功率集成电路数据

厂商	型号	类型	电压/V	连续电流/A	峰值电流/A	开关时间/ns	特点
SGS	L298N	双H桥，晶体管	46	2.0	3.0	200	过热保护
	L6202	单H桥，DMOS	52	1.5	5.0	200	过热保护、防直通、可接电流检测电阻
	L6203	单H桥，DMOS	52	3.0	5.0	200	
N.S.C	LM18298	双H桥，晶体管	46	2.0	3.0	250	过热保护
	LMD18200 LMD18201	单H桥，DMOS	55	3.0	6.0	400	过电压、过电流、过热保护，过热报警标志
	LMD18245	单H桥，DMOS	55	3.0	6.0	400	过电压、过电流、过热保护，过热报警标志，4位D/A转换

（续）

厂商	型号	类型	电压/V	连续电流/A	峰值电流/A	开关时间/ns	特点
Allegro	UDN2953B UDN2954W	单H桥，晶体管	50	2.0	3.5	1000	PWM、过热、直通保护，限流，钳位二极管
	UDN2998W	双H桥，晶体管	50	2.0	3.0		过热、直通保护，钳位二极管，外接电流检测电阻

使用 H 桥驱动，每相绕组必须用一个 H 桥。当电动机的相数较多时，所用的开关管较多，成本较高。为此，可采用多相桥式驱动电路，使开关管的数目减少一半。

使用 5 个 H 桥和使用五相桥驱动五相混合式步进电动机的电路原理分别如图 5-29 和图 5-30 所示。

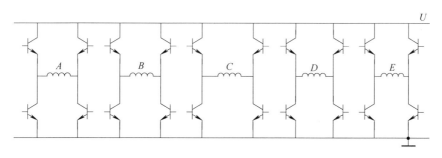

图 5-29　H 桥驱动五相混合式步进电动机的电路原理

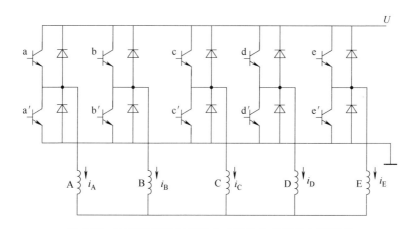

图 5-30　五相桥驱动五相混合式步进电动机的电路原理

5.5　步进电动机的角度细分控制

5.5.1　角度细分控制原理

角度细分控制又称为微步距控制，是步进电动机开环控制的新技术之一。所谓细分控制就是把步进电动机的步距角减小(减小到几个角分),把原来的一步再细分成若干步(如100步),这样,步进电动机的运动近似地变为匀速运动,并能使它在任何位置停步。

为了说明细分控制的原理,首先回顾一下三相反应式步进电动机的工作原理。

如果控制绕组按 U→V→W→U→⋯ 的顺序轮流通电,每次通电、断电定子合成磁动势向量在空间转过 120° 电角度,步进电动机的转子则在定子合成磁动势的作用下步进旋转,每步转过一个步距角(120° 电角度)。

如果按 U→UV→V→VW→W→WU→U→⋯ 的顺序轮流通电,每次通电、断电定子合成磁动势向量在空间转过 60° 电角度,步进电动机的转子则在定子合成磁动势的作用下步进旋转,每步转过 60° 电角度。三拍和六拍通电时的磁动势旋转情况分别如图 5-31a、b 所示,注意相绕组的磁动势大小与该相绕组的电流成正比。

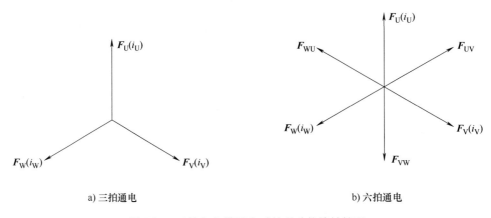

a) 三拍通电   b) 六拍通电

图 5-31   三拍和六拍通电时的磁动势旋转情况

可见步进电动机控制中已蕴含了细分的机理,即如果每拍通电使定子合成磁动势在空间转动的角度减半,则步进电动机的步距角减半。

在六拍通电方式下,如果要将每一步细分为 4 步完成,则合成磁动势的旋转情况如图 5-32 所示。由图可见,当由 U 相通电切换为 UV 相通电时,只要使 V 相电流不是由 0 突变为额定值,而是分为 4 步,每步增加 1/4,则切换过程中合成磁动势旋转角为原来的 1/4。同样当由 UV 相通电切换为 V 相通电时,只要使 U 相电流不是由额定值突变为 0,而是分为 4 步,每步减小 1/4,则切换过程中合成磁动势旋转角也为原来的 1/4。即如果要把每一步细分为 4 步完成,只需将相电流分为 4 个台阶投入或切除即可。步距角 4 细分时电流波形如图 5-33 所示。

一般地,如果使绕组中电流的波形是一个分成 N 个台阶的阶梯波(N 为正整数),则电流每升或降一个台阶时,转子转过一小步。当转子按照这样的规律转过 N 小步时,相当于它转过一个步距角。这就是角度细分控制的原理。

细分控制使实际步距角减小,可以大大地提高对执行机构的控制精度。同时,也可以减小或消除振荡,降低噪声,并抑制转矩波动。目前,采用细分技术已经可以将原步距角细分成数百份。

5.5.2 角度细分控制的电路实现

角度细分控制的关键是控制相绕组电流为阶梯波。获得阶梯形电流波有两种方法:

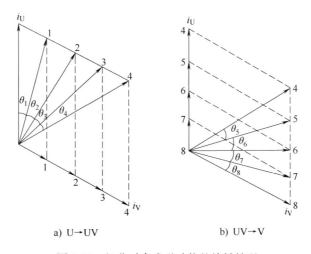

图 5-32　细分时合成磁动势的旋转情况

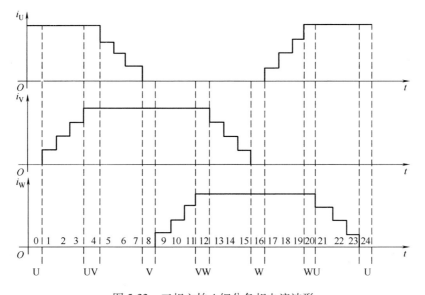

图 5-33　三相六拍 4 细分各相电流波形

一是使晶体管工作在放大状态，在基极加阶梯波控制电压，利用基极电流和集电极电流成正比的关系组成简单的细分驱动电路，这种方法电路简单，但功放管工作在放大状态，功耗大，效率低；另一种方法是利用微型计算机数字控制技术，采用数字 PWM 控制的方法获得阶梯形电流，这是目前常用的方法。下面介绍一种典型的恒频斩波细分电路。

恒频斩波细分驱动控制实际上是斩波恒流驱动电路的改进。在斩波恒流驱动电路中，绕组中电流的大小取决于比较器的给定电压，在工作中这个给定电压是一个恒定值。现在用一个阶梯电压来代替这个给定电压，就可以得到阶梯形电流波。

恒频斩波细分驱动电路如图 5-34 所示，单片机是控制主体，它通过定时器 T0 输出 20kHz 的方波，送入 D 触发器，作为恒频信号。同时，单片机将阶梯电压的数字信号输出到 D/A 转换器，作为控制信号。阶梯电压的每一次变化，都使转子走一细分步。

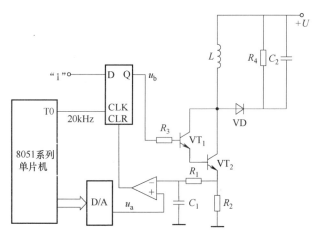

图 5-34　恒频斩波细分驱动电路

恒频斩波细分电路工作原理如下：当 D/A 转换器的输出电压 u_a 不变时，恒频信号 CLK 的上升沿使 D 触发器输出 u_b 为高电平，使开关管 VT_1、VT_2 导通，绕组中的电流上升，取样电阻 R_2 上的压降增加，当这个压降大于 u_a 时，比较器输出低电平，使 D 触发器的输出 u_b 为低电平，VT_1、VT_2 截止，绕组的电流下降。当 R_2 上的压降小于 u_a 时，比较器输出高电平，D 触发器又输出高电平，VT_1、VT_2 导通，绕组中的电流重新上升。这样的过程反复进行，使绕组电流波形为锯齿波。因为 CLK 脉冲的频率较高，锯齿形波纹会很小。恒频脉冲 CLK、阶梯波给定电压 u_a、VT_1 的控制电压 u_b 和绕组电流 i 的波形示意图如图 5-35 所示。

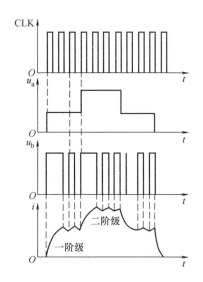

图 5-35　恒频斩波细分驱动的电流波形

此外，步进电动机的角度细分控制可以采用专用集成电路实现，如 SGS-THOMSON 公司的双极性两相步进电动机细分控制驱动单片集成电路 L6217/L6217A、Intel Motion 公司的两相步进电动机细分控制器 IM2000、IXYS 公司的高性能双 PWM 步进电动机细分控制器 IXMS150、东芝公司的步进电动机细分控制器 TA7289 等。

5.6　基于 AVR 单片机的两相混合式步进电动机控制实例

5.6.1　控制系统概述

基于 ATmega48 单片机的两相混合式步进电动机角度细分控制系统原理图如图 5-36 所示，控制软件源代码可以通过扫描二维码获取。

单片机的 T1 定时器产生一个恒频脉冲信号 CLK，作为 D

基于 AVR 单片机的两相步进电机角度细分控制程序

触发器 74ALS74 和 8 位串行 D/A 转换器 Max522 的时钟；单片机实现脉冲分配，并由 PB3、PB4 口输出两相绕组的导通控制信号；同时，单片机根据指令要求输出各相绕组的给定电流，并由 Max522 转换为模拟信号 I_{g1}、I_{g2}，通过恒频斩波实现步进电动机的角度细分控制。

电流采样信号 FB1 和 FB2 首先经阻容滤波后，与由 R_{17} 和 R_{18}（或 R_{22} 和 R_{23}）分压得到的给定电压进行比较，实现硬件电流保护；然后利用运算放大器 LM324 对每相绕组的电流采样值进行放大，放大后的电流信号与 Max522 输出的电流给定信号 I_{g1}（或 I_{g2}）一起送入 LM339 比较器进行比较，实现斩波控制。

显示电路由 SN74HC595 和 LG3641 AH 组成。SN74HC595 为 8 位移位寄存器，QA～QH 为并行数据输出，SER 为串行数据输入，RCLK 为输出寄存器时钟，SRCLK 为串行数据时钟。在 SRCLK 上升沿，SER 的数据被锁存到 SN74HC595 寄存器中，随着 SRCLK 时钟的推进，8 位数据依次被送到 SN74HC595 中，由于 SN74HC595 是带输出锁存的，只有在 RCLK 的上升沿，新的 8 位数据才会更新到 QA～QH。

G3641AH 为 4 位 8 段共阳极数码管，COM1～COM4 引脚电平为高时，对应的数码管才亮。为了简化电路，此处采用动态显示。在每一瞬间，SN74HC595 并行输出口输出相应的 8 位数码管段码，而位选则控制 I/O 口输出该显示位的选通电平，保证该位显示相应字符。

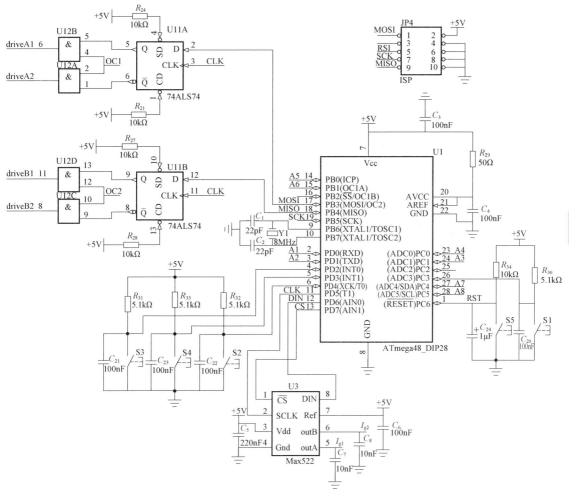

a) 单片机与D触发器和D/A转换器

图 5-36　基于 ATmega48 单片机的两相混合式步进电动机控制系统原理图

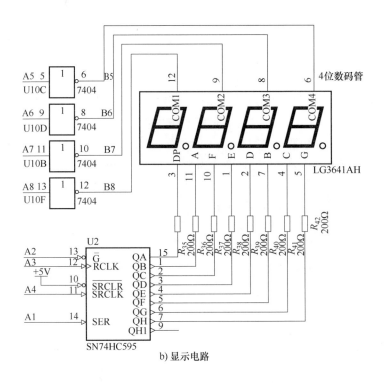

b) 显示电路

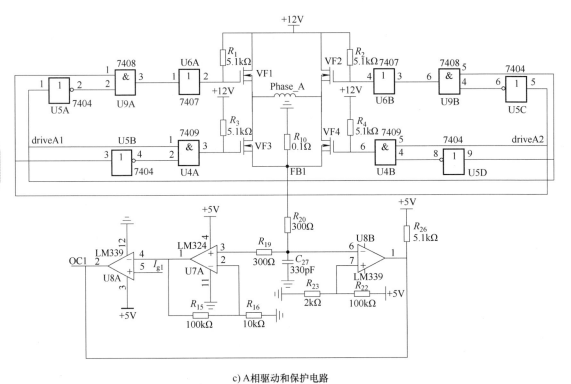

c) A相驱动和保护电路

图5-36 基于ATmega48单片机的两相混合式步进电动机控制系统原理图(续)

242

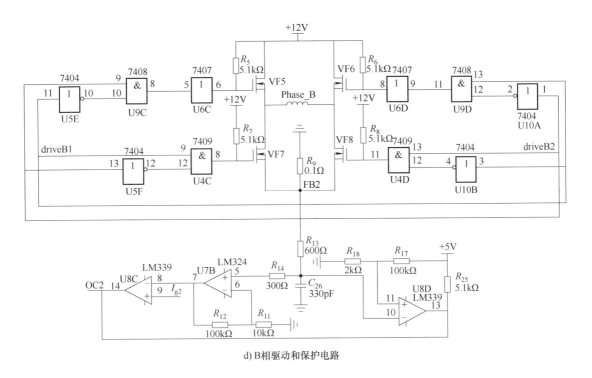

d) B相驱动和保护电路

图 5-36　基于 ATmega48 单片机的两相混合式步进电动机控制系统原理图（续）

4 位数码管从左到右依次显示：模式（1、2）、正反转（0、1）、角度细分等级（1、2、3）、速度等级（0~8），其中模式 1 为角度细分控制，模式 2 是速度控制。

按键的功能分配如下：S1—开始/停止；S4—正转/反转；S5—复位；S3—模式 1 选择，在模式 1 下，S2 键—角度细分加，S3—角度细分减；S4—模式 2 选择，在模式 2 下，S2—速度加，S3—速度减。

5.6.2　脉冲分配

脉冲分配器的功能由软件来实现。AVR 单片机的输出口直接与功率驱动电路的接口耦合，单片机的 I/O 口按照给定的通电方式向驱动电路发出控制脉冲，如图 5-37 所示。

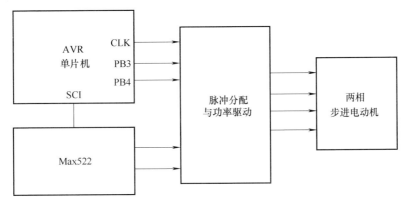

图 5-37　通过软件实现两相步进电动机的脉冲分配

采用两相八拍运行方式：A→AB→B→-AB→-A→-A-B→-B→A-B→A，每个通电周期共有 8 个通电状态。PB3 口输出高电平使功率开关 VF2 和 VF3 导通，PB3 口输出低电平使功率开关 VF1 和 VF4 导通，PB4 口输出高电平使功率开关 VF6 和 VF7 导通，PB4 口输出低电平使功率开关 VF5 和 VF8 导通。

软件的实现过程如下：在每个 CLK 周期内，单片机的 PB3、PB4 口按照一定的顺序输出 11、10、01、00 这 4 个控制字，同时单片机按照角度细分规律向 D/A 转换器 Max522 输出 A、B 两相绕组的给定电流 I_{g1}、I_{g2}。给定信号 I_{g1}、I_{g2} 分别与检测到的绕组电流相比较，得到电流控制信号 OC1 和 OC2。电流控制信号 OC1 与 PB3 决定 A 相绕组的通电状态（正向导通、反向导通和不导通），同理，OC2 与 PB4 决定 B 相绕组的通电状态。这样，通过软件实现了步进电动机的两相八状态运行，具体原理见表 5-2。

表 5-2 单-双通电两相八拍工作方式

PB3(A)	PB4(B)	I_{g1}	I_{g2}	通电状态	正向	反向
1	1	恒定	0	A		
1	1	恒定-阶梯减	阶梯增	AB		
0	1	0	恒定	B		
0	1	阶梯增-阶梯减	恒定-阶梯减	-AB		
0	0	恒定	0	-A		
0	0	恒定-阶梯减	阶梯增	-A-B		
1	0	0	恒定	-B		
1	0	阶梯增-阶梯减	恒定-阶梯减	A-B		

5.6.3 速度控制

步进电动机的运行速度取决于绕组的通电频率。单片机控制步进电动机速度的方法有两种：软件延时和定时器延时。

1. 软件延时法

软件延时法是在每次换相之后，调用一个延时子程序，待延时结束后，再执行换相子程序。周而复始，即可发出一定频率的步进脉冲，使电动机按某一确定转速运转。改变延时的时间长度就可以改输出脉冲的频率，从而调节电动机的转速。

这种方法的优点是程序简单，占用片内资源少，调用不同的延时子程序就可以实现不同的转速控制。其缺点是使 CPU 长时间等待，不能在运行中处理其他工作。

2. 定时器延时法

各种单片机都有数量不等的片载定时器/计数器。加载某个定时器，当定时器溢出时就会产生中断信号，中止主程序的执行，转而执行中断服务程序，这样可以产生硬件延时的效果。如将电动机换相子程序放在定时器中断服务程序之中，则定时器每中断一次，电动机就换相一次，从而实现对电机的速度控制。

设电动机运行速度定为每秒 1000 步（1000 脉冲/s），则换相周期为 1000μs。设单片机使用 12MHz 时钟，则机器周期 $T=1\mu s$。定时器应该每 1000 个机器周期中断一次。定时器执行加计数，所以 1000 次计数的加载值应为 $2^{16}-1000=0FC18H$。在此加载值情况下，再加计数

1000 次，即能产生溢出。

上述定时只计及从定时器装载起动到定时器申请中断所经过的时间，而没有计及从申请中断到系统响应中断，再到中断服务程序中对定时器进行装载所花费的时间，因此不能精确定时。对于精确定时，在程序中还应该计及诸如加载定时器、停定时器以及中断响应等时间，并对定时器装载值进行修正。

通过定时器中断的方法产生硬件延时的效果，只需调整定时器的定时常数就可以实现调速。这种方法占用 CPU 时间较少，在各种单片机中都能实现，是一种比较实用的调速方法。

5.6.4 加减速与定位控制

1. 加减速控制原理

步进电动机驱动执行机构从一个位置向另一个位置移动时，要经历加速、恒速和减速过程。如果起动时一次将速度升到给定速度，起动频率可能超过极限起动频率 f_{st}，造成步进电动机失步。如果到终点时突然停下来，由于惯性作用，步进电动机会发生过冲，影响位置控制精度。如果非常缓慢地升降速，步进电动机虽然不会产生失步和过冲现象，但影响了执行机构的工作效率。所以，对步进电动机的加减速有严格的要求，那就是保证在不失步和过冲的前提下，用最快的速度（或最短的时间）移动到指定位置。

如图 5-38 所示，步进电动机的升速一般有两种选择，一种是按直线规律升速，另一种是指数规律升速。直线升速规律则比较简练，而指数升速规律比较接近步进电动机输出转矩随转速变化的规律。

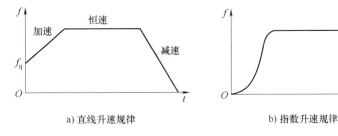

a) 直线升速规律 b) 指数升速规律

图 5-38 步进电动机的升速规律

控制步进电动机进行加减速就是控制每次换相的时间间隔。当微机利用定时器中断方式来控制电动机变速时，实际上就是不断改变定时器装载值的大小。为了减少每步计算装载值的时间，可以用阶梯曲线来逼近理想升降曲线。

图 5-39 是近似指数加速曲线。离散后速度并不是一直连续上升的，而是每升一级都要在该级上保持一段时间，因此实际加速轨迹呈阶梯状。如果速度（频率）是等间距分布，那么在每个速度级上保持的时间不一样长。为了简化，用速度级数 N 与一个常数 C 的乘积去模拟，并且保持的时间用步数来代替。因此，速度每升一级，步进电动机都要在该速度级上走 NC 步（其中 N 为该速度级数）。

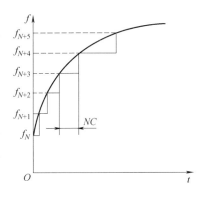

图 5-39 近似指数加速曲线

为了简化，减速时也采用与加速时相同的方法，只不过其过程是加速时的逆过程。

2. 加减速定位控制的软件设计

软件设计是在硬件设计基本完成的基础上进行的。现在假定采用图 5-36 所示的硬件。于是，对步进电动机的走步控制，就是对通电状态计数器进行加 1 运算。而速度控制则是通过不断改变定时器的装载值来实现的。整个应用软件由主程序和定时器中断服务程序构成。主程序的功能是，对系统资源进行全面管理，处理输入与显示，计算运行参数，加载定时器中断服务程序所需的全部参数和初始值，开中断，等待走步过程的结束。

定时器中断服务程序框图如图 5-40 所示，其功能为：使步进电动机走一步，累计转过的步数，向定时器送下一个延时参数。

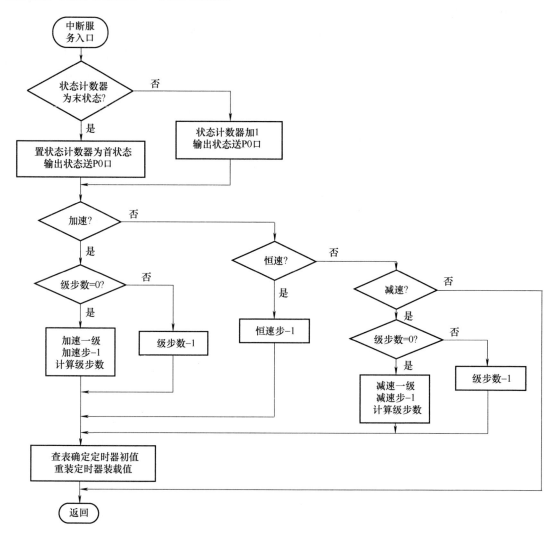

图 5-40　定时器中断服务程序框图

整个定时器中断服务程序的运行时间必须比步进脉冲间隔短。为了减少单片机的计算工作量，将转速序列所对应的定时常数序列做成表格存储在程序存储器中。在程序运行中，软件系统通过查表方法查出所需的定时器装载值。

练习与思考

1. 如何控制步进电动机输出的角位移或线位移量、转速或线速度？

2. 反应式步进电动机与永磁式及感应子式步进电动机在作用原理方面有什么共同点和差异？步进电动机与同步电动机有什么共同点和差异？

3. 一台五相反应式步进电动机步距角为 1.5°/0.75°。试问：（1）这是什么意思？（2）转子齿数是多少？（3）写出五相十拍运行方式时的一个通电顺序。（4）在 A 相绕组中测得电流频率为 600Hz 时，电动机每分钟的转速是多少？

4. 一台三相反应式步进电动机，步距角为 3°/1.5°，已知它的最大静转矩 $T_{max} = 0.686\mathrm{N \cdot m}$，转动部分的转动惯量 $J = 1.725 \times 10^{-5} \mathrm{kg \cdot m^2}$。试求该电动机的自由振荡频率 f_0 和自由振荡的周期 T_0。

5. 如果一台步进电动机的负载转动惯量较大，试问它的起动频率有何变化？

6. 试问步进电动机的连续运行频率和它的负载转矩有怎样的关系？为什么？

7. 为什么步进电动机的连续运行频率比起动频率要高得多？

8. 步进电动机在哪些情况下会发生丢步、振荡？

9. 试设计一个完整的三相步进电动机驱动控制系统电路。

10. 对图 5-34 所示的电路，编写单片机控制程序，包括正反转、调速等功能。

技 能 扩 展

1. 对 5.6 节给出的电路进行进一步完善，画出 PCB。

2. 试分析 5.6 节的控制软件存在哪些不足，并对其进行完善。

3. 查阅文献资料，说说近年来步进电动机控制出现了哪些新算法，分析其合理性，将你认为可行的控制算法应用于 5.6 节的控制系统，并用软件实现。

第 **6** 章

超声波电动机

6.1 超声波电动机概况

6.1.1 超声波电动机的基本原理

超声波电动机（ultrasonic motor，USM）是近年来发展起来的一种全新概念的驱动装置，它利用压电材料的逆压电效应（即电致伸缩效应），把电能转换为弹性体的超声振动，并通过摩擦传动的方式转换成运动体的回转或直线运动。这种新型电动机一般工作于 20kHz 以上的频率，故称为超声波电动机。

超声波电动机在发展过程中曾有过许多不同的命名，如振动电动机（vibration motor）、压电电动机（piezoelectric motor）、表面波电动机（surface motor）、压电超声波电动机（piezoelectric ultrasonic motor）、超声波压电驱动器（ultrasonic piezoelectric actuator）等。

图 6-1 为日本新生（Shinsei）公司的行波型超声波电动机的结构图。与传统电动机一样，超声波电动机也是由定子（振动体）和转子（移动体）两部分组成，但电动机中既没有线圈也没有永磁体，其定子由弹性体（elastic body）和压电陶瓷（piezoelectric ceramic）构成，其转子为一个金属板。定子和转子在压力作用下紧密接触，为了减少定、转子之间相对运动产生的磨损，通常在二者之间（转子上）加一层摩擦材料。

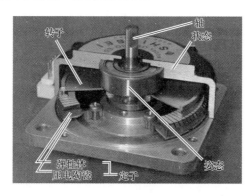

图 6-1　行波型超声波电动机的结构图

当对黏结在定子上的压电陶瓷施加超声波频率（20kHz 以上）的交流电压时，压电陶瓷随着高频电压的幅值变化而膨胀或收缩，从而在定子弹性体内激发出超声波振动，这种振动传递给与定子紧密接触的摩擦材料以驱动转子旋转。

如图 6-2 所示,当对黏结在金属弹性体上的两片压电陶瓷施加相位差为 90°电角度的高频电压时,在弹性体内产生两组驻波(standing wave),这两组驻波合成一个沿定子弹性体圆周方向行进的行波(progressive wave),使得定子表面的质点形成一定运动轨迹(如椭圆、李萨如轨迹等)的超声波微观振动,其振幅一般为数微米,这种微观振动通过定子(振动体)和转子(移动体)之间的摩擦作用使转子(移动体)沿某一方向做连续宏观运动。

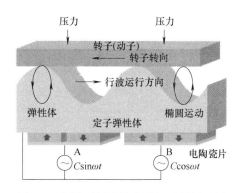

图 6-2　行波型超声波电动机运行原理图

6.1.2　超声波电动机的优点及其应用

超声波电动机的原理完全不同于传统电磁式电动机。它将电致伸缩、超声振动、波动原理这些毫不相干的概念与电动机联系在一起,创造出一种完全新型的电动机。正是由于其独特的原理,超声波电动机具有电磁式电动机所没有的一些性能和特点:

(1) 低速大转矩

在超声波电动机中,超声振动的振幅一般不超过几微米,振动速度只有几厘米每秒到几米每秒。无滑动时转子的速度由振动速度决定,因此电动机的转速一般很低,每分钟只有十几转到几百转。由于定子和转子间靠摩擦力传动,若两者之间的压力足够大,转矩就很大。

(2) 体积小、重量轻

超声波电动机不用线圈,也没有磁铁,结构相对简单,与普通电动机相比,在输出转矩相同的情况下,可以做得更小、更轻、更薄。

(3) 反应速度快,控制特性好

超声波电动机靠摩擦力驱动,移动体的质量较轻,惯性小,响应速度快,起动和停止时间为毫秒量级。因此它可以实现高精度的速度控制和位置控制。

(4) 无电磁干扰

超声波电动机没有磁极,因此不受电磁感应影响。同时,它对外界也不产生电磁干扰,特别适合强磁场下的工作环境。在对 EMI(电磁干扰)要求严格的环境下,采用超声波电动机也很合适。

(5) 停止时具有保持力矩

超声波电动机的转子和定子总是紧密接触,切断电源后,由于静摩擦力的作用,不采用制动装置仍有很大保持力矩,尤其适合宇航工业中失重环境下的运行。

（6）形式灵活，设计自由度大

超声波电动机驱动力发生部分的结构可以根据需要灵活设计。

由于超声波电动机具有电磁电动机所不具备的许多特点，尽管它的发明与发展仅有 20 多年的历史，但在宇航、机器人、汽车、精密定位、医疗器械、微型机械等领域已得到成功的应用。如日本佳能（Canon）公司将超声波电动机用于其 EOS620/650 自动聚焦单镜头反射式照相机中；欧洲将超声波电动机用于实验平台及微动设备，如 1986 年获诺贝尔物理学奖的扫描隧道显微镜（STM）；美国在宇宙飞船、火星探测器、导弹、核弹头等航空航天工程中也都陆续应用了超声波电动机。

为了发展我国的人造卫星、导弹、火箭、飞机、机器人、微型机械、汽车、磁浮列车以及其他精密仪器，将需要大量高性能的超声波电动机。

6.1.3 超声波电动机存在的问题及研究重点

超声波电动机与传统电磁式电动机相比有无可替代的优点，但是它也存在一些问题：

（1）控制困难

从理论上来说，目前超声波电动机仍然没有一个准确的数学模型来对其振动过程和运动过程进行系统的描述。由于压电材料的特殊性、摩擦发热和环境变化等问题，驱动转子的摩擦力将产生严重的非线性变化。这种变化使控制电动机匀速转动的难度大大增加。此外，由于压电材料的特殊性，使得每一台超声波电动机所需要的驱动电源都不相同，这样，电动机和电源必须一一配套，不利于大规模生产。

（2）寿命较短

超声波电动机的寿命大约为 2000h，与传统电动机相比，长时间工作的耐久性还不尽如人意。

（3）运行效率较低

由于超声波电动机的理论和计算方法及其结构设计方法还不成熟，电动机运行效率较低，只有 10%~40%，而传统的电磁电动机可达 80% 以上。

针对以上问题，还需要就超声波电动机的理论、实验和材料展开深入研究，做好以下重要课题：

1）超声波电动机是一个机电耦合的动力学系统，超声波电动机理论研究的核心就是建立这个系统的机电耦合动力学模型。它涉及超声波电动机的定子/转子动力特性、驱动电源的输出动态特性、控制系统动态特性以及三者结合在一起，构成相互影响、相互耦合的统一的动力学模型。

2）定子/转子界面接触模型和定子/转子摩擦学的研究。

3）超声波电动机是通过压电陶瓷元件将电能转换为定子（弹性体）的高频微振动，并通过定子/转子间接触（摩擦）把高频微振动转换成转子（移动体）的宏观运动。能量转换和传递涉及 3 种重要材料：压电陶瓷材料、摩擦材料和胶黏剂。必须加强对这 3 种材料的研制。

4）从压电材料变形的角度而言，超声波电动机定位精度高，可达纳米级。但实际上由于材料、加工、装配、环境和负载特性的影响，超声波电动机是一个非线性、时变系统，定位精度受到影响。所以，必须采用智能控制策略对系统进行闭环控制，以提高超声波电动机伺服系统的精度。

5）在超声波电动机的理论研究和材料发展的基础上，还要做大量的实验研究，其中包括超声波电动机性能试验、超声波电动机的寿命试验、可靠性试验和环境(高温、低温、湿度和真空)试验以及有关试验设备的研制。

6)进行超声波电动机低成本、长寿命、可靠性设计和先进制造技术的研究。

7)发展新型超声波电动机技术。其中包括新型超声波电动机运动机理及其机电耦合动力学模型,新的模态变换方法,研制大功率超声波电动机、微型超声波电动机和非接触式超声波电动机等。

6.2 超声波电动机的常见结构与分类

6.2.1 超声波电动机的常见结构

超声波电动机的工作原理简单,应用结构灵活。目前已研制出了多种多样的超声波电动机,下面介绍几种常见结构。

1. 圆环状或圆盘式行波型超声波电动机

圆环状行波型超声波电动机的结构如图 6-3 所示,它是由底部黏接着压电陶瓷元件的环状定子和环状转子构成。对极化后的压电陶瓷元件施加一定的高频交变电压,在定子弹性体中形成沿圆周方向的弯曲行波。预先对定、转子施加一定的压力,转子受到与行波传播方向相反的摩擦力作用而连续转动,定子上的齿槽用于改善电动机的工作性能。在实际电动机中,为增大摩擦力,还需在转子上再黏接一层摩擦材料。圆盘式行波型超声波电动机结构如图 6-4 所示,其工作原理与圆环状行波型超声波电动机类似。

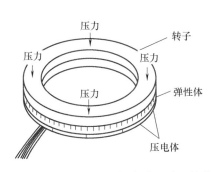

图 6-3 圆环状行波型超声波电动机结构

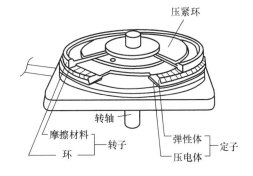

图 6-4 圆盘式行波型超声波电动机结构

2. 直线式行波型超声波电动机

直线式行波型超声波电动机也需要形成单向行波,从理论上讲,只有在无限长的直梁上才能形成纯行波。实际应用于有限长直梁时,采用如图 6-5 所示的方法,利用两个 Langevin 压电换能器(又称为压电振子),分别作为激振器和吸振器,当吸振器能很好地吸收激振器端传来的振动波时,有限长直梁似乎变成了一根半无限长梁,这时,在直梁中形成单向行波,驱动滑块做直线运动。当互换激振器与吸振器的位置时,形成反向行波,实现反向运动。

图 6-6 为单轨型直线超声波电动机,把金属两端焊接起来形成田径跑道状的定子轨道,并在上面设置具有压紧装置的移动体(滑块)。压电陶瓷片粘在导轨的背面,通过两相时间、

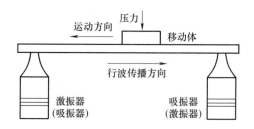

图 6-5　双 Langevin 振子直线式行波型超声波电动机

空间互差 90°电角度的压电陶瓷横向伸缩，在封闭的弹性导轨中激发出由两个同频驻波叠加而成的行波，以此驱动压紧在导轨上的滑块做直线运动。

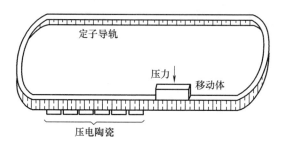

图 6-6　单轨型直线超声波电动机

3. 驻波型超声波电动机

图 6-7 为 Sashida 研制的楔形驻波型超声波电动机结构，它由 Langevin 振子(含压电材料)、振子前端的楔形振动片和转子三部分组成。振子的端面沿长度方向振动，楔形结构振动片的前端面与转子表面稍微倾斜接触(夹角为 θ)，诱发振动片前端产生向上运动的分量，产生横向共振，纵横振动合成的结果，使振动片前端质点的运动轨迹近似为椭圆。振动片向上运动时，振动片与转子接触处的摩擦力驱动转子运动；向下运动时，脱离接触，没有运动的传递，转子依靠其惯性保持方向向上的运动状态。这种电动机设计简单，但存在两个缺点：在振动片与转子接触处磨损严重；转子转速较难控制，仅能单方向旋转。

图 6-8 为日立 Maxell 公司 Agio Kumada 博士发明的改进型驻波超声波电动机，它采用机械扭转连接器取代了楔形振动片，借助扭转连接器将压电振子产生的纵向振动诱发出扭转振动，两种振动在扭转连接器前端合成质点椭圆运动轨迹，驱动转子旋转。这种电动机转速达到 120r/min，输出转矩为 1.3N·m，能量转换效率为 80%，超过传统电磁型电动机。

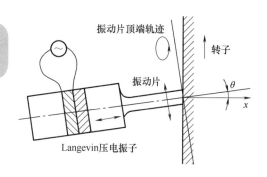

图 6-7　楔形驻波型超声波电动机结构

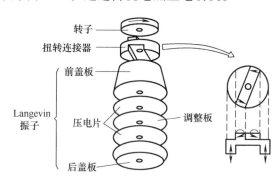

图 6-8　采用扭转连接器的驻波型超声波电动机

驻波型超声波电动机是利用在弹性体内激发的驻波来驱动移动体移动。但是，单一的驻波并不能传递能量，因为弹性体表面质点做同相振动。因此，驻波型超声波电动机通过激发并合成相互垂直的两个驻波，使得弹性体表面质点做椭圆振动，直接或间接地驱动移动体运动而输出能量。

根据激励两个驻波振动的方式不同，驻波型超声波电动机可分为纵扭复合型和模态转换型两种。模态转换型仅有一个压电振子激发某一方向的振动，再通过一个机械转换振子同时诱发与其垂直的振动，二者合成弹性体表面质点的椭圆振动轨迹，驱动移动体运动。图 6-7 和图 6-8 所示的超声波电动机都属于模态转换型。纵扭复合型超声波电动机则是采用两个独立的压电振子分别激发互相垂直的两个驻波振动，合成弹性体表面质点的椭圆振动轨迹。

一种典型的纵扭复合型超声波电动机结构如图 6-9 所示，这是日本东京工业大学的 S. Ueha 教授等在 1987 年提出的，其定子由两个独立的振子所组成：纵向振子控制定子与转子之间的摩擦力（正压力）；扭转振子控制输出转矩。扭转振动和纵向振动在定子弹性体表面合成质点的椭圆振动轨迹。在定子的一个扭转振动周期中，当定子做伸长的纵向振动时，定子和转子接触，抽取扭转振动某一方向的运动通过摩擦力传递给转子，驱动转子转动，以传输扭矩；当定子做缩短的纵向振动时，定子和转子脱离，定子相反方向的扭转运动不会传递给转子，保证转子单方向转动。由于两种复合运动可独立控制，所以其输出转矩大，工作稳定，可双向运动，并且为设计者提供了较大的设计空间。

4. 非接触式超声波电动机

非接触式超声波电动机是近几年提出来的一种新型超声波电动机，其定子与转子之间不直接接触，而是在它们之间填充一种介质：液体或气体。当定子振动时，也就引起了介质的振动，在介质与转子的接触面就形成了摩擦力，从而驱动转子运转。非接触式超声波电动机是以牺牲转矩为代价的，其驱动力都很小。

图 6-10 为日本东京工业大学 Tohgo Yamazaki 等研制的圆筒型非接触式超声波电动机。其定子由硬铝制成，定子圆筒长为 16.5mm、内径为 56mm、外径为 61.8mm，并由两个 Langevin 振子激励，形成行波。筒型转子放置在定子筒内。当定子产生行波时，转子悬浮起来并沿着行波前进方向旋转。驱动电源的频率为 26kHz，电动机的最高转速可达 3000r/min。由于采用了 Langevin 振子，电动机结构变得复杂，占有的空间较大，而且形状不规则，因而限制了它的应用场合。

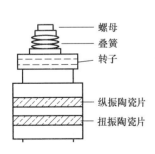

图 6-9　纵扭复合型超声波电动机结构图

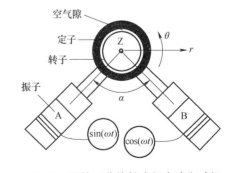

图 6-10　圆筒型非接触式超声波电动机

日本东京工业大学 S. Ueha 教授领导的研究小组对以水、盐水、硅油为媒质的非接触式超声波电动机进行了理论和实验研究。如图 6-11 所示，电动机的定子由硬铝制成，定子长为 20mm、内径为 50mm、外径为 60mm。定子筒一端粘有 PZT 压电陶瓷，另一端用橡胶密封，定子筒内充有液体。由橡胶制成的转子浸在液体中。S. Ueha 等人认为雷诺切应力和正应力使液体产生流动，从而带动转子转动。但目前还未见到有关电动机性能参数的报道。

5. 多自由度超声波电动机

多自由度超声波电动机是非常有前途的一个发展方向，是机器人关节驱动的最简练方式，也是目前研究的热点领域，国内外研究人员已提出了多种不同结构的多自由度超声波电动机。

具有两个自由度的超声波电动机的典型结构如图 6-12 所示，电动机由球形转子、两对径向定子等组成。定子是一个短圆柱体，用等截面梁穿过定子来施加轴向力，使得定子与转子紧密接触。利用粘贴在定子上的压电陶瓷同时在定子上激发出两个在空间互相垂直的振动模式，两个模态合成使得定子侧表面产生行波，从而通过摩擦接触驱动球形转子转动。两对径向定子置于一个平面内不同的位置，这样电动机就可得到两个自由度的运动。

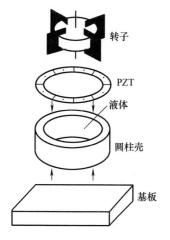

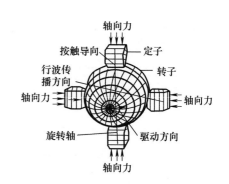

图 6-11　以液体为媒质的超声波电动机　　图 6-12　具有两个自由度的超声波电动机的典型结构

6.2.2　超声波电动机的分类

超声波电动机的种类和分类方法很多，图 6-13 给出了一种分类方法。

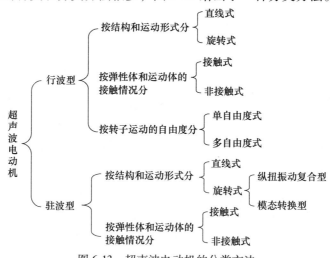

图 6-13　超声波电动机的分类方法

按照所利用波的传播方式分类，超声波电动机可分成以下两类：行波型超声波电动机和驻波型超声波电动机。

根据激励两个驻波振动的方式不同，驻波型超声波电动机又可分为纵扭振动复合型和模态转换型两种。

应当指出的是，图 6-13 所示的分类中有些仍然可以继续细分，这种分类方法并不能涵盖所有的超声波电动机。

6.3 行波型超声波电动机的运行机理

以行波型超声波电动机为例，分析超声波电动机的调速机理，理解超声波电动机的调速方法。

6.3.1 行波的形成

如图 6-14a 所示，将极化方向相反的压电陶瓷依次粘贴于弹性体上，当在压电陶瓷上施加交变电压时，压电陶瓷会产生交替伸缩变形，在一定的频率和电压条件下，弹性体上会产生如图 6-14b 所示的驻波，用方程表示为

$$y = \varepsilon_0 \cos\frac{2\pi}{\lambda}x\cos\omega_0 t \tag{6-1}$$

式中，y 为纵向坐标；x 为横向坐标；t 为时间；λ 为驻波波长；ω_0 为输入电压的频率；ε_0 为驻波的波幅。

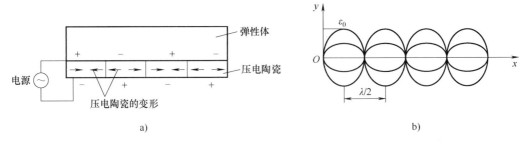

图 6-14 驻波形成示意图

设 A、B 两个驻波的振幅同为 ε_0，二者在时间和空间上分别相差 90°，方程分别为

$$y_A = \varepsilon_0 \sin\frac{2\pi}{\lambda}x\sin\omega_0 t \tag{6-2}$$

$$y_B = \varepsilon_0 \cos\frac{2\pi}{\lambda}x\cos\omega_0 t \tag{6-3}$$

在弹性体中，这两个驻波的合成为一行波，即

$$y = y_A + y_B = \varepsilon_0 \cos\left(\frac{2\pi}{\lambda}x - \omega_0 t\right) \tag{6-4}$$

对于图 6-15 所示的行波型超声波电动机，定子由环形弹性体和环形压电陶瓷（PZT 材料）构成（见图 6-3），压电陶瓷按图 6-16 所示的规律极化，即可产生两个在时间和空间上都相差 90°的驻波。

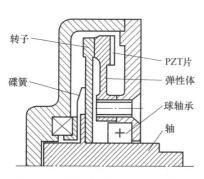

图 6-15　行波型超声波电动机结构

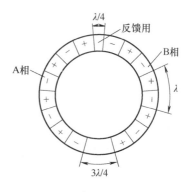

图 6-16　压电陶瓷（PZT）极化分布

如图 6-16 所示，将一片压电陶瓷环极化为 A、B 两相区，两相区之间有 $\lambda/4$ 的区域未极化，用作控制电源反馈信号的传感器，另有 $3\lambda/4$ 的区域作为两相区的公共区。极化时，每隔 $\lambda/2$ 反向极化，极化方向为厚度方向。图中"$+$""$-$"代表压电片的极化方向相反，两组压电片空间相差 $\lambda/4$，相当于 $90°$，分别通以同频、等幅、相位相差为 $90°$ 的超声频域的交流信号，这样两相区的两组压电体就在时间与空间上获得 $90°$ 相位差的激振。

6.3.2　超声波电动机的调速机理

弹性体中的行波如图 6-17 所示，设弹性体厚度为 h。若弹性体表面任一点 P 在弹性体未挠曲时的位置为 P_0，则从 P_0 到 P 在 y 方向的位移为

$$\varepsilon_y = \varepsilon_0 \sin\left(\frac{2\pi}{\lambda}x - \omega_0 t\right) - \frac{h}{2}(1 - \cos\theta) \tag{6-5}$$

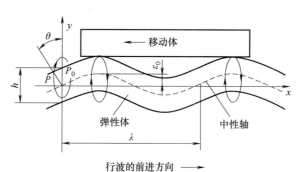

图 6-17　弹性体中的行波示意图

由于行波的振幅比行波的波长小得多，弹性体弯曲的角度 θ 很小，故 y 方向的位移近似为

$$\varepsilon_y \approx \varepsilon_0 \sin\left(\frac{2\pi}{\lambda}x - \omega_0 t\right) \tag{6-6}$$

从 P_0 到 P 在 x 方向的位移为

$$\varepsilon_x \approx -\frac{h}{2}\sin\theta \approx -\frac{h}{2}\theta \tag{6-7}$$

弯曲角 θ 为

$$\theta = \frac{\mathrm{d}y}{\mathrm{d}x} = \varepsilon_0 \frac{2\pi}{\lambda} \cos\left(\frac{2\pi}{\lambda}x - \omega_0 t\right) \tag{6-8}$$

x 方向的位移近似为

$$\varepsilon_x = -\pi\varepsilon_0 \frac{h}{\lambda} \cos\left(\frac{2\pi}{\lambda}x - \omega_0 t\right) \tag{6-9}$$

所以

$$\left(\frac{\varepsilon_y}{\varepsilon_0}\right)^2 + \left(\frac{\varepsilon_x}{\pi\varepsilon_0 h/\lambda}\right)^2 = 1 \tag{6-10}$$

由式(6-10)可以看出：弹性体表面上任意一点 P 按照椭圆轨迹运动，这种运动使弹性体表面质点对移动体产生一种驱动力，且移动体的运动方向与行波方向相反，如图 6-17 所示。

如果把弹性体制成环形结构，当弹性体受到压电陶瓷振动激励产生逆时针运动的弯曲行波时，它表面的质点呈现顺时针椭圆旋转运动。把转子压紧在弹性体表面时，在摩擦力的驱动下，转子就会顺时针旋转起来。

质点的横向运动速度为

$$v = \frac{\mathrm{d}\varepsilon_x}{\mathrm{d}t} = -\pi\omega_0 \varepsilon_0 \frac{h}{\lambda} \sin\left(\frac{2\pi}{\lambda}x - \omega_0 t\right) \tag{6-11}$$

横向速度在行波的波峰和波谷处最大。若假设在弹性体与移动体接触处的滑动为零，则移动体的运动速度与波峰处质点横向速度相同。其最大速度为

$$v_{\max} = -\pi\omega_0 \varepsilon_0 \frac{h}{\lambda} \tag{6-12}$$

式中，负号表示移动体沿着与行波相反的方向运动。

设行波在定子中的传播速度 v 为常数，由行波的特点可知 $v = \dfrac{\omega_0 \lambda}{2\pi}$，故由式(6-12)得

$$v_{\max} = -2\pi^2 f^2 \varepsilon_0 \frac{h}{v} \tag{6-13}$$

式中，f 为电动机的激振频率。

从式(6-13)可以看出，调节激振频率可以调节电动机的转速，但是有非线性。在保持两相驻波等幅的前提下，若忽略压电陶瓷的应变随激励电压的非线性，改变驻波的振幅 ε_0，即调节压电陶瓷的激振电压，可以做到线性调速，这是调压调速的一大优点。

6.4　行波型超声波电动机的驱动控制

6.4.1　行波型超声波电动机的调速控制方法

超声波电动机利用摩擦传动，定、转子间的滑动率不能完全确定，其谐振频率随环境温度变化发生漂移；另外，超声波电动机在实际应用中需要对位置、速度进行控制，因此要求超声波电动机采用闭环控制。根据超声波电动机的传动原理，可以采用以下 4 种速度控制方式：

（1）控制电压幅值

改变电压幅值可直接改变行波的振幅，但是在实际应用中一般不采用调压调速方案，因

为如果电压过低，压电元件有可能不起振，而电压过高，又会接近压电元件的工作极限，而且在实际应用中也不希望采用高电压，毕竟较低的工作电压是比较容易获得的。

（2）变频控制

通过调节谐振点附近的频率可以控制电动机的速度和转矩，变频调速对超声波电动机最为合适，由于电动机工作点在谐振点附近，因此调频具有响应快的特点。另外，由于工作时谐振频率的漂移，要求有自动跟踪频率变化的反馈回路。

（3）相位差控制

改变两相电压的相位差可以改变定子表面质点的椭圆运动轨迹。采用这种控制方法的缺点是低速起动困难，驱动电源设计较复杂。

（4）正反脉宽调幅控制

调节电动机正反脉宽比例即占空比即可实现速度控制。

在以上 4 种控制方式中，由于变频控制响应快、易于实现低速起动，应用得最多。下面简要介绍这种调速控制方法。

超声波电动机变频调速控制系统如图 6-18 所示。系统主要由 4 部分组成：高频信号发生器、移相器、逆变器（主电路及其驱动电路）和频率跟踪电路。由高频信号发生器和移相器产生两相互差 90°的高频信号，用于控制逆变器的功率开关，由逆变器给超声波电动机的两相区压电陶瓷通以高频电压。

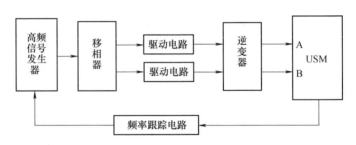

图 6-18　超声波电动机变频调速控制系统

高频信号发生器和移相器的功能可以由微型计算机实现，同时微型计算机作为控制核心对频率进行控制。

由于篇幅所限，本书只简要介绍超声波电动机的控制方法，具体的电路实现可参阅有关文献。

6.4.2　逆变器主回路

变频驱动电路的作用是将直流驱动电压逆变为高频交流电压输出，从而实现超声波电动机的功率驱动。常用的逆变器有两相桥式半控逆变器、两相桥式全控逆变器、双推挽式逆变器和无变压器直接升压式逆变器等。

图 6-19 为两相桥式半控逆变器主电路，它的主要优点是效率高，变压器的利用率高，抗不平衡能力强；缺点是逆变器主回路的桥臂电压只是直流电源电压的一半，因此所需直流电源的电压较高。

推挽式逆变器如图 6-20 所示，在输出端需要一次侧带有中间抽头的变压器，推挽式逆变器可以工作于 PWM 方式或方波方式。推挽式逆变器的主要优点是导通路径上串联开关器件数在任何瞬间都只有一个；两个开关器件的驱动电路具有公共地，可以简化驱动电路设计。缺点是难以防止输出变压器的直流饱和。

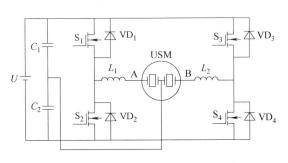

图 6-19　两相桥式半控逆变器主电路

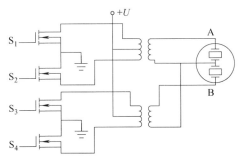

图 6-20　推挽式逆变器

6.4.3　频率跟踪技术

当超声波电动机的工作频率偏离预先设定的状态时，要求驱动控制电路具有自动跟踪这个变化的能力，通过调整压控振荡器(VCO)的控制电压来改变驱动电路的频率。

超声波电动机定子工作频率的检测主要有以下两种方法：

1. 压电传感器检测法

超声波电动机在设计时，将定子压电环上一部分作为传感器(见图 6-16)，利用压电器件的正压电效应(在外加应力时，压电材料可以产生电压差)，来检测机械系统的谐振状态。

压电陶瓷的振动速度与转子转速呈线性关系，通常将压电传感器所产生的电压作为反馈信号，与给定信号进行比较，组成闭环系统，实现频率的自动跟踪。这种控制方式的实质是通过跟踪定子系统的共振频率来实现速度稳定性控制。

控制系统框图如图 6-21 所示。图中，E_S 为与驱动频率 f 同频的高频交变电压，通过半波整流和滤波得平均电压 E_{SA}，E_{SA} 与给定电压 E_{SA}^* 比较得到误差电压，通过比例积分(PI)调节器后输入 VCO，从而改变 VCO 的输出频率，使逆变器的输出频率达到稳定值。采用压电传感器检测的优点是电路比较简单，不需额外传感器。

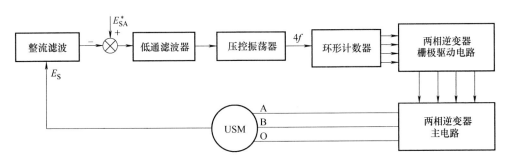

图 6-21　通过压电传感器实现频率控制系统框图

2. 相位差检测法

若超声波电动机工作在预先设定的状态，加在电动机上的电流和电压的相位差会保持恒定，一旦偏离预先设定的状态，电流和电压的相位差就会随之改变，使电动机的工作性能下降，因此可通过检测相位差来监测电动机的工作状态。

当定子的压电陶瓷设计成无压电传感器方式时，需要通过相位差反馈的方式实现频率跟踪，即用谐振回路的电压和电流的相位差来跟踪频率。

图 6-22 为锁相频率自动跟踪系统框图，图中，E_P 是通过电流互感器检测得到的与电流同相的电压信号，E_N 是通过变压器检测到的负载电压信号，二者相位差的变化转换为鉴相器的输出电压变化。鉴相器（phase detector）的输出与给定相位信号 ϕ^* 进行比较，其误差输入低通滤波器（LPF）。低通滤波器滤除误差电压中的高频成分和噪声。压控振荡器（VCO）受低通滤波器输出的控制电压控制，使压控振荡器的频率向给定的频率靠拢，直至消除频差而锁定。

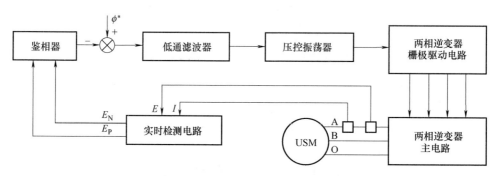

图 6-22   通过相位差检测法实现锁相频率控制系统原理图

与采用压电传感器反馈比较，相位差检测具有较好的抗干扰性，且能连续工作。缺点是需要加额外的传感器，如电流互感器和检测用变压器等，增加了控制电路的成本。

练习与思考

1. 试比较超声波电动机与传统的电磁式电动机的原理、结构和优缺点。
2. 谈谈超声波电动机的应用。
3. 简述行波型超声波电动机的工作原理。
4. 行波型超声波电动机的调速方法有几种？各有什么特点。
5. 试设计以单片机为核心的行波型超声波电动机的变频调速系统。

技 能 扩 展

1. 试分析驻波型超声波电动机的工作原理。
2. 试论述超声波电动机的发展趋势。

参考文献

［1］唐任远. 稀土永磁电机的现状与未来［J］. 电器工业，2003(1)：8.

［2］赵淳生. 面向 21 世纪的超声电机技术［J］. 中国工程科学，2002，4(2)：86-91.

［3］BOLDEA I. Linear Electric Machines，Drives，and MAGLEVs Handbook［M］. Boca Raton：CRC Press，2013.

［4］范瑜. 直线电机在驱动和伺服系统中的应用综述［J］. 伺服控制，2010(5)：20-26.

［5］PTAKH G K，TEMIREV A P，ZVEZDUNOV D A，et al. Experience of Developing and Prospects of Application of Switched Reluctance Drivesin Russian Navy Fleet［C］//2014 IEEE Conference and Expo Transportation Electrification Asia-Pacific，New York：IEEE，2014. 1-4.

［6］魏庆朝，孔永健. 磁悬浮铁路系统与技术［M］. 北京：中国科学技术出版社，2003.

［7］孙建忠. 盘式无刷直流电动机的电磁场逆问题与优化设计研究［D］. 沈阳：沈阳工业大学，1997.

［8］BOLTON H R，LIU Y D，MALLISON N M. Investigation into a class of brushless DC motor with quasisquare voltages and currents［J］. Proc. IEEE，Pt. B，1986，133(2)：669-674.

［9］PILLAY P，KRISHNAN R. Modeling，simulation，and analysis of permanent magnet motor drives：part II the brushless DC motor drive［J］. IEEE Trans. on Ind. Appl.，1989，25(2)：274-279.

［10］CARLSON R，LAJOIE-MAZENC M，FAGUNDES J C D S. Analysis of torque ripple due to phase commutation in brushless dc machines［J］. IEEE Trans. on Ind. Appl.，1992，28(3)：632-638.

［11］夏长亮. 无刷直流电机控制系统［M］. 北京：科学出版社，2009.

［12］谭建成. 电机控制专用集成电路［M］. 北京：机械工业出版社，1997.

［13］张相军. 无刷直流电机无位置传感器控制技术的研究［D］. 上海：上海大学，2000.

［14］王凤翔. Halbach 阵列及其在永磁电机设计中的应用［J］. 微特电机，1999(4)：22-24.

［15］莫会成. 分数槽绕组与永磁无刷电动机［J］. 微电机，2007，40(11)：39-42.

［16］MURAI Y，KAWASE Y，OHASHI K，et al. Torque ripple improvement for brushless DC miniature motors［J］. IEEE Trans. IA，1989，25(3)：442-450.

［17］LIU Y，ZHU Z Q，HOWE D. Commutation-Torque-Ripple Minimization in Direct-Torque-Controlled PM Brushless DC Drives［J］. IEEE Transactions on Industry Applications，2007，43(4)：1012-1021.

［18］陆永平，杨贵杰. 对"三次谐波检测法"的错误的辨正［J］. 微电机，2006，39(3)：106-109.

［19］KWANG H N. AC Motor Control and Electric Vehicle Applications［M］. Boca Raton：CRC Press，2010.

［20］RIK De D，DUCO W J，ANDRÉ V. Advanced Electrical Drives Analysis，Modeling，Control［M］. Berlin：Springer，2011.

［21］BOLDEA I，TUTELEA L N，PARSA L，et al. Automotive Electric Propulsion Systems with Reduced or No Permanent Magnets：An Overview［J］. IEEE Trans. Magn.，2014，61(10)：5696-5711.

［22］REDDY P B，EL-REFAIE A M，GALIOTO S，et al. Design of Synchronous Reluctance Motor Utilizing Dual-Phase Material for Traction Applications［J］. IEEE Transactions on Industry Applications，2017，53(3)：1948-1953.

［23］OZPINECI B. Oak Ridge National Laboratory Annual Progress Report for the Electric Drive Technologies Program［R］. Oak Ridge National Laboratory，2015.

［24］孙建忠，王艳超，白凤仙. 一种永磁辅助同步磁阻电机的转子结构及设计方法：CN110048530A［P］. 2019-07-23.

［25］王诗琦. 基于 TMS320F28335 的永磁同步电机矢量控制系统设计［D］. 大连：大连理工大学，2014.

［26］王平羽. 基于滑模观测器的永磁同步电机矢量控制研究［D］. 大连：大连理工大学，2015.

［27］LAWRENSON P J，STEPHENSON J M，BLENKINSOP P T，et al. Variable-Speed Switched Reluctance Motors［J］. IEE Proc. B.，1980，127(4)：253-265.

［28］MILLER T J E. Optimal Design of Switched Reluctance Motors［J］. IEEE Transactions on Industrial Electronics，2002，49(1)：15-27.

［29］王宏华. 开关型磁阻电动机调速控制技术［M］. 北京：机械工业出版社，1995.

［30］吴建华. 开关磁阻电机设计与应用［M］. 北京：机械工业出版社，2000.

［31］白凤仙，邵玉槐，孙建忠. 利用智能型模拟退火算法进行开关磁阻电机磁极几何形状优化［J］. 中国电机工程学报，2003，23(1)：126-131.

［32］陈昊，谢桂林. 开关磁阻发电机系统研究［J］. 电工技术学报，2001，16(6)：7-12.

［33］刘迪吉，曲民兴，朱学忠，等. 开关磁阻发电机［J］. 南京航空航天大学学报，2003，35(2)：109-115.

［34］HUSAIN I. Minimization of torque ripple in SRM drives［J］. IEEE Trans. on Industrial Electronics，2002，49(2)：28-39.

［35］RUSSA K，HUSAIN I，ELBULUK M E. Torque-ripple minimization in switched reluctance machines over a wide speed range［J］. IEEE Trans. on Industry Applications，1998，84(5)：1105-1112.

［36］孙建忠，韩润宇，白凤仙. 一种无位置传感器开关磁阻电机初始定位方法：CN110336513A［P］. 2019-10-15.

［37］孙建忠，韩润宇，白凤仙，等. 一种脉冲注入无位置传感器开关磁阻电机控制方法：CN110247606A［P］. 2019-09-17.

［38］CHOI C，KIM S，KIM Y，et al. A new torque control method of a switched reluctance motor using a torque-sharing function［J］. IEEE Trans. on Magnetics，2002，38(5)：3288-3290.

［39］曹家勇，周祖德，陈幼平，等. 一种开关磁阻电动机转矩控制的新方法［J］. 中国电机工程学报，2005，25(6)：88-94.

［40］郑洪涛，蒋静坪. 开关磁阻电机高性能转矩控制策略研究［J］. 电工技术学报，2005，20(9)：24-28.

［41］INDERKA R B，DE DONCKER R W. DITC-Direct Instantaneous Torque Control of Switched Reluctance Drives［J］. IEEE Trans. on Industry Applications，2003，39(4)：1046-1051.

［42］FUENGWARODSAKUL N H，MENNE M，INDERKA R B，et al. High-dynamic four-quadrant switched reluctance drive based on DITC［J］. IEEE Trans. on Industry Applications，2005，41(5)：1232-1242.

［43］SUN J Z，BAI F X，LOU W，et al. Direct Instantaneous Torque Control Combined with Torque Sharing Function Strategy for Switched Reluctance Drive［C］//Proc. of 2012 Third International Conference on Intelligent Control and Information Processing，Dalian，China：386-389.

［44］孙建忠，李默竹，孙斐然. 开关磁阻电机的直接瞬时转矩控制研究［J］. 电源学报，2012，(3)：21-24.

［45］GUO H J. Considerations of Direct Torque Control for Switched Reluctance Motors［C］//IEEE ISIE 2006，Santa Clara，USA：2321-2325.

［46］SRINIVAS P，PRASAD P V N. Comparative Analysis of DTC Based Switched Reluctance Motor Drive Using Torque Equation and FEA Models［J］. International Journal of Electrical，Electronic Science and Engineering，2014，8(3)：476-481.

［47］ELMAS C，DE ZELAYA L P H. Application of a full-order extended Luenberger observer for a position sensorless operation of a switched reluctance motor drive［J］. IEEE Proceedings- Control Theory and Applications，1996，143(5)：401-408.

［48］MCCANN R，ISLAM M S，HUSAIN I. Application of a sliding-mode observer for position and speed estimation in switched reluctance motor drives［J］. IEEE Transactions on Industry Applications，2001，37(1)：51-58.

［49］ISLAM M S，HUSAIN I，VEILLETTE R J，et al. Design and Performance Analysis of Sliding-Mode Observers for Sensorless Operation of Switched Reluctance Motors［J］. IEEE Transactions on Control Systems Technology，2003，11(3)：383-389.

［50］刘宝廷，程树康，等. 步进电动机及其驱动控制系统［M］. 哈尔滨：哈尔滨工业大学出版社，1997.

［51］李铁才，杜坤梅. 电机控制技术［M］. 哈尔滨：哈尔滨工业大学出版社，2000.

［52］陈理璧. 步进电动机及其应用［M］. 上海：上海科学技术出版社，1985.

［53］FURUYA S，MARUHASHI T，IZUNO Y，et al. Load-adaptive frequency tracking control implementation of two-phase resonant inverter for ultrasonic motor［J］. IEEE Transactions on Power Electronics，1992，7(3)：542-550.

［54］陈志华，赵淳生. 超声电机控制中的若干关键问题［J］. 微特电机，2002(6)：23-25.

［55］周铁英，姜开利. 超声电机学概况［J］. 自然杂志，2000，21(6)：340-343.

［56］胡敏强，莫岳平，金龙，等. 系列超声波电机的研制及其应用［J］. 东南大学学报(自然科学版)，2002，32(3)：452-456.